द्रव शक्ति एवं स्नहेन

Other Books

प्रबंध एवं उद्यमिता

वी.के. शर्मा एवं ओ.पी. हरकुट

इस पुस्तक में निम्नलिखित अध्यायों के अन्तगर्त पूरे पाठयक्रम का समावेश किया गया है – प्रबन्ध, प्रशासन तथा संगठन, वैज्ञानिक प्रबन्ध, स्वामित्व के प्रकार, संगठन के प्रकार, कार्मिक प्रबन्ध, मजदूरी तथा प्रोत्साहन, क्रयण विभाग, भंडार तथा भंडारण, विक्रय विभाग, वित्तीय प्रबन्ध, उद्यमिता, उद्यमिता विकास, लघु उद्योग की स्थापना, प्रोजेक्ट रिपोर्ट, लघु उद्योगों के वित्तीय स्त्रोत, कर प्रणाली एवं बीमा, उद्यमिता सहायतार्थ संस्थाएँ, श्रम विधायन, प्रदूषण नियंत्रण अधिनियम, विविध।

ISBN: 978-81-722-588-5, 2009, 267 pp.

औद्योगिक प्रबन्ध एवं उद्यमिता

वी.के. शर्मा एवं ओ.पी. हरकुट

इस पुस्तक में निम्नलिखित अध्यायों के अन्तर्गत पूरे पाठ्यक्रम का समावेश किया गया है – 1. प्रबन्ध, प्रशासन तथा संगठन, 2. वैज्ञानिक प्रबन्ध, 3. व्यावसायिक स्वामित्व के प्रारूप, 4. संगठन या स्केलर के प्रारूप, 5. कार्मिक प्रबन्ध, 6. मजदूरीं तथा प्रोत्साहन, 7. क्रयण विभाग, 8. भंडार एवं भंडारण, 9. विक्रय विभाग, 10. वित्तीय विभाग, 11. श्रम विधायन, 12. लघु उद्योग, 13. कर प्रणाली तथा बीमा।

ISBN : 81-7233-127-4, 2006, 163 pp.

उद्यमिता विकास हैन्डबुक

ओ.पी. हरकुट एवं जी.पी. वैष्णव

इस पुस्तक में निम्नलिखित अध्यायों के अन्तर्गत पूरे पाठ्यक्रम का समावेश किया गया है; 1. उद्यमिता एवं उद्योग, 2. औद्योगिक नीति, 3. उद्योगों के सहायतार्थ संगठन, 4. उद्यमिता विकास, 5. बाजार सर्वेक्षण व अनुसंधान, 6. उद्योगों के वितीय स्त्रोत, 7. विदेशी वित्तीय संस्थाएँ, 8. प्रोजेक्ट रिपोर्ट, 9. कच्चा माल प्रबन्ध, 10. विपणन सुविधाएँ, 11. अनुबन्ध एवं निविदा, 12. लेखांकन पद्धतियाँ, 13. कर प्रणाली तथा बीमा, 14. श्रम विधायन, औद्योगिक अधिनियम, 15. श्रमिक संघ।

ISBN : 978-81-7233-589-2, 2009, 350 pp.

पर्यावरण अवबोध

डॉ. डी.डी. ओझा

पर्यावरण अवबोध नामक पुस्तक के तेरह अध्यायों में बहुत ही सरल भाषा में पर्यावरण से संबंधित समस्त महत्त्वपूर्ण विषयों यथा – पर्यावरण अवबोध की प्रासंगिकता, सम्भाव्य कारक, वायु, जल, मृदा, ध्वनि प्रदूषण, वनोन्मूलन, वन संरक्षण, वन्य जीव विलुप्तता, हरित पौध गृह प्रभाव, ओजोन क्षय, प्रदूषण नियंत्रण एवं कानून, पारितंत्र एवं उसके घटक एवं पर्यावरण प्रबन्धन जैसे महत्त्वपूर्ण विषयों के बारे में यथा चित्रों एवं पर्याप्त आकड़ों सहित सुबोधगम्य भाषा में जानकारी सभी स्तर के विद्यार्थियों पर्यावरण प्रेमियों तथा प्राधिकारी वर्ग के लिए प्रदान की गई है।

ISBN: 81-7233-197-5, 2005, 275 pages

SCIENTIFIC
PUBLISHERS (INDIA)
www.scientificpub.com

द्रव शक्ति एवं स्नहेन

(FLUID POWER AND LUBRICATION)

द्वितीय संशोधित संस्करण

ME43

अनिल अग्रवाल

SCIENTIFIC
PUBLISHERS (INDIA)
www.scientificpub.com

प्रकाशक
साइन्टिफिक पब्लिशर्स (इंडिया)
5–ए, न्यू पाली रोड़,
पोस्ट बॉक्स नं. 91, जोधपुर
फोन – 0291 2433323
फैक्स – 0291 2613449
E-mail: info@scientificpub.com

ISBN: 978-81-7233-649-3

Lasertype set: Rajesh Ojha

Binding at : Rajasthan Law Book Binding Works, Jodhpur
Printed in India

Dedicated to

LORD SHRI KRISHNA

प्राक्कथन

उद्योगों में खनिज तेलों का दो प्रकार से उपयोग किया जाता है। प्रथम रूप में इसके द्वारा विभिन्न मशीनों को स्वचालित बनाया जाता है जिसमें द्रव की दाब उर्जा को यांत्रिक उर्जा में परिवर्तित कर मशीनों को गति प्रदान की जाती है। द्रव शक्ति के सिद्धान्त, युक्तियाँ एवं परिपथ आदि का मय चित्रों के विस्तृत वर्णन पुस्तक के प्रथम भाग में दियागया है। इस भाग में द्रव शक्ति मशीनों में कार्य करते समय आने वाली कठिनाइयों के कारण एवं उनके उपचार भी बताये गये हैं।

खनिज तेलों का स्नेहक के रूप में उपयोग सर्वविदित है परन्तु खनिज तेलों के विभिन्न गुण एवं विशिष्ठ परिस्थितियों में तेलों के चयन एवं स्नेहन विधि के ज्ञान के अभाव में स्नेहन की प्रक्रिया अधूरी ही रहती है। पुस्तक के अन्तिम भाग में स्नेहकों के भौतिक, रसायनिक गुणों एवं उनके परिक्षण आदि को विस्तार में समझाया गया है। इसके अतिरिक्त इस भाग में स्नेहन की विभिन्न विधियों का भी समावेश किया गया है। स्नेहकों के रख-रखाव को भी पुस्तक में स्थान दिया गया है।

द्रव शक्ति के समानान्तर होने के कारण पुस्तक के मध्य भाग में वायुवीय शक्ति को भी संक्षेप में समझाया गया है। जिसकी जानकारी छात्रों के वायुवीय शक्ति मशीनों को समझने में सहायक होगी।

प्रस्तुत पुस्तक केवल छात्रों को उपर्युक्त विषयों से सम्बन्धित शिक्षण सामग्री उपलब्ध करवाने के लिये लिखी गई है इसके लिए लेखक इस विषय के विभिन्न विषय विशेषज्ञों का एवं अपने समस्त सहयोगियों एवं प्रेरणा स्त्रोतों का आभारी है। आशा है विद्यार्थी इस पुस्तक से लाभान्वित होंगे।

लेखक

विषय सूची

भाग - 1
द्रव शक्ति

भाग - 2
वायुवीय प्रणाली

भाग - 3
स्नेहक एवं स्नेहन

भाग - 1
द्रव शक्ति

अध्याय - 1

द्रव शक्ति का परिचय

(INTRODUCTION TO FLUID POWER)

ऐसी शक्ति (Power) जिसमें तेलों का प्रयोग कर मशीनें चलाई जाती है, द्रव शक्ति अथवा (Fluid Power) कहते हैं। मशीनों को ऑटोमैटिक चलाने के लिये आजकल द्रव शक्ति का काफी उपयोग होने लगा है। यह छोटे से छोटा यंत्र जैसे हाइड्रोलिकजैक से लेकर बड़ी-बड़ी पॉवर प्रैस आदि के लिये प्रयुक्त होती है। द्रव शक्ति मशीनों के अन्य सामान्य मशीनों की तुलना में अनेक लाभ हैं जिनका वर्णन निम्न प्रकार है

1.1 द्रव शक्ति मशीनों के लाभ

1. द्रव शक्ति यंत्रों में बहुत छोटे स्तर पर चाल परिवर्तित की जा सकती है।
2. मशीनें पूर्णता ऑटोमेटिक होती है।
3. विद्युत मोटरें अधिक लोड़ पर गर्म हो जाती है जबकि द्रव शक्ति मशीनों में ऐसा नहीं होता है।
4. शक्ति एवं भार का अनुपात विद्युत चालित मशीनों की अपेक्षा केवल 20% होता है।
5. द्रव असंपीडय होने के कारण द्रव शक्ति यंत्रों का (response) बहुत अधिक होता है।
6. मशीनों में तेल, कार्यकारी द्रव होने के कारण अलग से स्नेहकों की आवश्यकता नहीं पड़ती एवं घिसाव भी बहुत कम होता है।
7. द्रव शक्ति यंत्रों को किसी भी दिशा में चलाया जा सकता है।
8. द्रव शक्ति मशीनों का संस्थापन बहुत सरल है।
9. शक्ति को अधिक दूरी तक आसानी से संचरित किया जा सकता है।

10. अग्नि संवेदी क्षेत्रों में विद्युत मशीनों के स्थानों पर द्रव शक्ति मशीनें अधिक सुरक्षित हैं।
11. गीयर, चेन, बेल्ट आदि न होने के कारण मशीनें ध्वनि रहित कार्य करती है।
12. अतिभार रक्षण (Over Load Protection) बहुत आसान है।

द्रव शक्ति मशीनों के अनेक लाभ होने के उपरान्त भी इनमें कुछ कमियाँ पाई जाती है जिन पर ध्यान देना आवश्यक है।

1. प्रारम्भिक लागत बहुत अधिक होती है।
2. अनुरक्षण भी कठिन एवं महँगा होता है क्योंकि पुर्जे मिलना मुश्किल होता है।
3. धूलमिट्टी के कण मशीनों को प्रभावित करते है।
4. तेलों का रिसाव समस्या उत्पन्न करता है ।
5. सील, गॉस्केट, पैकिंग आदि को समय-समय पर बदलना पड़ता है।
6. एक स्थान से दूसरे स्थान पर शक्ति संचरण यांत्रिक मशीनों की अपेक्षा काफी आसान है परन्तु विद्युत शक्ति संचरण उससे भी सरल है।

1.2 द्रव शक्ति के उपयोग

विभिन्न मशीनों में द्रव शक्ति का उपयोग करके मानव प्रयासों (Mannual effort) जैसे - बल लगाना, खींचना, धक्का देना, ऊपर उठाना, क्लैम्प करना आदि को काफी हद तक कम किया जा सकता है, इसी प्रकार मशीनों को स्वचालित बनाने में भी द्रव शक्ति का काफी उपयोग किया जाता है। विभिन्न क्षेत्रों, जहाँ पर द्रव शक्ति के द्वारा मशीनें चलाई जाती है निम्न है -

1. मशीन टूलों में खराद मशीन, शेपर मशीन, मिलिंग मशीन, पॉवर प्रैस आदि में।
2. भूकार्य मशीनों (Earthmoving equipments) में लोडर्स, [illegible] बुलडाजर्स, डम्पर, उत्खनित्र (excavators), बेलचा (Shovels) आदि में।
3. वाहनों में ऑटोमोबाइल, हवाई जहाज, समुद्री जहाज, ट्रेक्टर आदि में।

1.3 द्रव शक्ति तंत्र (Fluid Power Systems)

किसी भी द्रव शक्ति तंत्र में मुख्यतया तीन भाग होते है। 1. शक्ति केन्द्र इकाई 2. नियंत्रक वाल्व 3. गति प्रदायक। ये तीनों इकाई मिलकर एक द्रव शक्ति मशीन का निर्माण करते हैं। इनमें तेल कार्यकारी द्रव के रूप में एक इकाई से दूसरी इकाई में प्रवाहित होता रहता है, जिसे चित्र 1.1 में दर्शाया गया है। शक्ति केन्द्र इकाई तेल को

उच्च दाब पर नियंत्रक कपाटों के माध्यम से गति प्रदायकों में भेजती है जिससे मशीनें संचालित होती है।

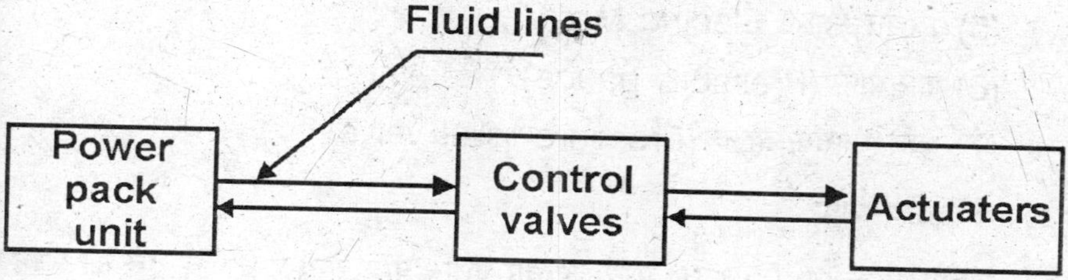

चित्र 1.1 के अनुसार किसी भी द्रवीय शक्ति तंत्र को निम्न चार भागों में विभाजित किया जा सकता है।

(1) द्रवीय पॉवर पैक यूनिट : यह यूनिट द्रव को (तेलों को) उच्च दाब पर रूपान्तरित कर परिपथ के अन्य अवयवों को भेजती है जिससे यांत्रिक शक्ति प्राप्त की जा सकें अर्थात् इस यूनिट में विद्युत उर्जा को विद्युत मोटर एवं पम्प की सहायता से द्रव ऊर्जा (Fluid Pressure energy) में परिवर्तित किया जाता है।

(2) नियंत्रण वाल्व : द्रवीय शक्ति तंत्र में मुख्यतया द्रव को नियंत्रित करने के लिये तीन प्रकार के वाल्व काम में आते हैं।

(अ) दिशा नियंत्रण वाल्व (ब) दाब नियंत्रण वाल्व (स) बहाव (flow) नियंत्रण वाल्व।

(3) पाइप लाइनें : द्रव को एक इकाई से दूसरी इकाई अथवा एक अवयव से दूसरे अवयव तक ले जाने का कार्य लचीली पाइप लाइनों के द्वारा सम्पन्न होता है।

(4) गति प्रदायक (Actuatorst) : ये द्रव शक्ति को यांत्रिक शक्ति में परिवर्तित करने का कार्य करते हैं। ये घूर्णन अथवा प्रत्यागामी प्रकार के हो सकते हैं।

.4 द्रवीय पॉवर पैक यूनिट (Hydraulic Power Pack unit)

जैसा कि ऊपर बताया गया है किसी भी द्रवीय शक्ति तंत्र के लिये पॉवर पैक यूनिक उसका पावर हाऊस होती है एवं यह बहुत सारे अवयवों से मिलकर बनी होती है। इसके मुख्य अवयव (Part) निम्न अनुसार होते हैं —

(1) द्रवीय पम्प (Hydraulic pump)

(2) तेल संग्राहक (Oil reservoir)

(3) फिल्टर एवं छन्ना (Filter and Strainer)

(4) मोटर युग्मन (Motor coupling)

(5) विद्युत मोटर (Electric Motor)

(6) दाबमापी (Pressure gauge)

(7) दाब मुक्तक वाल्व (Pressure relief valve)

1.4.1 **द्रवीय पम्प**

किसी भी द्रवीय परिपथ का मुख्य आधार द्रवीय पम्प होता है जो कि द्रव को उच्च दाब पर परिपथ में संचरित करता है। द्रवीय शक्ति तंत्रों में मुख्यतया तीन प्रकार के पम्प काम में लाये ज़ाते हैं। (अ) गीयर पम्प (ब) पंखुड़ी पम्प (Vane pump) (स) पिस्टन पम्प। सभी प्रकार के पम्पों को विद्युत मोटर से चलाकर आंशिक निर्वात उत्पन्न किया जाता है जोकि वायुमंडलीय दाब पर स्थित द्रव को पम्प में खींच कर उच्च दाब के द्रव में परिवर्तित कर देता है।

द्रव शक्ति तंत्रों के लिये पम्प का चयन उनके लिये आवश्यक कार्यकारी दाब के आधार पर किया जाता है। 4 से 10 mpa तक के कार्यकारी दाब के लिये साधारण गीयर पम्प काम में आता है जबकि 30 mpa जैसे उच्च दाब के लिये पिस्टन पम्प अधिक उपयोगी होते हैं। मध्यम दाब के कार्यों के लिये स्क्रू पम्प तथा वैन पम्प काम में लिये जाते हैं। पम्प का विस्तृत अध्ययन अध्याय 2 में दिया गया है।

1.4.2 **तेल संग्राहक** (Oil Reservoir)

यह एक प्रकार की टंकी होती है जिससे पम्प द्रव खींचता है तथा यह द्रव परिपथ के विभिन्न भागों से होता हुआ वापिस टंकी में पहुंचता है। इसमें मुख्य रूप से एक टंकी, व्यारोध पट्टिका (baffle plates), हवा छिद्र, द्रव निकास डॉट (Drain Plug) तथा पम्प एवं मोटर के लिये आधार पट्टिका आदि अवयव होते है जिन्हें चित्र 1.1 में दर्शाया गया है।

किसी भी द्रवीय शक्ति तंत्र का तेल संग्राहक इतना बड़ा होना चाहिये कि वह लगातार पम्प को तेल प्रदान करता रहें। इसकी क्षमता लगभग पम्प निर्गत प्रति मिनट के चार गुणा तक होनी चाहिये। साथ-साथ इसमें तेल को ठंडा करने की भी व्यवस्था होनी चाहिये। टंकी की आंतरिक सतह पर जंग रोधी परत होनी चाहिये जिससे तेल खराब न हों। टंकी को साफ करने के लिये इसमें द्रव निकास डॉट लगाया जाता है भरवा डॉट (Filler Plug) में हवा के आदान-प्रदान के लिये छिद्र बना दिया जाता है जिसे हवा छिद्र (Breathing holl) कहते हैं।

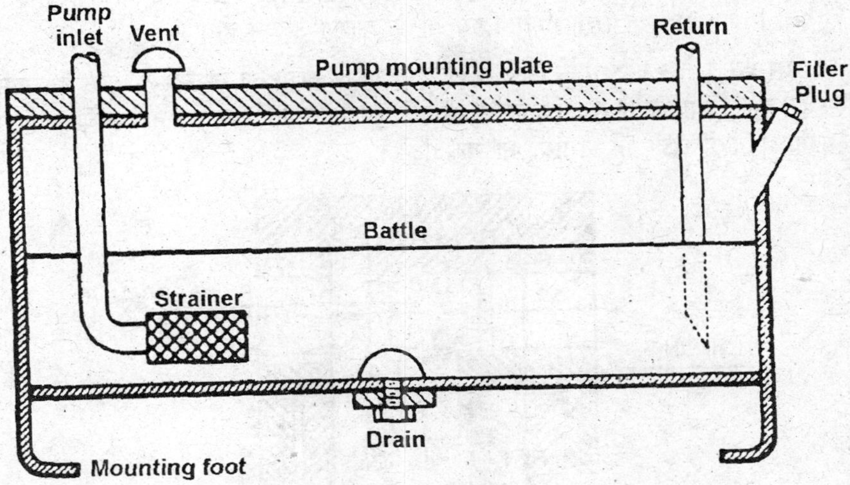

चित्र 1.1

टंकी में परिपथ से वापिस आए द्रव को सीधे ही पम्प में जाने से रोकने के लिये पम्प प्रवेश नली तथा वापिस आने की नली के मध्य अवरोध प्लेटें लगा दी जाती है। ये प्लेटें टंकी में तेल में झाग बनने को भी रोकती है। तेल संग्राहक में द्रव की मात्रा ज्ञात करने के लिये स्तर मापी (Oil level gauge) लगा होता है।

टंकी का ऊपरी ढक्कन एक मोटी प्लेट का बना होता है जिस पर पम्प एवं मोटर टिके होते हैं। मोटर हमेशा तेल संग्राहक के ऊपर लगी होती है जबकि पम्प तेल संग्राहक के ऊपर अथवा अंदर दोनों जगह हो सकता है।

1.4.3 फिल्टर

द्रवीय शक्ति तंत्रों में तेल को बार-बार काम में लेने से वह गंदा हो जाता है इसलिये उसे साफ करना आवश्यक है। फिल्टर तेलों को साफकर उनमें आई गन्दगी को पुनः परिपथ में जाने से रोक देते हैं। तेलों में मुख्यतया तीन प्रकार के संदूषक (contaminants) पाए जाते हैं।

I. तेलों के परिपथ में घूमने से उत्पन्न हुए संदूषक (built-in contaminants) जैसे - क्रोड़ रेत, वैल्डन उच्छत्तन (Weld spatter), धातु चिप और अपघर्षण धूल आदि।

II. बाहर से आए संदूषक (Introduced contaminants) - ये संदूषक तेल भरने की नली तथा हवा छिद्र तेल संग्राहक से प्रवेश कर जाते हैं। इनमें मुख्यतया धूल मिट्टी के कण होते हैं।

III. उत्पन्न संदूषक (Generated contaminants) ये संदूषक गतिशील पूर्जों के घिसने से तथा रासायनिक क्रियाओं के कारण उत्पन्न होते हैं।

इस प्रकार तेल परिपथ के छोटे से छोटे गंदगी के कणों को फिल्टर के द्वारा आसानी से दूर कर दिया जाता है। फिल्टर पम्प की चूषण लाइन, दाब लाइन अथवा वापिस लाइन आदि में कही भी लगाया जा सकता है।

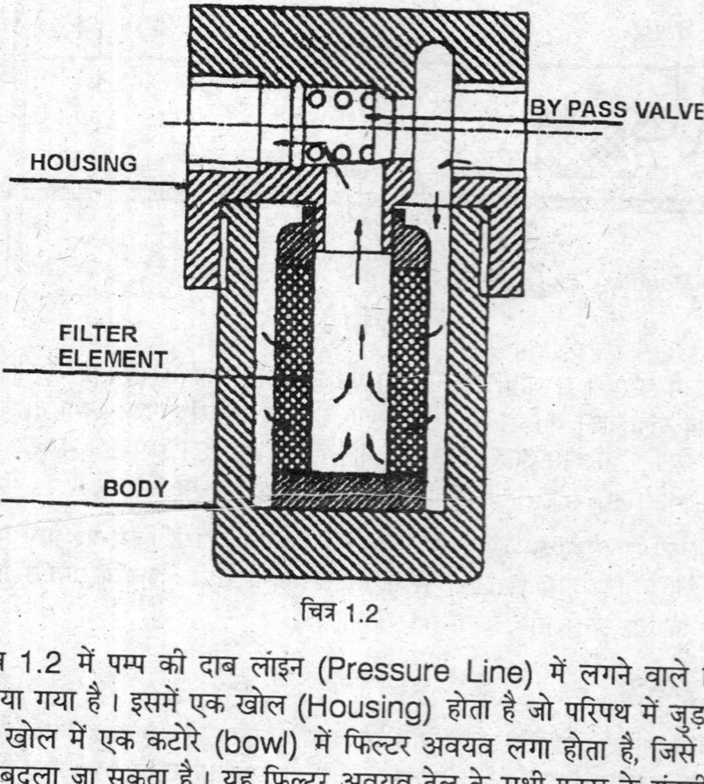

चित्र 1.2

चित्र 1.2 में पम्प की दाब लाइन (Pressure Line) में लगने वाले फिल्टर को दर्शाया गया है। इसमें एक खोल (Housing) होता है जो परिपथ में जुड़ा होता है। इस खोल में एक कटोरे (bowl) में फिल्टर अवयव लगा होता है, जिसे खराब होने पर बदला जा सकता है। यह फिल्टर अवयव तेल के सभी प्रकार के गंदगी कणों को सोख लेता है। इस फिल्टर में एक कम दाब का दाब मुक्तक वाल्व (Pressure Relief valve) लगा होता है जोकि फिल्टर अवयव के बंद हो जाने की स्थिति में खुल जाता है एवं तेल को बिना फिल्टर हुए भेज देता है।

फिल्टर अवयव मुख्यतया निम्न तीन प्रकार के होते हैं -

I. **किनारा आधारित फिल्टर** (Edge type filter) - इस प्रकार के फिल्टर अवयव में धातु की डिस्क एक दूसरे के ऊपर रखी हुई होती हैं तथा इनमें बीच में छिद्र होता है। तेल इन डिस्क के किनारों पर से प्रवेश करता है तथा केन्द्र में पहुँच जाता है जिससे तेलों में स्थित संदूषक इन डिस्क के किनारों पर एकत्र हो जाते हैं तथा

शुद्ध तेल अन्दर पहुँचता है। डिस्क के किनारों पर लगी गंदगी को डिस्क को घूमा कर खुरचनी (built-in scrapper) की सहायता से साफ कर लिया जाता है।

II. **सतह आधारित फिल्टर** (Surface type Filter) : इस प्रकार के फिल्टर अवयव छनित्र के (Strainer) सिद्धान्त पर कार्य करते हैं। ये फिल्टर अवयव ऊनी कपड़े अथवा रेजिन अभिकत कागज के बने होते हैं जो कि तेलों से सभी प्रकार के संदूषकों को अलग कर देते हैं। चित्र 1.3 में दर्शाये अनुसार फिल्टर अवयव को और अधिक प्रभावी बनाने के लिये फिल्टर कागज को नालीदार (Corrugated) बना दिया जाता है। यह काफी सस्ता होने के कारण इसे खराब होने पर आसानी से बदल दिया जाता है।

III. **गहराई आधारित फिल्टर** (Depth type Filter): इस प्रकार के फिल्टर अवयव में एक खोखला सिलैण्डर होता है जिसकी दिवारें मोटी, सैल्यूलोज (Cellulose) अथवा नमदे (Felt) की परतों से बनी होती है। तेल इस सिलैण्डर की बाहरी सतह से प्रवेश कर सिलैण्डर के मध्य भाग में निकल जाता है। तथा तेल की समस्त गंदगी सैल्यूलोज अथवा नमदे के द्वारा सोख ली जाती है।

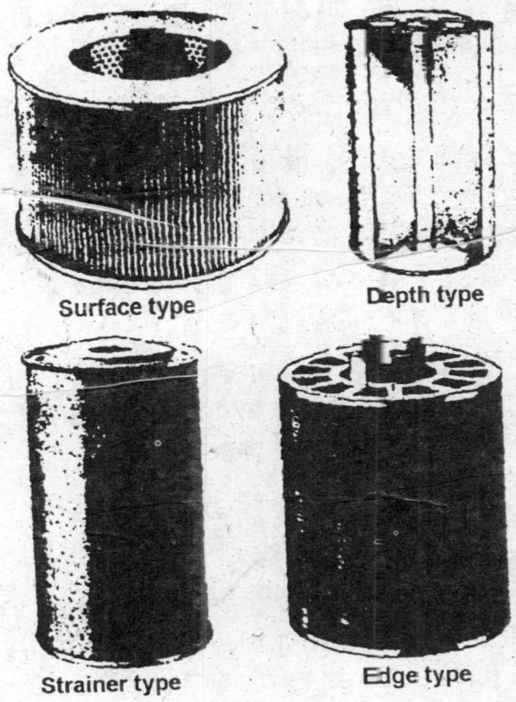

चित्र 1.3

1.4.4 **छनित्र** (Strainer)

यद्यपि छनित्रों एवं निस्यंदकों (Filters) दोनों का प्राथमिक कार्य संदूषकों को दूर करना ही है परन्तु डिजाइन एवं दाब ह्रास में दोनों अलग-अलग होते हैं। छनित्र मुख्यतया तार की जाली से बने होते हैं तथा ये बड़े साइज के कणों (above 100 mesh size) को हटाने के काम आते हैं। चूंकि इनमें दाब ह्रास बहुत कम होता है अतः पम्प की प्रवेश नली पर लगाया जाता है। धातु चद्दर का बना हुआ छनित्र चित्र 1.3 में दर्शाया गया है।

1.4.5 **मोटर युग्मन** (Motor Coupling)

द्रवीय पम्प को चलाने के लिये उसे विद्युत मोटर के साथ लचीली युग्मन (Flexible coupling) के द्वारा जोड़ा जाता है। इस प्रकार के युग्मन झटको को अवशोषित कर लेते हैं तथा पम्प एवं मोटर के मध्य थोड़ी बहुत सरेखण त्रुटि (Misalignment) हो तो उसे भी समायोजित कर लेते हैं। ये मुख्यतया दो प्रकार की होती है; रबर बुश प्रकार की एवं रोलर चेन प्रकार की। यद्यपि ये युग्मन थोड़ी बहुत सरेखण त्रुटि को समायोजित कर लेते हैं परन्तु फिर भी पम्प एवं मोटर को जहाँ तक संभव हो सरेखित कर लेना चाहिये, जिससे अनावश्यक उष्मा उत्पन्न न हों, कम्पन्न न हो एवं शक्ति ह्रास न हो।

1.4.6 **विद्युत मोटर** (Electric Motor)

विद्युत मोटर किसी भी द्रवीय परिपथ का मुख्य शक्ति स्रोत होता है मोटर का साइज एवं प्रकार, परिपथ में शक्ति की आवश्यकता एवं पम्प के प्रकार पर निर्भर करता है। मोटर का साइज पम्प से निर्गत द्रव के दाब एवं निर्गत (discharge) के द्वारा ज्ञात किया जा सकता है। मोटर का साइज ज्ञात करते समय पम्प की दक्षता, पारेषण हानि आदि को भी जोड़ लेना चाहिये।

हाइड्रोलिक पॉवर पैक में प्रायः पूर्णतया बन्द एवं पंखे द्वारा शीतित मोटर काम में ली जाती है। मोटर को पम्प की शॉफ्ट के साथ ठीक प्रकार से सरेखित कर पॉवर पैक यूनिट की उपरी प्लेट पर आरोपित किया जाता है।

1.4.7 **दाबमापी** (Pressure Gauge)

परिपथ के कार्यकारी दाब को ज्ञात करने के लिये पम्प के निर्गत पर दाबमापी लगाया जाता है। इस दाबमापी के द्वारा दाब ज्ञात कर, दाब नियंत्रण वाल्व के द्वारा कार्यकारी दाब को समायोजित कर लिया जाता है। इस दाबमापी द्वारा दर्शायी गयी रीडिंग प्रमापी दाब (Gauge Pressure) कहलाती है।

द्रवीय शक्ति परिपथों में दो प्रकार के दाबमापी प्रयुक्त किये जाते हैं बॉरडन ट्यूब प्रकार का गोल डॉयल गेज एवं पलन्जर आधारित गेज। दाब समायोजित हो जाने पर

दाबमापी को निकाय दाब से पृथक करने के लिये पम्प की दाब लाईन एवं दाबमापी के मध्य एक उपविशयक वाल्व (Shut-off valve) लगा दिया जाता है। यह वाल्व दाबमापी को दाब के झटकों से बचाकर उसकी उम्र बढ़ाता है।

1.4.8 **दाब मुक्तक कपाट** (Pressure Relief Valve)

परिपथ के अधिकतम दाब को सीमित करने के लिये पॉवर पैक यूनिट पर दाब लाइन में पम्प के पश्चात दाब मुक्तक वाल्व लगा दिया जाता है। दाबमापी से दाब देखकर इस वाल्व के द्वारा परिपथ का अधिकतम दाब निर्धारित कर दिया जाता है। जैसे ही परिपथ का दाब इस सीमा से उपर जाता है यह वाल्व अधिक दाब को विसर्जित कर देता है। इस प्रकार निकाय उच्च दाब के खतरों से बच जाता है। ये वाल्व विभिन्न प्रकार के होते हैं जिनका वर्णन आगे के अध्यायों में दिया गया है।

1.5 **द्रवीय शक्ति द्रव** (Hydraulic Power fluids)

द्रवीय शक्ति परिपथों में विभिन्न प्रकार के द्रवों का उपयोग किया जाता है। जैसे - खनिज तेल, कृत्रिम द्रव, पानी में घुलनशील तेल, रासायनिक द्रव, फॉस्फेट ईस्टर एवं क्लोरिनीकृत हाइड्रोकार्बन आदि। यद्यपि उच्च स्नेहन गुण, जंगरोधी गुण एवं उष्मा अवशोषण क्षमता के कारण खनिज तेल सबसे अधिक उपयोगी है।

द्रवीय शक्ति परिपथों के लिये द्रव चयन करने हेतु परिपथ के निम्न गुणों पर ध्यान देना आवश्यक है -

1. तापक्रम सीमा 2. वायुमण्डलीय परिस्थिति 3. कार्य की गति 4. उष्मा उत्पत्ति 5. आवश्यक दाब स्तर 6. द्रव की उपलब्धता 7. द्रव की लागत 8. ऑपरेटर की सुरक्षा।

इस प्रकार परिपथ की उपरोक्त बातों को ध्यान में रखकर द्रव का चयन किया जाता है। किसी भी द्रवीय शक्ति परिपथ में प्रयुक्त होने वाले द्रव में निम्न गुण होने चाहिये।

1.5.1 **श्यानता** (Viscosity)

द्रवीय शक्ति तंत्रों हेतु द्रव चयन करते समय द्रव की श्यानता सबसे महत्त्वपूर्ण गुण है। यह द्रव के आन्तरिक घर्षण अथवा उस द्रव की बहने की प्रवृत्ति को दर्शाता है। द्रव चालित तरल में (Hydraulic fluid) में श्यानता का मान बहुत अधिक अथवा बहुत कम नहीं होना चाहिये। श्यानता का मान बहुत अधिक होने पर इसे परिपथ में प्रवाह करना मुश्किल होता है एवं श्यानता का मान बहुत कम होने पर परिपथ में रिसाव बढ़ जाता है।

द्रव शक्ति में श्यानता का मापन गतिज श्यानता के रूप में किया जाता है जिसकी

इकाई वर्ग मिमी. प्रति सैकेण्ड होती है। इसे सेंटी स्टॉक (cSt) भी कहा जाता है तथा इसे रैडवुड़ विस्कोमीटर, सेबोल्ट विस्कोमीटर के द्वारा ज्ञात किया जाता है। गतिज श्यानता (Kinematic Viscosity) एक निश्चित तापक्रम पर ज्ञात की जाती है।

1.5.2 **आपेक्षिक घनत्व अथवा विशिष्ट गुरूत्व** (Relative Density or Specific gravity)

किसी निश्चित ताप पर द्रव के किसी निश्चित आयतन का भार तथा उतने ही आयतन जल के भार के अनुपात को आपेक्षिक घनत्व अथवा विशिष्ट गुरूत्व कहते हैं जल का आपेक्षिक घनत्व इसलिये इकाई होता है एवं किसी द्रव का आपेक्षिक घनत्व यह बताता है कि वह द्रव जल से कितना भारी अथवा हल्का है। खनिज तेल प्रायः जल से हल्के होते हैं।

1.5.3 **बहाव बिन्दु** (Pour Point)

द्रव का वह गुण जिससे उसकी बहने अथवा जमने की प्रवृत्ति का पता लगता है बहाव बिन्दु कहलाता है जिस ताप पर द्रव बहना बन्द कर दें वही ताप उस द्रव का बहाव बिन्दु कहलाता है। खनिज तेलों में कम तापमान पर श्यानता अत्यधिक बढ़ जाने के कारण ये अत्यन्त गाढ़े हो जाते हैं एवं बहना बन्द कर देते हैं अतः हाइड्रॉलिक फ्लूइड का बहाव बिन्दु उच्च होना चाहिये।

1.5.4 **संपीड्यता** (Compressibility)

यद्यपि सभी खनिज तेलों में संपीड्यता का गुण बहुत कम पाया जाता है तथापि हाइड्रालिक फ्लूइड में संपीड्यता न्यूनतम होनी चाहिये। खनिज तेलों में 100 बार तक दाब बढ़ाने पर 0.6 से 0.8% तक आयतन में कमी पाई जाती है।

1.5.5 **झाग बनने की प्रवृत्ति** (Foaming characteristic)

हाइड्रालिक फ्लूइड में कुछ हवा घुलनशील रूप में रहती है तथा कुछ सिस्टम में रिस कर अन्दर प्रवेश कर जाती है। जब द्रव कार्य करने के बाद पुनः टैंक में गिरता है तो यह हवा झाग के रूप में एकत्र हो जाती है। ये झाग, तेल के साथ गति प्रदायकों में पहुँच जाते हैं तथा गति में झटके उत्पन्न कर देते हैं। ये झाग पम्प में पहुँचने पर पम्प में कैवीटेशन (Cavitation) उत्पन्न कर देते हैं जिससे आवश्यक दाब उत्पन्न नहीं हो पाता।

इस प्रकार हाइड्रालिक फ्लुइड में झाग बनने की प्रवृत्ति अत्यन्त नुकसान दायक है एवं इसको रोकने के लिये तेलों में झाग रोधी अवयव मिलाये जाते हैं।

1.5.6 स्नेहन (Lubrication)

चूंकि द्रव शक्ति निकायों में स्नेहन हेतु अन्य कोई तेल प्रयुक्त नहीं किया जाता अतः हाइड्रालिक फ्लुइड में गतिशील अवयवों के स्नेहन का गुण होना चाहिये। इसके द्वारा दो अवयवों के मध्य एक झिल्ली निर्मित होनी चाहिये जिससे स्नेहन हो सकें। इनकी बाउन्ड्री स्नेहन क्षमता बढ़ाने के लिये कई बार संयोजक (Additives) भी मिलाये जाते हैं।

1.5.7 जंगरोधी गुण (Rust Preventive characteristic)

निकाय में श्वास छिद्र से हवा के साथ कुछ नमी प्रवेश कर जाती है। इस नमी से लोहे के बने अवयवों पुर्जों में जंग लगने लगता है। ये कण जब द्रव के साथ बहने लगते हैं तथा अवयवों जैसे वाल्व गति प्रदायक आदि को खराब कर देते हैं। निकाय को जंग से बचाने बचाने के लिये हाइड्रॉलिक फ्लुइड में जंग रोधी संयोज्य मिलाये जाते हैं।

1.5.8 आक्सीकरण एवं रसायनिक स्थायित्व (Oxidation and Chemical stability)

हाइड्रॉलिक फ्लुइड की आयु उसके आक्सीकरण एवं रसायनिक स्थायित्व के गुण के आधार पर निर्धारित होती है। द्रवों में घुलनशील आक्सीजन होती है जो कि उसका आक्सीकरण कर द्रव में मल (Sludge), वार्निश, एल्कोहल, एवं घुलनशील अम्लीय उत्पाद उत्पन्न कर देती है। द्रव के आक्सीकरण एवं अन्य रसायनिक क्रियाओं के फलस्वरुप इन उत्पादों के कारण द्रव की श्यानता बढ़ जाती है। कुछ अन्य उत्पाद जैसे घुलनशील अम्ल आदि सतह को संदूषित कर देते हैं। मल से पाइप लाइने भी रूक जाती है। निकाय का ताप बढ़ने पर आक्सीकरण की दर और ज्यादा बढ़ जाती है।

1.5.9 स्फुराँक एवं ज्वलन बिन्दु (Flash Point and Fire Point)

वह तापक्रम जिस पर स्नेहक अथवा तेल में पर्याप्त भाप बनने लगे तथा जलती हुयी तीली ले जाने पर चिनगारी निकलने लगे, स्फुराँक बिन्दु कहलाता है तथा उससे वह उच्च वह तापक्रम जिस पर तेल की वाष्प लगातार जलने लग जाय अर्थात् जिस पर तेल आग पकड़ ले, उसका ज्वलन बिन्दु कहलाता है। द्रव शक्ति निकायों में ये ताप नुकसान दायक हैं अतः हाइड्रालिक फ्लुइड के तापक्रम उच्च होने चाहिये जिससे मशीनों में किसी प्रकार की दुर्घटना की संभावना नहीं बने।

सारणी 1.1

FLOW LINES		MISCELLANEOUS	
HYDRAULIC		LINE MECH. CONNECTION	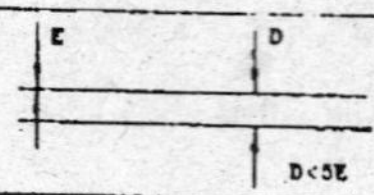
PNEUMATIC		LINE ENCLOSURE	
CONTINOUS FLOW		DIRECTION OF ROTATION	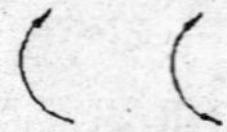
PILOT CONNECTION	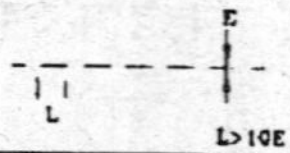	ELECTRIC MOTOR	
DRAIN CONNECTION		HEAT ENGINE	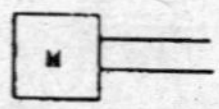
CONNECTED		FILTER	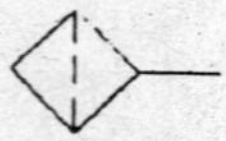
NOT CONNECTED		RESERVOIR, WITH LINE ABOVE FLUID LEVEL	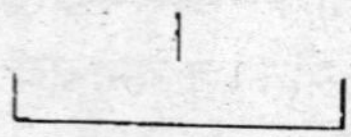
FLEXIBLE		RESERVOIR, WITH LINE BELOW FLUID LEVEL	
PLUGGED		RESERVOIR, AS HEADER	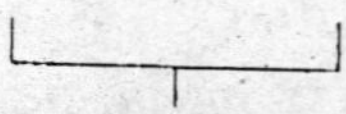
RESTRICTED, AFFECTED BY VISCOSITY		ADJUSTABLE SETTING	
		RESERVOIR PRESSURISED	

सारणी 1.2

MISCELLANEOUS	
PRESSURE SWITCH	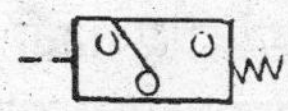
SPRING LOADED ACCUMULATOR	
Gas Charged Accumulator	
Cooler	
Cooler with Indicating Flow Line	
HEATER	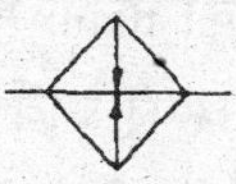
PRESSURE GAUGE	

PUMP AND FLUID MOTOR		
FIXED CAPACITY HYDRAULIC PUMP	UNDIRECTIONAL	
	BIDIRECTIONAL	
VARIABLE CAPACITY HYDRAULIC PUMP	UNDIRECTIONAL	
VARIABLE CAPACITY HYDRAULIC PUMP	BIDIRECTIONAL	
FIXED CAPACITY HYDRAULIC MOTOR	UNDIRECTIONAL	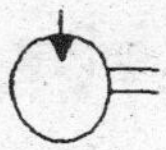
	BIDIRECTIONAL	
VARIABLE CAPACITY HYDRAULIC MOTOR	UNDIRECTIONAL	
	BIDIRECTIONAL	
FIXED CAPACITY HYDRAULIC MOTOR / PUMP	WITH REVERSAL OF DIRECTION OF FLOW	
	UNDIRECTIONAL	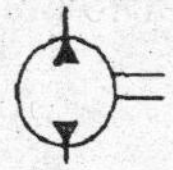
	BIDIRECTIONA	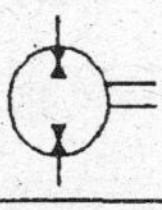
VARIABLE CAPACITY HYDRAULIC MOTOR/ PUMP	WITH REVERSAL OF DIRECTION OF FLOW	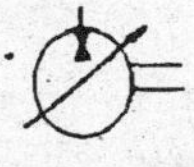
	UNDIRECTIONAL	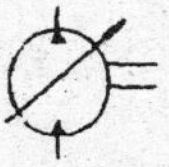
	BIDIRECTIONAL	

1.5.10 **श्यानता सूचकांक** (Viscosity Index)

तेलों की श्यानता तापक्रम बढ़ने से घटती है तथा घटने पर बढ़ती है। यह परिवर्तन श्यानता सूचकांक के द्वारा प्रदर्शित किया जाता है। ऐसे तेल जिनमें तापक्रम परिवर्तित होने पर श्यानता में अधिक परिवर्तन नहीं होता, उच्च श्यानता सूचकांक वाले तेल कहलाते हैं। चूंकि द्रव शक्ति निकायों में तापक्रम परिवर्तन होते रहने के कारण ऐसे हाइड्रॉलिक फ्लुइड उपयोग में लिये जाते हैं जिनकी श्यानता तापक्रम के साथ परिवर्तित नहीं हो। अर्थात् हाइड्रालिक फ्लुइड्स का श्यानता सूचकांक उच्च होना चाहिये।

1.5 **द्रव शक्ति प्रतीक** (Fluid Power Symbols)

द्रव शक्ति अवयवों की आकृति जटिल होने के कारण उन्हें परिपथ में बनाना अथवा दर्शाना मुश्किल होता है तथा एक परिपथ में अनेक अवयव (Component) काम में आते हैं इसलिये परिपथ बनाने के लिये इन अवयवों के प्रतीकों (Symbols) का उपयोग किया जाता है। जिन्हें सारणी 1.1 एवं 1.2 में दर्शाया गया है।

प्रश्न

1. हाइड्रॉलिक पॉवर पैक यूनिट से आप क्या समझते हैं? इसके विभिन्न अवयवों का वर्णन कीजिये।
2. द्रव शक्ति मशीनों के अन्य प्रकार मशीनों की तुलना में क्या-क्या लाभ है।
3. एक दाब लाइन फिल्टर का चित्र बनाकर उसकी कार्य प्रणाली समझाइये।
4. विभिन्न प्रकार के द्रवीय पम्प एवं द्रवीय मोटरों के प्रतीक दर्शाइये।

अध्याय - 2

द्रव शक्ति पम्प

(FLUID POWER PUMP)

द्रव शक्ति निकायों में शक्ति के पारेषण हेतु दाबित द्रव (Pressurized Fluid) का उपयोग किया जाता है। जिस युक्ति से द्रव में दाब उत्पन्न किया जाता है उन्हें पम्प कहते हैं। ये पम्प एक घूमती हुई शाफ्ट की गतिज ऊर्जा को द्रव की स्थितिज ऊर्जा (दाब) एवं गतिज ऊर्जा (प्रवाह) में परिवर्तित करने का कार्य करते हैं।

2.1 कार्यकारी सिद्धान्त (Principle of Working)

जब पम्प को किसी बाह्य युक्ति से घुमाया जाता है तो उसके अन्दर भरा हुआ द्रव निर्गत पाइप से बाहर चला जाता है एवं उसकी प्रवेश साइड (Suction Side) में आंशिक निर्वात उत्पन्न हो जाता है जिससे हौज में भरा द्रव जो कि वायुमण्डलीय दाब पर होता है, चूषण द्वार (Suction Side) से पम्प में आता रहता है। इस प्रकार पम्प हौज के द्रव को उच्च दाब पर निकाय में भेजता रहता है। जिस प्रकार शरीर में हृदय रुधिर को उच्च दाब पर पूरे शरीर में परिसंचरित कराता है इसी प्रकार पम्प भी द्रव को समस्त पाइप लाइनों में भेजता रहता है।

जब पम्प, द्रव की सतह से उपर लगा होता है तो वायुमण्डलीय दाब के कारण द्रव पम्प में चढ़ जाता है परन्तु जब पम्प द्रव की सतह से नीचे लगा होता है तो द्रव गुरूत्व के कारण स्वतः ही पम्प में पहुँचता रहता है जिससे पम्प का निर्गत शीर्ष (discharge head) बढ़ जाता है।

पम्प में उत्पन्न आंशिक निर्वात कभी भी पारे के 150 mm से अधिक नहीं होना चाहिये अन्यथा पम्प में वायु के प्रवेश का डर रहता है। उच्च निर्वात उत्पन्न होने से निकाय में द्रव एवं वायु का मिश्रण पहुंच जायेगा एवं निकाय ठीक प्रकार से कार्य नहीं करेगा।

2.2 पम्प क्षमता (Pump Capacity)

पम्प की क्षमता से तात्पर्य, पम्प के द्वारा प्रति सैकेन्ड होने वाले द्रव के प्रवाह से है। इसे द्रव का प्रति सैकेन्ड आयतनिक निर्गत भी कहते हैं। द्रव का आयतनिक निर्गत पम्प की अधिकतम दाब सैटिंग के व्युत्क्रमानुपाती होता है। जैसे - जैसे निर्गत द्रव की दाब सैटिंग बढ़ाई जाती है, द्रव का आयतनिक निर्गत कम होता जाता है क्योंकि पम्प की शक्ति उसके द्वारा प्रवाहित द्रव के शीर्ष (Pressure Head) एवं आयतनिक निर्गत (Discharge) के गुणनफल के बराबर होती है।

इस कारण पम्प की क्षमता किसी निश्चित दाब पर उसके आयतनिक निर्गत के द्वारा प्रदर्शित की जाती है।

2.3 पम्पों का वर्गीकरण (Classification of pumps)

पम्पों का वर्गीकरण चार प्रकार से किया जाता है।

(1) धनात्मक एवं अधनात्मक विस्थापन के आधार पर

(2) स्थिर एवं परिवर्तनीय निर्गत के आधार पर

(3) घूर्णन एवं प्रत्यागामी प्रकार के आधार पर

(4) उत्क्रमणीय (Reversible) एवं अनुत्क्रमणीय प्रकार के आधार पर

- अधनात्मक विस्थापन पम्प मुख्यतयाः अपकेन्द्रीय पम्प होते हैं जिनसे द्रव का नियंत्रित प्रवाह प्राप्त होता है। इन पम्पों में निर्गत द्रव की मात्रा उसके दाब शीर्ष पर निर्भर रहती है। जैसे-जैसे दाबशीर्ष (Pressure Head) बढ़ता जाता है विसर्जन (discharge) भी कम होता जाता है एवं अन्त में समाप्त हो जाता है, ऐसा आन्तरिक रिसाव के कारण होता है।
  जबकि धनात्मक विस्थापन पम्प में जैसे-जैसे निर्गत दाब बढ़ता जाता है एक सीमा आने पर पम्प काम करना बन्द कर देता है। इसी कारण इन पम्पों में एक दाब युक्तक वाल्व हमेशा काम में लिया जाता है जो कि पम्प की अधिकतम दाब सीमा पर स्वतः खुल जाता है।
  गीयर पम्प एवं वेन पम्प धनात्मक विस्थापन प्रकार के पम्प हैं।
- स्थिर निर्गत रेट पम्प, वो पम्प होते हैं जिनमें पम्प की गति को निश्चित रखते हुए उसका आयतनिक विसर्जन परिवर्तित नहीं किया जा सकता। जिन पम्पों में घूर्णन गति को समान रखते हुये पम्प की आन्तरिक यंत्रावली में परिवर्तन करके उनका विसर्जन परिवर्तित किया जा सके उन्हें परिवर्तनीय निर्गत पम्प कहा जाता है। इस प्रकार के पम्प में बहाव को नियंत्रित करने के लिये अलग से प्रवाह नियंत्रण वाल्व (Flow control valve) की आवश्यकता नहीं पड़ती। अक्षीय पिस्टन पम्प इसी प्रकार के पम्प होते हैं।

- उत्क्रमणीय पम्प को दोनों दिशाओं में चलाया जा सकता है तथा अनुत्क्रमणीय पम्प केवल एक दिशा में चलता है।

मुख्य गतिज अवयवों के आधार पर पम्पों को दो प्रकार में विभाजित किया जा सकता है। (1) घूर्णन प्रकार (2) प्रत्यागामी प्रकार।

2.4 घूर्णन पम्प (Rotary Pump)

इन पम्पों में मुख्य गतिज अवयव घूर्णन प्रकार का होता है जो कि द्रव को चूषण साइड से निर्गत साइड तक ले जाता है। आंतरिक संरचना के आधार पर घूर्णन पम्प मुख्यतया छः प्रकार के होते हैं।

(1) अपकेन्द्री पम्प (Centrifugal pump)

(2) बाह्य गीयर पम्प (External Gear pump)

(3) आन्तरिक गीयर पम्प (Internal Gear pump)

(4) लोब पम्प (Lobe pump)

(5) स्क्रू पम्प (Screw Pump)

(6) पंखुड़ी पम्प (Vane pump)

2.4.1 अपकेन्द्री पम्प (Centrifugal pump)

इस पम्प की बनावट चित्र 2.1 में दर्शायी गई है। इसमें एक घूमने वाला पंखा (Impeller) एक स्थिर खोल (Casing) में लगा होता है। इम्पेलर के केन्द्र में एक

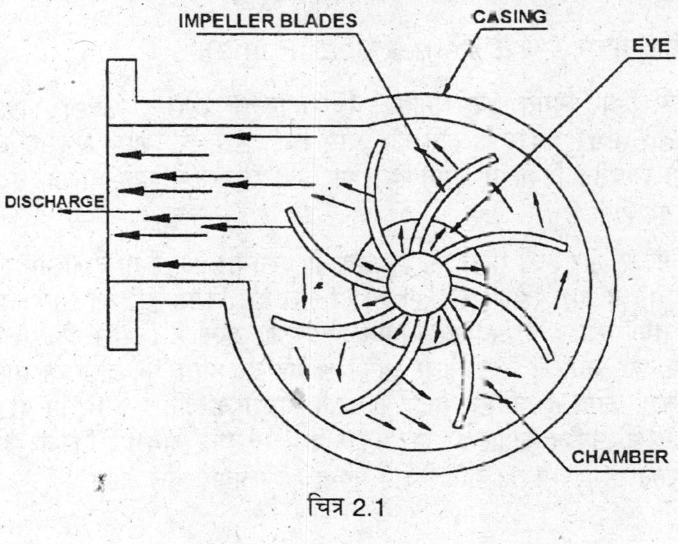

चित्र 2.1

आंख (Eye) बनी होती है जो कि पम्प के चूषण पाइप (Suction pipe) से जुड़ी होती है। इम्पेलर में वलयाकार ब्लेड, त्रिज्यी रूप में लगे होते हैं। जब इम्पेलर को मोटर की सहायता से घुमाया जाता है तो आंख के नजदीक निर्वात उत्पन्न हो जाता है जिससे हौज़ में भरा द्रव चूषण पाइप के द्वारा पम्प में भर जाता है। यह द्रव अपकेन्द्रीय बल के कारण बाहर की तरफ फेंका जाने के कारण निर्गत द्वार (discharge side) से होता हुआ उच्च दाब पर बाहर निकलने लगता है।

इस प्रकार के पम्प में प्रवाह निरन्तर (Continuous) मिलता रहता है। तथा दाब शीर्ष बढ़ने के साथ-साथ प्रवाह घटता जाता है। (चित्र 2.2)

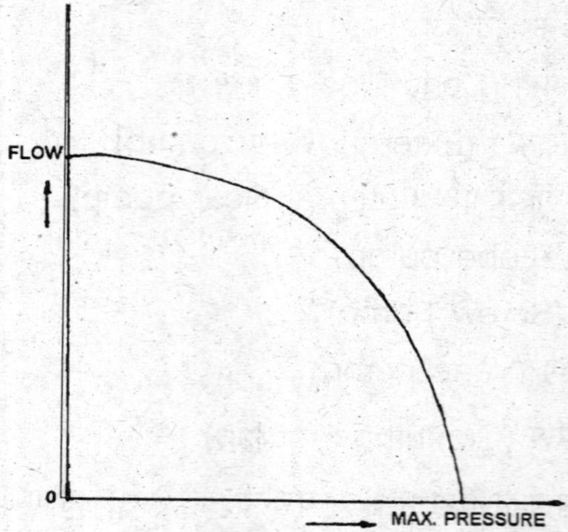

चित्र 2.2

2.4.2 बाह्य गीयर पम्प (External Gear Pump)

ये पम्प स्थिर निर्गत तथा धनात्मक विस्थापन (Fixed delivery positive displacement) प्रकार के होते हैं। इनमें चित्र 2.3 में दर्शाये अनुसार दो गीयर होते हैं जो विपरीत दिशा में घूमते हैं। इन दोनों गियरों में एक चालक तथा दूसरा चलित गीयर होता है।

जब चालक गीयर को मोटर की सहायता से चलाया जाता है तो दोनों गीयर विपरीत दिशा में घूमते हैं तथा खोल (Casing) में भरा द्रव निर्गत द्वार की तरफ चला जाने के कारण चूषण साइड में आंशिक निर्वात उत्पन्न हो जाता है जिससे हौज में भरा द्रव पम्प में पुनः भर जाता है तथा गीयर चलने से यह द्रव गीयर के दांतों के साथ निर्गत साइड में चला जाता है। निर्गत साइड में दोनों गियरों के दांते पुनः मिलने पर यह द्रव बाहर की तरफ निकल जाता है। इस प्रकार पम्प से उच्च दाब पर निरन्तर द्रव बाहर निकलता रहता है। पम्प की गति बढ़ाने पर द्रव का प्रवाह बढ़ जाता है।

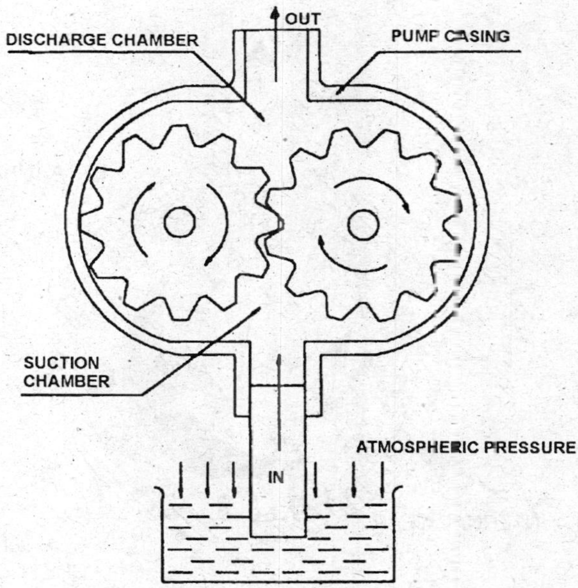

चित्र 2.3

2.4.3 **आन्तरिक गीयर पम्प** (Internal Gear Pump)

ये पम्प भी स्थिर निर्गत तथा धनात्मक विस्थापन प्रकार के पम्प होते हैं तथा गियरों के मिलने तथा अलग होने (meshing and separating of gear) के सिद्धान्त पर कार्य करते हैं।

इसमें एक आन्तरिक गियर रिंग होती है तथा उसके बीच में एक अकेन्द्रीय (Off-centre) छोटा बाह्य गीयर होता है। आन्तरिक गीयर रिंग, अन्दर वाले छोटे बाह्य गीयर के द्वारा चलती है। तथा दोनों समान दिशा में घूमते हैं। एक चन्द्राकार धातु की सील प्रवेश द्वार एवं निकास द्वार के मध्य लगी रहती है (चित्र 2.4) जिससे जब दोनों गीयर अलग-अलग होते हैं तो उनके मध्य आंशिक निर्वात उत्पन्न हो जाता है एवं दोनों गियरों के पुन: मिलने के स्थान पर द्रव उच्च दाब पर बाहर निकलता रहता है।

आन्तरिक गीयर पम्प में एक साथ अधिक दांते सम्पर्क (mesh) में होने के कारण आवाज कम होती है। यह पम्प भी बाह्य गीयर पम्प की तरह उत्क्रमणीय होता है।

2.4.4 **लोब पम्प** (Lobe pump)

ये पम्प बाह्य गीयर पम्प की तरह ही कार्य करते हैं केवल इनमें गीयर के स्थान पर लोब होने के कारण इनकी आयतनिक निर्गत क्षमता प्रतिचक्र बढ़ जाती है इस पम्प

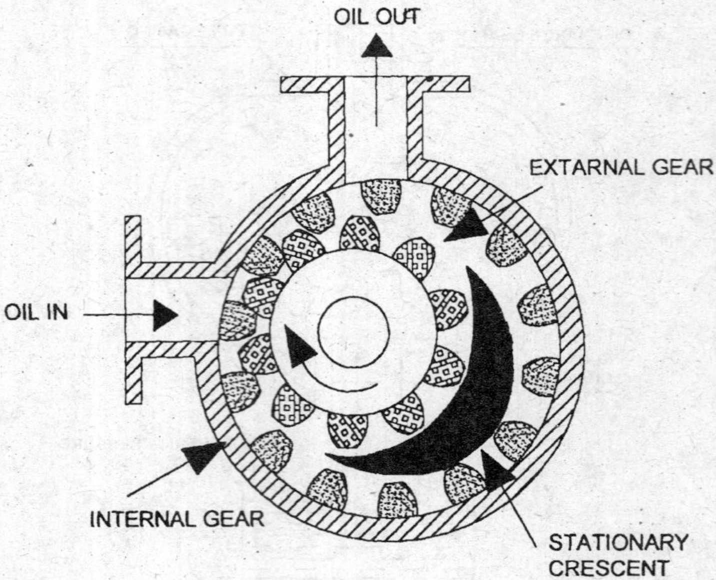

चित्र 2.4

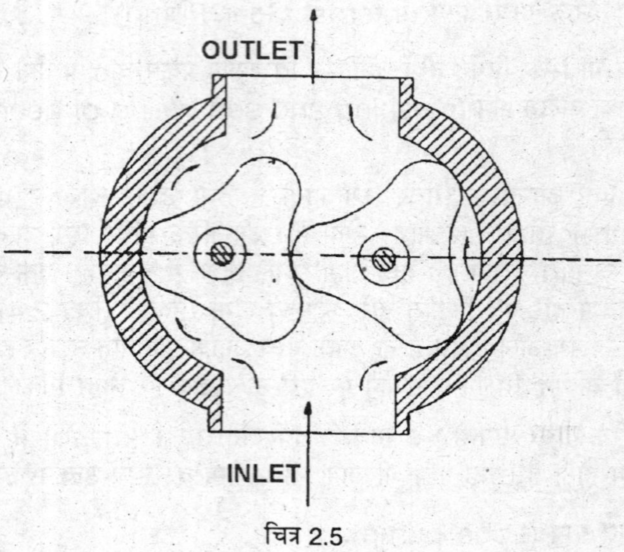

चित्र 2.5

में प्रवाह लगातार नहीं मिलता तथा दाँते कम होने के कारण आवाज बहुत कम होती है। चित्र 2.5 में दर्शाये अनुसार लोब पम्प भी उत्क्रमणीय होते हैं।

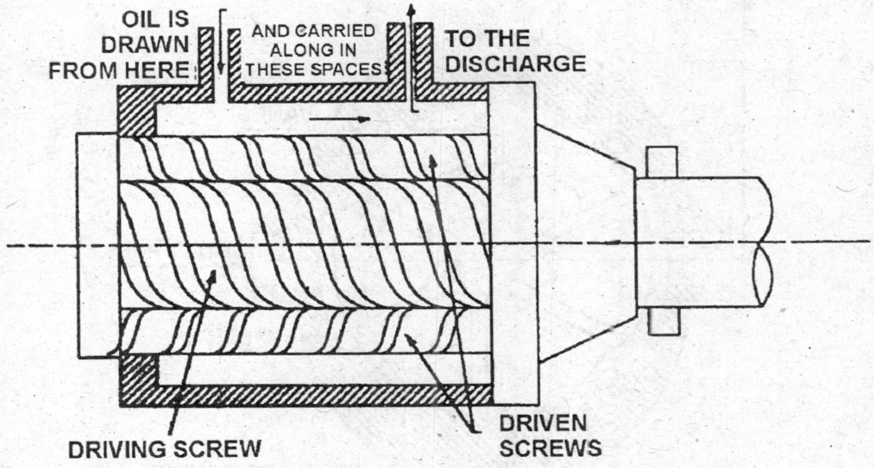

चित्र 2.6

2.4.5 स्क्रु पम्प (Screw Pump)

स्क्रु पम्प में दो या तीन बेलनाकार स्क्रू एक खोल में फिट रहते हैं। ये स्क्रु गीयर के द्वारा चलाये जाते हैं। चित्र 2.6 के अनुसार द्रव पम्प के प्रवेश द्वार से प्रवेश कर चूड़ियों के साथ एक सिरे से दूसरे सिरे तक पहुँच जाता है तथा निकास द्वार से बाहर निकल जाता है। इस प्रकार के पम्प में आवाज बिल्कुल नहीं होती तथा द्रव का प्रवाह भी मृसण (Smooth) होता है। ये पम्प दोनों दिशाओं मे नहीं चलाये जा सकते हैं।

2.4.6 सामान्य वेन पम्प (Simple Vane pump)

चित्र 2.7 में दर्शाये अनुसार ये स्थिर विस्थापन पम्प होते हैं। इसमें एक रोटर होता है जिसमें खांचे कटे होते हैं जिनमें पंखुड़िया (Vanes) लगी होती है। यह रोटर एसेम्बली एक उत्केन्द्रीय वलय (Ecentric Ring) हाउसिंग में फिट रहती है। रोटर के सिरे फेस प्लेट से सील रहते हैं।

जब विद्युत मोटर की सहायता रोटर को घुमाया जाता है तो रोटर एवं हाउसिंग के मध्य दूरी (Gap) अलग-अलग होने के कारण ब्लेड घूमते समय खांचों में अन्दर एवं बाहर होते रहते हैं। जहाँ एक स्थिति में रोटर एवं हाउसिंग के मध्य खाली स्थान बिल्कुल नहीं रहता वहीं रोटर के 180 से घूमने पर ब्लेड रोटर एवं हाउसिंग के मध्य स्थान (Gap) अधिकतम हो जाता है तथा पुनः 180 घूमने पर यह स्थान फिर न्यूनतम हो जाता है जिससे पम्प में द्रव का चूषण (Suction) एवं निर्गत (discharge) होने लगता है।

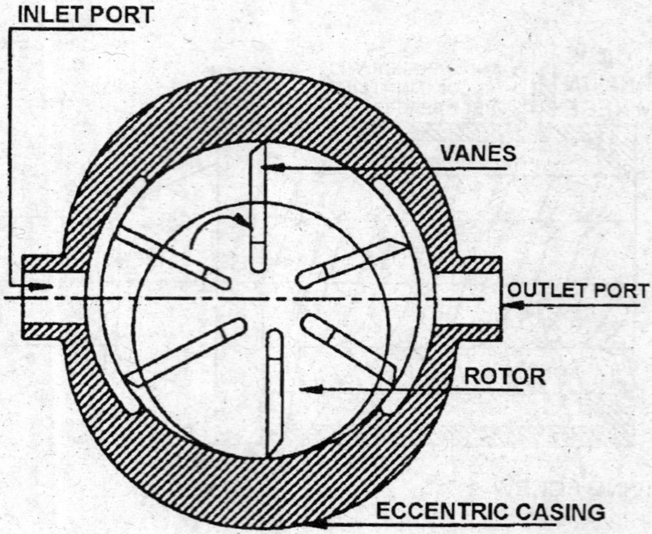

चित्र 2.7

2.4.7 संतुलित वेन पम्प (Balanced Vane Pump)

इस प्रकार के पम्प में हाउसिंग अंडाकार बना दी जाती है जिससे वेन रोटर के एक चक्कर में दो बार अन्दर बाहर चलती हैं यह दोहरी गति पम्प की चूषण एवं निर्गत

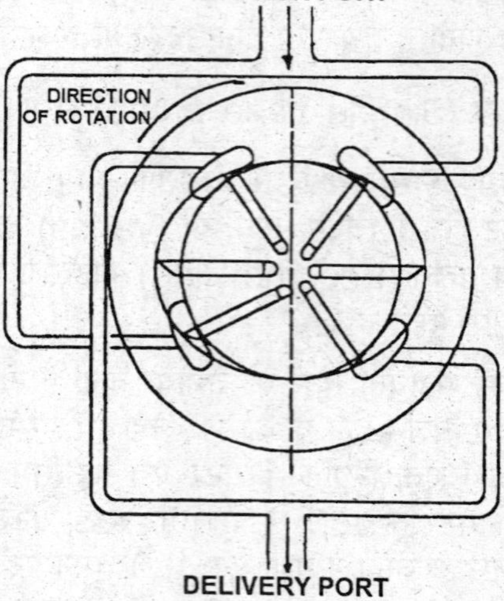

चित्र 2.8

प्रक्रिया को दोहरा कर देती है जिससे रोटर पर पड़ने वाला दाब बेलेन्स हो जाता है। इस कारण इस पम्प को संतुलित वेन पम्प कहते हैं।

2.5 प्रत्यागानी पम्प (RECIPROCATING PUMPS)

जब भी दाब परिवर्तन के निरपेक्ष, समान प्रवाह (Constant flow) की आवश्यकता होती है, प्रत्यागामी पम्प का उपयोग किया जाता है 150 बार अथवा इससे अधिक के कार्यकारी दाब पर ये पम्प अत्याधिक उपयोगी (efficient) हैं। ये पम्प एकल पिस्टन अथवा बहुपिस्टन प्रकार के हो सकते हैं। बहु-पिस्टन प्रकार के पम्प अक्षीय पिस्टन अथवा त्रिज्ययी (Radial) प्रकार के हो सकते हैं।

2.5.1 एकल पिस्टन प्रत्यागामी पम्प

चित्र 2.9 में एक एकल पिस्टन प्रकार का प्रत्यागामी पम्प दर्शाया गया है। इस पम्प के द्वारा प्रवाह निरन्तर न मिलने के कारण यह पम्प फ्लुइड पावर सिस्टम्स में काम में नहीं लिया जाता है।

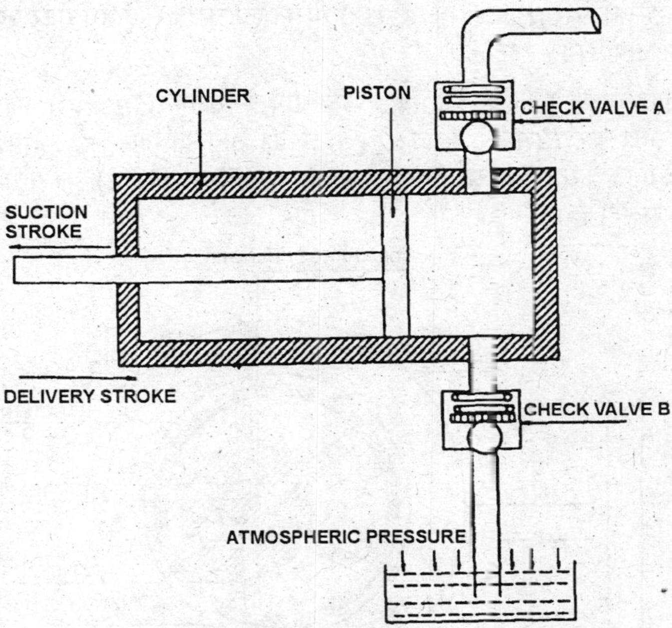

चित्र 4.9.

इस प्रकार के पम्प में एक सिलेन्डर होता है जिसमें प्रवेश एवं निकास द्वार (ports) बने होते हैं सिलेन्डर में पिस्टन प्रत्यागामी गति करता है।

जब पिस्टन बाहर की तरफ चलता है तो सिलेन्डर में आंशिक निर्वात हो जाने के कारण बाहर का द्रव चूषण पाइप से होता हुआ सिलेन्डर में भर जाता है। इसी प्रकार जब पिस्टन अन्दर की ओर चलता है तो यह द्रव निर्गत पाइप से होता हुआ उच्च दाब पर बाहर निकल जाता है।

2.5.2 **त्रिज्यी पिस्टन पम्प** (Radial piston pump)

एक त्रिज्यी पिस्टन पम्प में चित्र 2.10 के अनुसार निम्न अवयव होते हैं।

(अ) धुरा (Pintle) यह स्थिर रहता है तथा वाल्व का कार्य करता है। चूषण एवं निर्गत पाइप इसी से जुड़े रहते हैं।

(ब) सिलेन्डर ब्लॉक यह धुरे के चारों तरफ घूमता है तथा इसमें कई सिलेन्डर बने होते हैं जिनमें पिस्टन प्रत्यागामी गति करते हैं।

(स) रोटर (Rotor) : यह खोल (casing) के अन्दर होता है इसमें एक कठोरीकृत स्टील की बनी हुयी प्रतिक्रिया रिंग (Reaction Ring) लगी रहती है जिस पर पिस्टनों के सिरे (Piston Heads) घिसते हुए चलते रहते हैं। रोटर एवं प्रतिक्रिया रिंग दोनों घूमते रहते हैं।

(द) स्लाइड ब्लॉक (Slide Block) यह पम्प के खोल (Casing) को आगे-पीछे खिसका कर सिलेन्जर ब्लाक एवं रोटर की उत्केन्द्रीयता (eccentricity) को परिवर्तित करता है जिससे पम्प की प्रवाह दर (Flow Rate) को परिवर्तित किया जा सकता है।

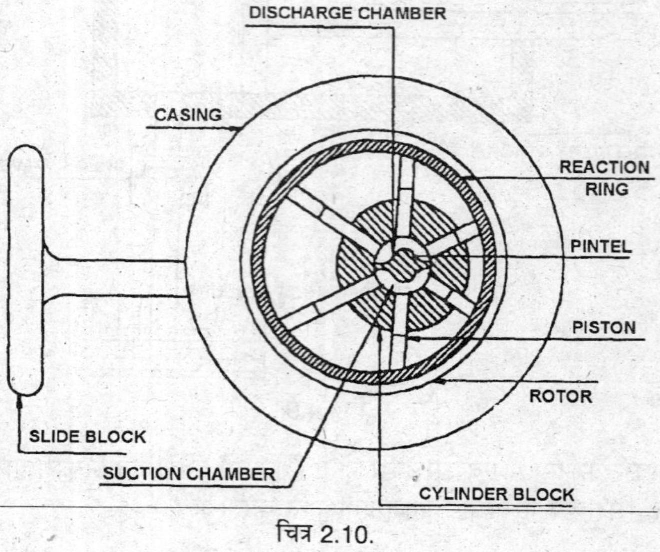

चित्र 2.10.

चित्र के अनुसार सिलेन्डर ब्लाक में छः पिस्टन त्रिज्यी रूप में लगे रहते हैं। सिलेन्डर ब्लॉक को एक घूमती हुयी शाफ्ट से घुमाया जाता है। सिलेन्डर ब्लॉक रोटर में उत्केन्द्रीय लगा होता है। पिस्टन के प्रतिक्रिया रिंग के साथ घिसते हुए चलने के कारण प्रतिक्रिया रिंग सिलेन्डर ब्लॉक की गति से घूमती हैं एवं प्रतिक्रिया रिंग के घर्षण के कारण रोटर भी घूमता है। खोल (casing) एवं स्लाइड ब्लॉक इस पूरी एसेम्बली को आधार प्रदान करते हैं।

यह पम्प देखने में वेन पम्प जैसा लगता है परन्तु इसकी कार्यप्रणाली बिल्कुल भिन्न है। सिलेन्डर ब्लॉक के घूमने के कारण एवं उत्केन्द्रीय होने के कारण इसमें लगे पिस्टन प्रत्यागामी गति करते हैं। प्रत्येक पिस्टन सिलेन्डर ब्लॉक के 180° घूमने पर बाहर की तरफ जाता है एवं अगले 180° घूमने पर अन्दर की ओर जाता है जिससे उसमें द्रव का चूषण एवं निर्गत प्रवाह बन जाता है। धुरे की एक साइड प्रवेश वाल्व का तथा दूसरी साइड निर्गत वाल्व का कार्य करती है।

2.5.3 अक्षीय पिस्टन पम्प (सीधी अक्ष) Axial Piston Pump (Straight Axis)

जब बहु पिस्टन पम्प में पिस्टन, शाफ्ट की अक्ष के अनुदिश गति करते हैं तो इस प्रकार के पम्प अक्षीय पिस्टन पम्प (सीधी अक्ष) कहलाते हैं। चित्र 2.11 में दर्शाये अनुसार सिलेन्डर ब्लॉक जिसमें अनेक पिस्टन लगे होते हैं शाफ्ट के साथ चाबी (Key) से जुड़ा होता है जिससे शाफ्ट के घूमने पर पूरा सिलेन्डर ब्लॉक घूमता है। सिलेन्डर ब्लॉक के सिरे पर एक वाल्व प्लेट लगी होती है जिसमें दो अर्ध चन्द्राकार खांचे कटे होते हैं, ये खांचे पम्प के प्रवेश एवं निकास द्वारा का कार्य करते हैं। यह वाल्व प्लेट पम्प बॉड़ी के साथ जुड़ी रहने के कारण स्थिर रहती है एवं सिलेण्डर ब्लॉक के साथ घूमती नहीं है। सिलेन्डर ब्लॉक के दूसरे सिरे की ओर एक शू-प्लेट (Shoe-plate) लगी होती है। जिसमें बॉल एवं सॉकेट जोड़ के द्वारा सारे पिस्टन जुड़े रहते हैं। यह

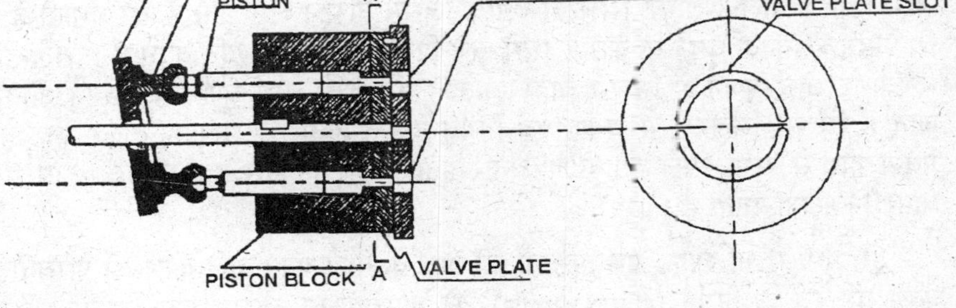

चित्र 2.11.

शू-प्लेट सिलेन्डर ब्लॉक के साथ घूमती रहती है। यह शू-प्लेट एक स्थिर प्लेट जिसे स्वॉश प्लेट (Swash plate) कहते हैं, पर टिकी होती है। स्वॉश प्लेट का झुकाव परिवर्तित करने से पिस्टन की स्ट्रॉक लम्बाई (Stroke length) को घटाया या बढ़ाया जा सकता है, जिससे पम्प का निर्गत (delivery), परिवर्तित हो जाता है।

सिलेन्डर ब्लॉक के पहले आधा चक्कर घूमने में जो पिस्टन बाहर की तरफ आते हैं उनके सिलेन्डर में इनलैट पोर्ट के द्वारा फ्लुइड भर जाता है एवं शेष आधे चक्कर में पिस्टन के अन्दर की ओर जाने से यह फ्लुइड उच्च दाब पर आउटलैट पोर्ट से बाहर निकल जाता है। फ्लुइड की मात्रा स्वॉश-प्लेट के झुकाव पर निर्भर करती है। यदि स्वाश-प्लेट का झुकाव जीरो कर दिया जावे अर्थात् उसे अक्ष के लम्बवत् कर दिया जावे तो, पिस्टनों की स्ट्रॉक लम्बाई जीरो हो जावेगी एवं पम्प कार्य करना बन्द कर देगा। स्वॉश-प्लेट का झुकाव बढ़ाने से पम्प का निर्गत बढ़ता जावेगा। इसी प्रकार स्वॉश-प्लेट के झुकाव की दिशा बदलने से प्रवेश एवं निकास द्वारा आपस में परिवर्तित (Intercharge) हो जावेंगे। इसलिये इस प्रकार के पम्पों को परिवर्तनीय निर्गत (Variable delivery) एवं उत्क्रमणीय (Reversible) पम्प कहते हैं।

2.5.4 अक्षीय पिस्टन पम्प (झुकी अक्ष) (Bent Axis type Axial Piston pump)

जब बहु पिस्टन पम्प में पिस्टनों की अक्ष एवं घूमने वाली शाफ्ट की अक्ष आपस में कोई कोण बनाती हों तो इस प्रकार के पम्प को झुकी हुयी अक्ष वाला अक्षीय पिस्टन पम्प कहते हैं तथा इनके मध्य बनने वाले कोण को परिवर्तन कर पम्प के निर्गत (Discharge) का परिवर्तित किया जा सकता है।

चित्र 2.12 के अनुसार इस पम्प में सिलेन्डर ब्लॉक को घुमाने के लिये एक चालक शॉफ्ट होती है जो बीच में नकल जोड़ (Knuckle Joint) से जुड़ी होती है सिलेन्डर ब्लॉक में बहुत सारे पिस्टन एवं एक स्थिर वाल्व प्लेट लगी होती है।

इस पम्प का कार्यकारी सिद्धान्त कुछ-कुछ सीधी अक्ष वाले अक्षीय पिस्टन पम्प जैसा ही है। चालक शाफ्ट सिलेन्डर ब्लॉक जिसमें पिस्टन लगे रहते हैं, को घुमाती है। सिलेन्डर ब्लॉक के घूमने के कारण इसमें लगे पिस्टन प्रत्यागामी गति करते हैं। सिलेन्डर ब्लॉक के अर्ध घूर्णन में पिस्टन बाहर आते हैं एवं दूसरे अर्ध घूर्णन में पिस्टन अन्दर जाते हैं जिससे सिलेन्डर में चूषण एवं निर्गत उत्पन्न होता है। फ्लुइड, वाल्व प्लेट के प्रवेश द्वार से सभी सिलेन्डरों में पहुँचता रहता है एवं निकास द्वार से उच्च दाब पर बाहर निकलता रहता है।

इस पम्प में भी शाफ्ट एवं पिस्टनों की अक्ष के मध्य बनने वाले कोण को परिवर्तित करने पर द्रव के निर्गत (discharge) को कम अथवा ज्यादा किया जा सकता है इसलिये ये पम्प भी परिवर्तनीय निर्गत एवं उत्क्रमणीय प्रकार के पम्प हैं।

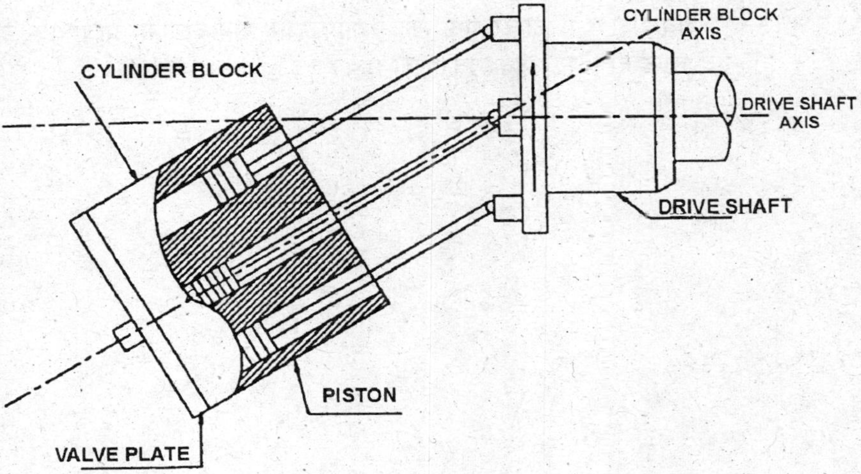

चित्र 2.12.

प्रश्न

1. विभिन्न प्रकार के द्रवीय पम्पों का वर्गीकरण कीजिये एक गीयर पम्प का स्वच्छ चित्र बनाकर उसका वर्णन कीजिये।
2. धनात्मक विस्थापन पम्प एवं अधनात्मक विस्थापन पम्प में क्या अन्तर है ?
3. स्थिर निर्गत (Fixed delivery) एवं परिवर्तनीय निर्गत पम्प में क्या अन्तर है ? उदाहरण सहित समझाइये।
4. चित्र बनाकर वेन पम्प की संरचना एवं कार्यप्रणाली समझाइये।
5. अक्षीय पिस्टन पम्प एवं त्रिज्य पिस्टन पम्प में क्या अन्तर है ? चित्र बनाकर समझाइये।
6. गीयर पम्प में वेन पम्प की अपेक्षा लाभ एवं हानियाँ बताइये।
7. फ्लुइड पॉवर सिस्टम में पम्प का क्या कार्य है ?
8. संग्राहक से पम्प में फ्लुइड किस प्रकार चढ़ता है।
9. धनात्मक विस्थापन पम्प के साथ सदैव दाब मुक्तक वाल्व (Pressure Relief Valve) लगाना क्यों आवश्यक है।
10. स्थिर निर्गत पम्प एवं परिवर्तनीय निर्गत पम्पों को कहाँ-कहाँ उपयोग में लाया जाता है।

11. आन्तरिक गीयर पम्प का सबसे प्रमुख उपयोग क्या है।

(उत्तर : जब मशीन में अन्दर एक लम्बी शाफ्ट पर पम्प लगाना आवश्यक हो एवं उच्च दाब की आवश्यकता हो।)

अध्याय - 3

गति प्रदायक

फ्लूइड पॉवर सिस्टम में पम्प, द्रव अथवा तेलों को उच्च दाब पर सिस्टम में भेजते हैं तथा वाल्व द्रव के प्रवाह, दाब एवं प्रवाह की दिशा को नियंत्रित करते हैं। सिस्टम का वास्तविक कार्य गति प्रदायकों से प्राप्त होता है। गति प्रदायक द्रव उर्जा (Hydraulic Energy) को यांत्रिक उर्जा में परिवर्तित करते हैं। उत्पन्न शक्ति को मात्रा गति प्रदायकों में द्रव की प्रवाह दर एवं दाब ह्रास पर निर्भर करती है।

गति प्रदायक मुख्यतः तीन प्रकार के होते हैं -

(अ) रेखिक गति प्रदायक जैसे हाइड्रॉलिक सिलेन्डर

(ब) अर्ध घूर्णित गति प्रदायक जैसे सीमित घूर्णन मोटर

(स) घूर्णित गति प्रदायक जैसे हाइड्रॉलिक मोटर

3.1 हाइड्रॉलिक सिलेन्डर

इनमें एक सिलेन्डर होता है जो कि दोनों तरफ से सील बन्द होता है। इसमें एक पिस्टन तथा पिस्टन रॉड़ रेखिक गति करते हैं। पिस्टन रॉड़ सिलेन्डर से बाहर निकली रहती हैं एवं इसके साथ होने वाले द्रव के रिसाव को रोकने के लिये सिलेन्डर में सील लगी है। जब उच्च दाब पर द्रव सिलेन्डर में प्रवेश करता है तो पिस्टन एवं पिस्टन रॉड़ गति करते हैं जिससे इनसे जुड़े सभी मशीन अवयव भी गति करने लगते हैं।

हाइड्रॉलिक सिलेन्डर विभिन्न प्रकार के होते हैं जिनकी संरचना एवं कार्य प्रणाली नीचे बताई गई है।

3.1.1 रैम टाइप सिलेन्डर

इन प्रकार के सिलेन्डर में पिस्टन एवं पिस्टन रॉड के स्थान पर एक मोटी रॉड होती है जिसे रैम कहते हैं एवं यह पिस्टन एवं पिस्टन रॉड दोनों का कार्य करती है। ये सिलेन्डर हाइड्रॉलिक जैक, एलिवेटर एवं भारी प्रैसों में प्रयुक्त होते हैं।

रैम टाइप सिलेन्डर सिंगल एक्टिंग अथवा डबल एक्टिंग दोनों प्रकार के हो सकते हैं। सिंगल एक्टिंग में रैम एक बार द्रव के दाब से गति करती हैं एवं किसी अन्य दाब से उसे वापिस भेजा जाता है जबकि डबल एक्टिंग में रैम दोनों तरफ द्रव के दाब से कार्य करती है।

3.1.2 पिस्टन टाइप सिलेन्डर

इस प्रकार के सिलेन्डर मशीन टूल्स एवं अन्य औद्योगिक उपयोगों में प्रयुक्त होते हैं। पिस्टन के एक ओर पिस्टन रॉड होने के कारण पिस्टन के एक साइड का सिलेन्डर क्षेत्रफल दूसरी ओर के क्षेत्रफल से कम होता है जिसकी वजह से उत्पन्न बल भी कम हो जाता है।

क्षेत्रफल अलग-अलग होने के कारण पिस्टन की अग्र गति एवं पश्च गति भी अलग-अलग हो जाती है। उत्पन्न बल सिलेन्डर के क्षेत्रफल के समानुपाती होती है एवं गति, क्षेत्रफल के व्युत्क्रमानुपाती होती है। पिस्टन के दोनों तरफ के क्षेत्रफल का अनुपात 1 : 2 होता है।

चित्र 3.1 एवं 3.2 में दर्शाये अनुसार सिलेन्डर, एकल क्रिया (Single Acting) एवं दोहरी क्रिया (Double Acting) प्रकार के होते हैं।

एकल क्रिया सिलेन्डर में द्रवीय दाब के कारण केवल एक दिशा में बल उत्पन्न होता है एवं पिस्टन स्प्रिंग बल के कारण वापिस आता है।

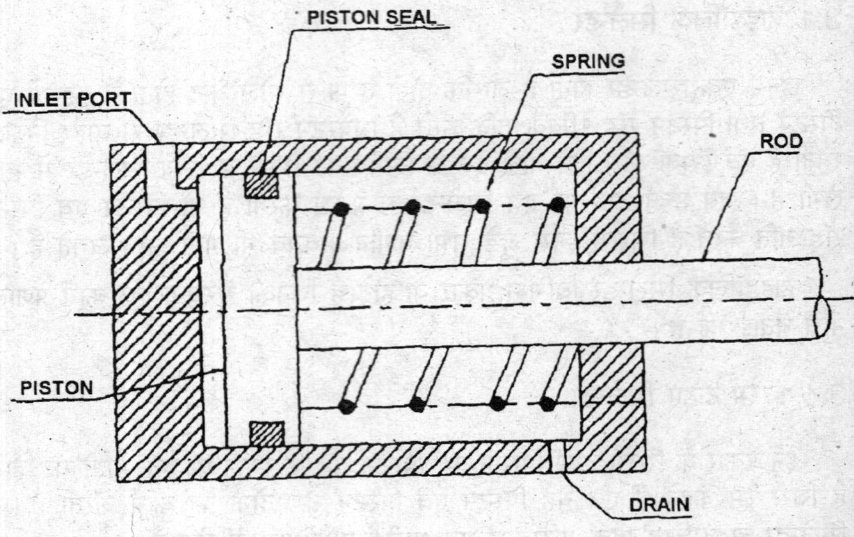

चित्र 3.1.

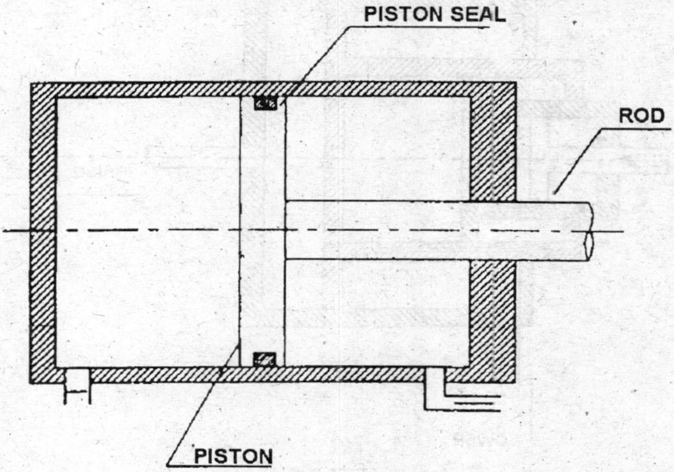

चित्र 3.2.

दोहरी क्रिया वाले सिलेन्डर में द्रव का प्रवाह पिस्टन के दोनों ओर होने के कारण, दोनों ओर बल उत्पन्न होता है। इसमें एक होनिंग किये हुये बैरल अथवा ट्यूब में पिस्टन लगा रहता है तथा बैरल अथवा सिलेन्डर के दोनों ओर ढक्कन (Cap) लगा होता है, एक ढ़क्कन में पिस्टन रॉड के लिये छिद्र बना होता है तथा उसमें रिसाव (Leakage) रोकने के लिये सील लगी होती है। पिस्टन, सिलेन्डर के बीच भी कप अथवा यू-सील लगी होती है।

3.1.3 टैलिस्कॉपिक सिलेन्डर

ऐसे स्थान जहाँ पर कार्यकारी स्ट्रॉक लम्बाई अधिक हो एवं उपलब्ध स्थान कम हो टेलिस्कॉपिक सिलेन्डर प्रयोग में लाये जाते हैं। जैसे उच्च उठाव फोर्क लिफ्ट ट्रक, डम्प ट्रक आदि। चित्र 3.3 में दर्शाये अनुसार इसमें दूरबीन की भाँति कई ट्यूब एक दूसरे के अन्दर लगी रहती हैं तथा प्रत्येक ट्यूब अपनी बाहर वाली ट्यूब के लिये पिस्टन का तथा अन्दर वाली ट्यूब के लिये सिलेन्डर का कार्य करती है। जब सिलेन्डर पर भार अधिक होता है तो सबसे पहले बड़े सिलेन्डर की रैम गति करती है एवं उसकी स्ट्रॉक लम्बाई पूरी होने पर उससे छोटे सिलेन्डर की रैम चलती है।

चित्र 3.3 में दर्शाये अनुसार जब उच्च दाब पर द्रव सिलेन्डर में प्रवेश करता है तो सर्वप्रथम सबसे बड़ी रैम (सं. 1) गति करती है तथा प्रथम रैम की स्ट्रॉक लम्बाई पूरी होने पर दूसरी रैम (सं. 2) गति करती है तथा उसके पश्चात् रैम संख्या 3 गति करती है।

रैम के चलने की गति (Speed), रैम को चलाने के आवश्यक दाब के

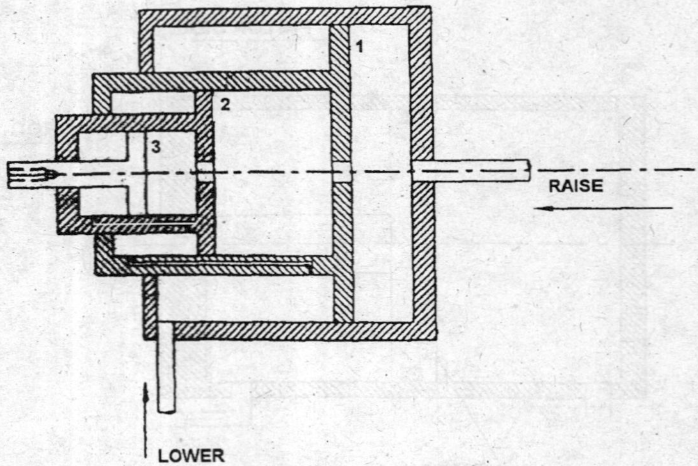

चित्र 3.3.

व्युत्क्रमानुपाती होती है। सबसे बड़ी रैम को चलाने/उठाने हेतु द्रव का दाब अधिकतम होना चाहिये जबकि इसके चलाने/उठाने की गति न्यूनतम होती है। इसके विपरीत सबसे छोटी रैम (संख्या 3) को उठाने के लिये न्यूनतम दाब की आवश्यकता है एवं इसके चलाने की गति सबसे अधिक होती है।

- प्रत्येक स्टेज हेतु आवश्यक दाब = भार/सम्बन्धित रैम का क्षेत्रफल
- प्रत्येक स्टेज की गति = स्टेज की प्रवाह दर/सम्बन्धित रैम का क्षेत्रफल

उपरोक्त वर्णित सिलेन्डरों के अलावा द्रवीय शक्ति निकायों में अन्य प्रकार के सिलेन्डर भी काम में लिये जाते हैं जिनकी संरचना निम्न प्रकार होती है।

3.2.1 डबल रॉड सिलेन्डर

इसमें पिस्टन के दोनों ओर रॉड लगी होती है तथा रॉड के दूसरे सिरे से अन्य युक्तियाँ जिन्हें गति प्रदान करनी है जुड़े रहते हैं। जब पिस्टन किसी भी दिशा में चलता है तो दोनों रॉड गति करती हैं तथा दोनों रॉड के द्वारा लगने वाला बल एवं वेग समान रहता है। एक समय में एक अथवा दोनों रॉड को युक्तियों से जोड़कर कार्य प्राप्त किया जा सकता है। इस प्रकार के सिलेन्डर को (through rod) प्रकार का सिलेन्डर भी कहा जाता है।

3.2.2 मल्टीपोजिशन सिलेन्डर

इसमें बहुत सारे अलग पिस्टन एवं पिस्टन रॉड वाले सिलेन्डर एक लाइन में लगे होते हैं। जैसे ही पहले सिलेन्डर का पिस्टन अपना स्ट्रॉक पूर करता है। अन्तिम सिलेन्डर

की पिस्टन रॉड एक चरण आगे बढ़ जाती है । इसके पश्चात् जब दूसरे सिलेन्डर की पिस्टन गति करता है अन्तिम सिलेन्डर की पिस्टन रॉड एक चरण और आगे बढ़ जाती है ।

इस प्रकार जब किसी अवयव को विभिन्न चरणों में गति प्रदान करनी हो तो इस प्रकार के सिलेन्डर काम में लाये जाते हैं ।

3.2.3 टैन्डम सिलेन्डर

3.3 सिलेन्डर गद्दी (Cylinder cushioning)

पिस्टन को सिलेन्डर के सिरे से टकराने से बचाने के लिये सिलेन्डर गद्दी का प्रयोग किया जाता है । इस प्रक्रिया में जैसे-जैसे पिस्टन, सिलेन्डर सिरे की तरफ बढ़ता, उसकी गति कम कर दी जाती है एवं सिलेन्डर सिरे से पूर्व ही उसकी गति शून्य हो जाती है जिससे पिस्टन सिलेन्डर से टकराने से बच जाता है ।

उक्त प्रयोजन हेतु पिस्टन के अग्रभाग को चित्र 3.4 में दर्शाये अनुसार बना दिया जाता है जोकि सिलेन्डर से टैंक की तरफ जाने वाले द्वार को धीरे-धीरे बन्द कर देता है । इसके पश्चात् सिलेन्डर का तेल एक वाल्व से गुजरता हुआ बाहर जाता है इस वाल्व को समायोजित कर पिस्टन की स्पीड को कम ज्यादा किया जा सकता है । पिस्टन के वापिस जाते समय द्रव एक चैक वाल्व के द्वारा सिलेन्डर में आ जाता है ।

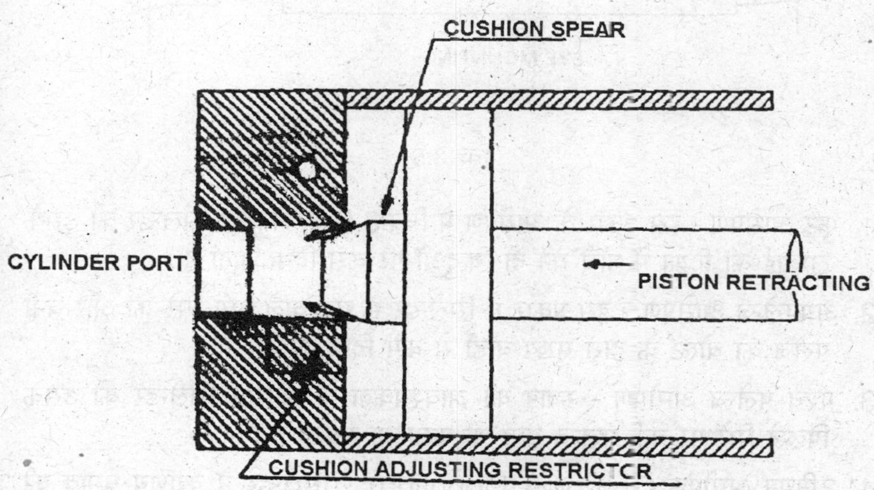

चित्र 3.4.

3.4 सिलेन्डर आरोपन (Cylinder Mounting)

मशीन अथवा निकाय की आवश्यकता के अनुसार सिलेन्डरों को निम्न प्रकार से आरोपित किया जा सकता है।

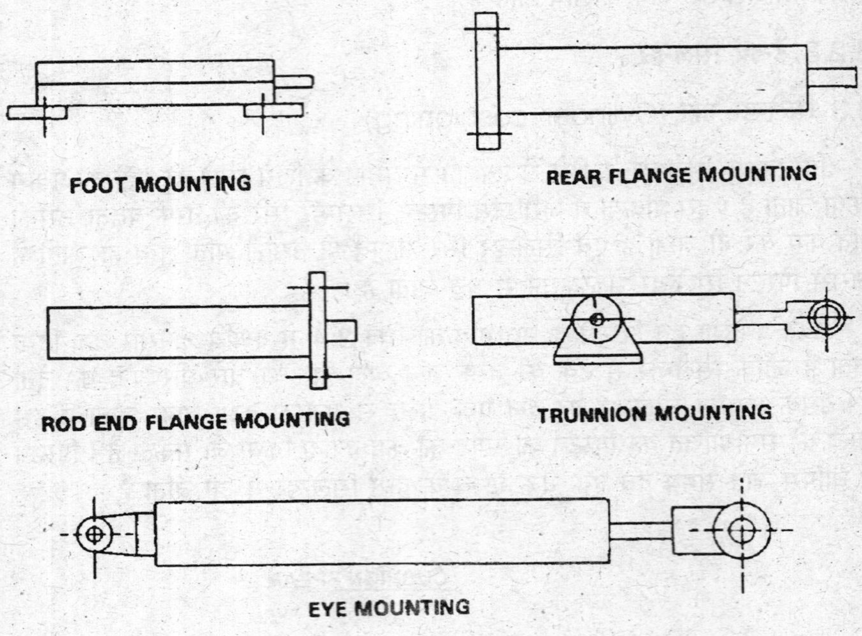

चित्र 3.5

1. फुट आरोपण - इस प्रकार के आरोपण में चित्र 3.5 के अनुसार सिलेन्डर को उसके लम्बाई की दिशा में नीचे बने दो बिन्दुओं पर कस दिया जाता है।
2. अग्रफ्लेन्ज आरोपण - इस प्रकार में सिलेन्डर में रोड वाले अग्र सिरे की ओर बनी फ्लेंज को बोल्ट के द्वारा मुख्य बॉडी से कम दिया जाता है।
3. पश्च फ्लेन्ज आरोपण - स्थान की आवश्यकता के अनुसार सिलेन्डर को उसके पिछले सिरे पर बनी फ्लेन्ज द्वारा भी कसा जा सकता है।
4. ट्रूनियन आरोपण (Trunnion Mounting) - सिलेन्डर में कोणिय घुमाव की आवश्यकता हो तो इस प्रकार सिलेन्डर के बीच में एक बिन्दु से कसा जा सकता है।

5. आई अथवा क्लेविस आरोपण - इस प्रकार के आरोपण में एक ओर से सिलेन्डर को तथा दूसरी ओर से पिस्टन रोड को कसा जाता है। यह आरोपण शॉक-एब्जार्बर जैसा होता है।

3.5 अर्ध घूर्णी गतिप्रदायक (Semi Rotary Actuator)

रेखिक गतिप्रदायक एक सीधी रेखा में गति करते हैं जबकि घूर्णी गतिप्रदायक किसी भी युक्ति को घूर्णन प्रदान करते हैं जिन्हें द्रवीय मोटर भी कहा जाता है परन्तु जब किसी युक्ति को लगातार नहीं घुमाना हो केवल एक निश्चित कोण पर ही घुमाना हो तो इसके लिये अर्ध घूर्णी गति प्रदायक काम में लाये जाते हैं जिन्हें सीमित घूर्णन मोटर भी कहा जाता है। ये निम्न प्रकार के होते हैं।

3.5.1 वेन प्रकार (Vane Type)

पंखुड़ी प्रकार के गति प्रदायक किसी युक्ति (device) को 1° से 360° के बीच घुमाने लिये प्रयुक्त होते हैं। इनमें एक अथवा दो पंखुड़ी लगी होती हैं (चित्र 3.6) जो कि शाफ्ट से जुड़ी होती है जब द्रव का दाब पंखुड़ियों पर लगता है तो वे एक निश्चित कोण से घूम जाती है एवं द्रव के प्रवाह की दिशा बदलने पर वे विपरीत दिशा में घूमने लगती है। पंखुड़ियों के बीच द्रव के रिसाव को रोकने के लिये द्रव का दाब बहुत अधिक नहीं होना चाहिये एवं द्रव की श्यानता बहुत कम नहीं होनी चाहिये। एकल पंखुडी मोटर में शाफ्ट को 325° तक घुमाया जा सकता है जबकि दो पंखुडी मोटर में शाफ्ट को 160° से अधिक नहीं घुमाया जा सकता।

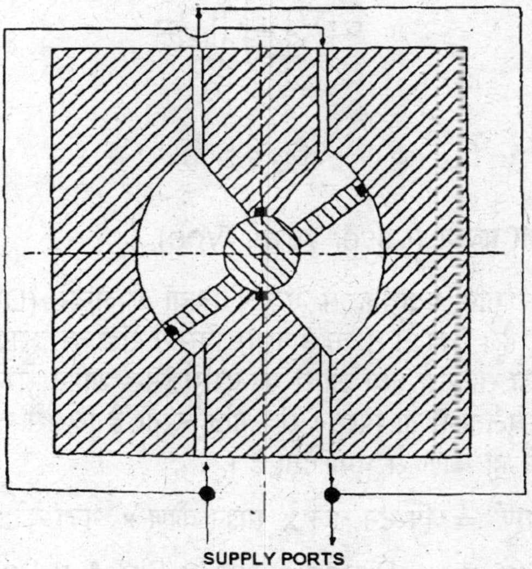

चित्र 3.6

3.5.2 रैक एवं पिनियन प्रकार (Rack & Pinion Type)

इसमें दो एकल क्रिया सिलेन्डर लगे होते हैं (चित्र 3.7) तथा प्रत्येक की पिस्टन रॉड में रैक लगी होती है तथा दोनों रैक एक छोटे गीयर (Pinion) से जुड़े होते हैं तथा पिनियन अपने घूर्णन को शाफ्ट में स्थानान्तरित कर देती है। जब एक सिलेन्डर में उच्च दाब पर द्रव भेजा जाता है तो उसका पिस्टन गति करता है जिससे पिनियन एवं उससे जुड़ी शाफ्ट एक निश्चित कोण से घूम जाती है। जब दूसरे सिलेन्डर में द्रव जाता है तो पिनियन एवं शाफ्ट विपरीत दिशा में घूम जाती है।

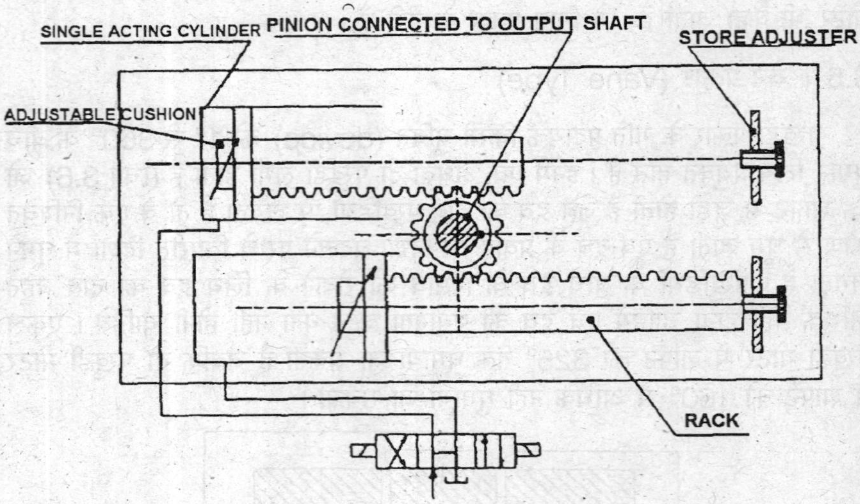

चित्र 3.7

3.5.3 लीवर भुजा प्रकार (Lever Arm Type)

इस प्रकार के गति प्रदायक में एक द्विक्रिया सिलेन्डर (Double acting Cylinder) होता है। चित्र 3.8 के अनुसार पिस्टन रॉड का दूसरा सिरा एक लीवर से पिन के द्वारा जुड़ा रहता है तथा लीवर का दूसरा सिरा शाफ्ट से जुड़ा रहता है। इस प्रकार जब पिस्टन चलता है तो पिस्टन रॉड गति करती है जिससे लीवर घूमता है एवं शाफ्ट को भी उतने ही कोण से घुमा देता है।

निर्गत बलआघूर्ण = पिस्टन बल x साइन कोण x भुजा की लम्बाई

Output torque = Piston force x Sin A x Length of Arm

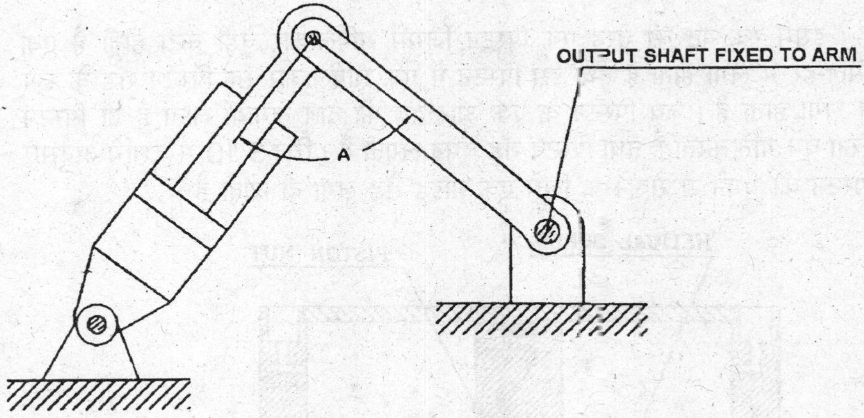

चित्र 3.8.

3.5.4. चैन एवं पहिया के प्रकार (Chain and Sprocket type)

यह गति प्रदायक रैक एवं पिनियन गति प्रदायक जैसा ही होता है परन्तु यह एक से अधिक चक्करों के लिये भी प्रयोग किया जा सकता है इसमें अलग-अलग व्यास के दो सिलेन्डर होते हैं तथा दोनों में पिस्टन लगे होते हैं वे दोनों पिस्टन एक चैन के द्वारा आपस में जुड़े होते हैं। यह चेन (Sprocket) तथा एक निर्गत शाफ्ट से जुड़ी रहती है। जब एक सिलेन्डर में द्रव का दाब लगाया जावा है तो दोनों सिलेन्डरों में दाबान्तर होने के कारण पिस्टन चलने लगते हैं। जिससे चेन घूमने लगती है एवं चेन शाफ्ट से जुड़ी होने के कारण शाफ्ट आवश्यक कोण से घूम जाती है। गति प्रदायक की संरचना चित्र 3.9 में दर्शायी गई है।

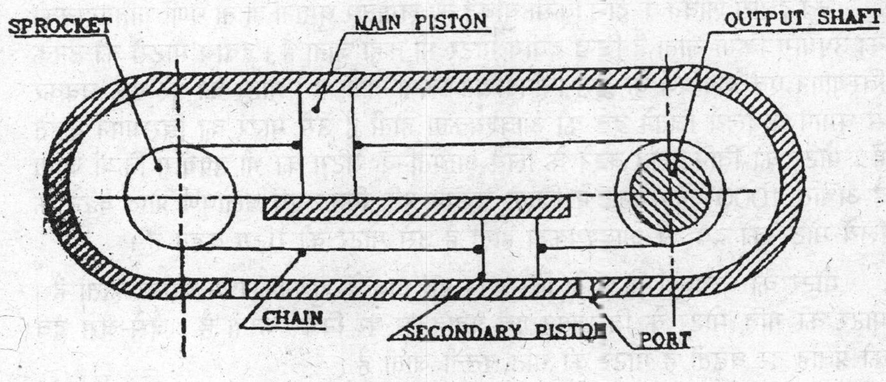

चित्र 3.9.

3.5.5 सर्पिलाकार स्क्रू गति प्रदायक (Helical Screw Actuator)

इसमें स्क्रू नट की तरह एक पिस्टन जिसमें सर्पिलाकार चूड़ी कटी होती है एक सिलेन्डर में लगा होता है तथा इस पिस्टन में एक सर्पिलाकार स्क्रु पिस्टन रॉड के रूप में लगा होता है। जब पिस्टन के एक ओर द्रव का दाब लगाया जाता है तो पिस्टन बिना घूमे गति करता है तथा पिस्टन रॉड घूमने लगती है। चित्र 3.10 में दर्शाये अनुसार पिस्टन को घूमने से रोकने के लिये एक गाइड रॉड लगा दी जाती है।

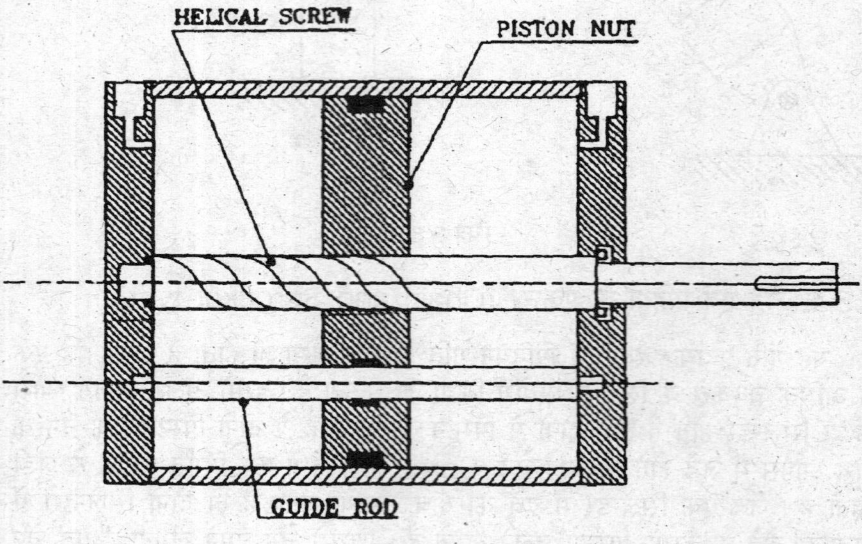

चित्र 3.10.

3.6 घूर्णी गतिप्रदायक (Rotary Actuator)

जब द्रवीय शक्ति के द्वारा किसी युक्ति को लगातार घुमाना हो तो घूर्णी गतिप्रदायकों का उपयोग किया जाता है जिन्हें द्रवीय मोटर भी कहा जाता है। द्रवीय मोटरों को उनके विस्थापन एवं बलाघूर्ण के द्वारा विनिर्देशित किया जाता है। मोटर को पूरे एक चक्कर से घुमाने के लिये जितने द्रव की आवश्यकता होती है उसे मोटर का विस्थापन कहते हैं। मोटर को विनिर्देशित करने के लिये आयतनिक रेटिंग का भी उपयोग किया जाता है अर्थात् 1000 ली./मिनट में जितने चक्कर प्रति मिनट एवं बलाघूर्ण प्राप्त करने के लिये मोटर को द्रव की आवश्यकता होती है उसे मोटर की रेटिंग कहते हैं।

मोटर का बलाघूर्ण मोटर के विस्थापन एवं दाब के गुणनफल के बराबर होता है। मोटर की गति, मोटर के विस्थापन एवं प्रवाह दर पर निर्भर करती है। जैसे-जैसे द्रव की प्रवाह दर बढ़ती है मोटर की गति बढ़ती जाती है।

इसी प्रकार यदि प्रवाह दर एवं दाब को निश्चित कर, विस्थापन बढ़ा दिये जावे तो मोटर की गति कम हो जावेगी एवं प्राप्त बलाघूर्ण बढ़ जावेगा। संरचना के आधार पर द्रवीय मोटरों को दो प्रकार में विभाजित किया जा सकता है

1. जनित आकृति प्रकार (Generated from type) - जैसे गीयर मोटर, वेन मोटर जीरोटर मोटर आदि।
2. पिस्टन प्रकार (Piston Type) - जैसे अक्षीय पिस्टन मोटर, त्रिज्यी पिस्टन मोटर आदि।

3.6.1 **गीयर मोटर** (Gear Motor)

गीयर मोटर संरचना में गीयर पम्प जैसी ही होती है परन्तु इसकी कार्यप्रणाली पम्प के विपरीत होती है। इसमें दो गीयर होते हैं इनमें से एक गीयर निर्गत शाफ्ट से जुड़ा रहता है।

जब दाबित द्रव, प्रवेश द्वार से मोटर में प्रवेश करता है तो वह गीयरों को घूमा देता है एवं उसके दाँतों के साथ-साथ निकास द्वार तक पहुँच जाता है एवं वहाँ से बाहर निकल कर पुनः सम्प में पहुँच जाता है।

मोटर के प्रवेश एवं निकास द्वारों को आपस में बदलने पर मोटर के घूर्णन की दिशा बदली जा सकती है। इन मोटरों का प्रारम्भिक बलाघूर्ण काफी अधिक होता है एवं इन्हें उच्च चाल हेतु प्रयोग किया जा सकता है।

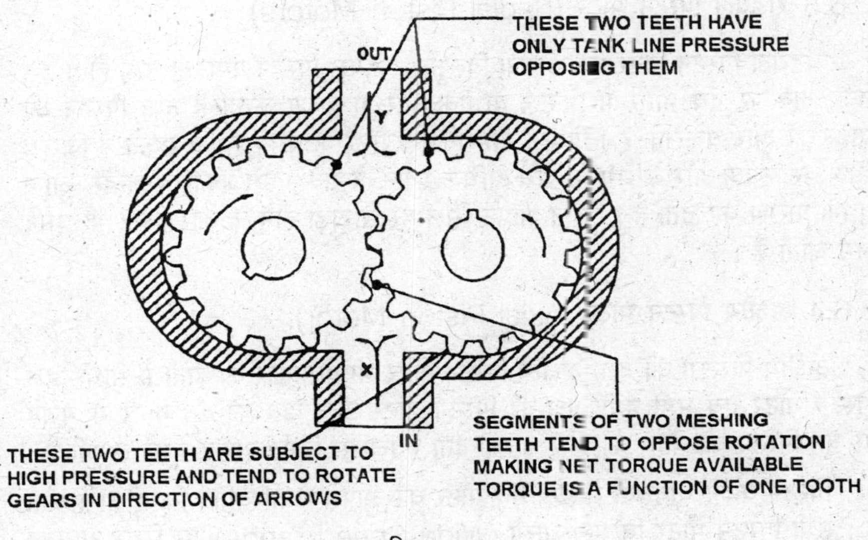

चित्र 3.11.

3.6.2 पंखुडी मोटर (Vane Motor)

वेन मोटर, वेन पम्प की तरह ही होते हैं, केवल इसमें पंखुड़ियों को केसिंग के सम्पर्क में रखने के लिये स्प्रिंग आवश्यक होती है। वेन पम्प में स्प्रिंग आवश्यक नहीं होती क्योंकि चालक शाफ्ट जब रोटर को घुमाती है तो अपकेन्द्रीय बल के कारण वेन स्वतः ही केसिंग से सट जाती है।

जब उच्च दाब पर द्रव मोटर में प्रवेश करता है तो वह वेन तथा रोटर को घुमाने लग जाता है एवं द्रव मोटर में दूसरे सिरे पर बने निकास द्वार से बाहर निकल जाता है।

मोटर के सातों द्वार (Ports), घूर्णन वाल्व (Rotary Valve) के सात द्वारों जुड़े होते हैं तथा क्रमशः प्रत्येक विस्थापन कक्ष (displacement chamber) में उच्च दाब के द्रव को भेजते रहते हैं।

मोटर की घूमने की दिशा, रोटर की उत्केन्द्रता परिवर्तित करके अथवा द्रव के प्रवाह की दिशा उलट कर, बदली जा सकती है।

वेन मोटर का बल आघूर्ण (torque) एवं उसकी अश्वशक्ति (Horse Power), गीयर मोटर की अपेक्षा कम होता है। वायवीय प्रणालियों में वेन मोटरों का उपयोग किया जाता है। वेन पम्प को वेन मोटर के रूप में उपयोग नहीं करना चाहिये क्योंकि पम्प की सील उच्च दाब को सहन करने की सार्मथ्य नहीं रखती है।

3.6.3 रेडियल पिस्टन मोटर (Radial Piston Motors)

रेडियल पिस्टन मोटर की संरचना बिल्कुल रेडियल पिस्टन पम्प की तरह होती है। उच्च दाब पर द्रव मोटर में पिन्टल के एक ओर से प्रवेश करता है तथा पिस्टन को बाहर की ओर धकेलता है। पिस्टन बाहर केवल रोटर के घूमने से जा सकते हैं जिससे सिलेन्डर ब्लॉक ओर केसिंग के बीच अधिक स्थान हो सके। इस प्रकार सिलेन्डर ब्लॉक घूमना प्रारम्भ कर देता है। निर्गत शॉफ्ट सिलेन्डर से जुड़ी होने के कारण यह भी घूमने लग जाती है।

3.6.4 अक्षीय पिस्टन मोटर (Axial Piston Motor)

अक्षीय पिस्टनों की तरह अक्षीय पिस्टन मोटर भी दो प्रकार की होती हैं सीधी अक्ष पिस्टन मोटर एवं मुड़ी हुयी अक्ष की पिस्टन मोटर उच्च दाब का द्रव मोटर में भेजने पर यह पिस्टन को बाहर की ओर धक्का देता है जिससे निर्गत शाफ्ट घूमने लगती है।

पिस्टन वाली युक्तियों में पम्प एवं मोटर को आपस में परिवर्तित किया जा सकता है। सभी पिस्टन मोटर विभिन्न चालों (Wide Speed range) पर स्थिर आयतन के लिये स्थिर निर्गत बलाघूर्ण (Constant Output torque) प्रदान करती है।

ये उच्च दाब पर मध्यम गति पर कार्य हेतु अत्यन्त उपयोगी हैं। परिवर्तनीय आयतन वाली पिस्टन मोटरें अधिक प्रचलित हैं।

3.6.5 जीरोटर मोटर (Gerotor type Motor)

इसमें चित्र 3.12 में दर्शाये अनुसार एक आन्तरिक गीयर एवं एक बाह्य गीयर होता है। आन्तरिक गीयर एक स्पलाइन प्रकार की शाफ्ट (Splined Shaft) से जुड़ा होता है। शाफ्ट की अक्ष एवं आन्तरिक गीयर की अक्ष दोनों उत्केन्द्रक (Ecentric) होते हैं।

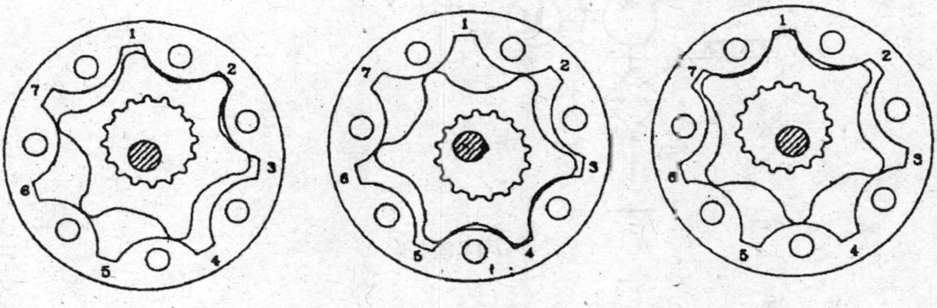

Zero position 1/14 shaft revolution 1/7 shaft revolution

चित्र 3.12.

3.7 द्रवीय मोटर परिपथ (Hydraulic Motor Circuit)

द्रवीय मोटरें, द्रवीय शक्ति (Fluid power) को यांत्रिक शक्ति (Mechanical power) में परिवर्तित करने के काम आती है। इनका उपयोग वाइंडिंग मशीनों, मशीन टूलों, पोटरी मशीनों, खनन मशीनरी एवं अन्य विभिन्न उपकरणों में होता है।

किसी भी द्रवीय मोटर को चलाने के लिये दो प्रकार से परिपथ बनाया जाता है खुला परिपथ एवं बन्द परिपथ। खुले परिपथ में मोटर में प्रयुक्त द्रर कार्य करने के उपरान्त द्रर संग्राहक में चला जाता है जबकि बन्द परिपथ में मोटर से बाहर निकलने वाला अधिकांश द्रव पम्प के प्रवेश द्वार से सीधा पम्प में चला जाता है।

चित्र 3.13 में एक खुले परिपथ के द्वारा मोटर का संचालन दिखाया गया है। जिसमें मोटर से बाहर निकलने वाला द्रव एक बन्द केन्द्र वाले दिशा नियंत्रण वाल्व (Closed Centre direction Control Valve) - के द्वारा सम्प (Sump) में चला जाता है।

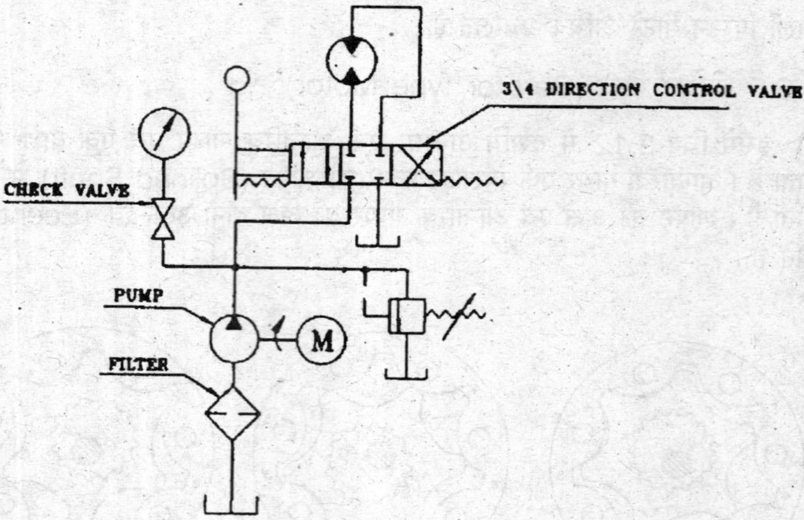

चित्र 3.13.

द्रवीय मोटर के विद्युत मोटरों की अपेक्षा निम्न अनेक लाभ हैं।

(1) पम्प के निर्गत (Discharge) के आधार पर द्रवीय मोटर से कोई भी चाल आसानी से प्राप्त की जा सकती है।

(2) इनके लिये कार्य स्थल पर किसी प्रकार के विद्युत सम्बन्ध की आवश्यकता नहीं होती, केवल दो द्रव की लाइने जोड़ने पड़ती है।

(3) नियंत्रण यंत्रावली अपेक्षाकृत सरल होती है।

(4) चालन विस्फोट रहित एवं खतरा रहित होता है।

प्रश्न

1. द्रवीय शक्ति मोटरों से आप क्या समझते हो? एक गीयर मोटर की कार्यप्रणाली उसके निर्गत गुणों (Output Characteristics) के साथ समझाइये।
2. एक द्रवीय शक्ति मोटर की चाल किस प्रकार परिवर्तित की जा सकती है?
3. वेन मोटर एवं गीयर मोटर के आउटपुट में क्या अन्तर है?
4. रेखिक गतिप्रदायकों से क्या अभिप्राय है?
5. रेखिक गतिप्रदायकों का वर्गीकरण कीजिये।

6. द्रवीय शक्ति मशीनों में प्रयुक्त होने वाले टेलिस्कॉपिक सिलेन्डर का चित्र सहित वर्णन कीजिये।
7. संयुक्त सिलेन्डर एवं टैन्डम सिलेन्डर में अन्तर बताइये।
8. डबल रॉड सिलेन्डर कहाँ प्रयुक्त होते हैं?
9. सीमित चाल रोटेरी युक्तियों से क्या तात्पर्य है? एक रैक एवं पिनियन वाली सेमी रोटेरी मोटर का वर्णन कीजिये।
10. विद्युत मोटरों तथा द्रवीय शक्ति मोटरों में अन्तर स्पष्ट कीजिये।
11. द्रवीय शक्ति मोटरों की घूर्णन दिशा किस प्रकार परिवर्तित की जा सकती है?
12. एकल क्रिया सिलेन्डर एवं डबल क्रिया सिलेन्डर में अन्तर स्पष्ट कीजिये।
13. विभिन्न प्रकार की सिलेन्डर माउन्टिंग्स को चित्र सहित समझाइये।
14. द्रवीय सिलेन्डरों में सिलेन्डर गद्दी से क्या अभिप्राय है?
15. एकल क्रिया सिलेन्डर में पिस्टन वापिस पीछे कैसे जाता है?

अध्याय - 4

द्रवीय कपाट
(HYDRAULIC VALVE)

द्रवीय परिपथों में कन्ट्रोल सिग्नल तथा गति परिपथों में सही सामन्जस्य बनाये रखने में कपाट (Valves) अत्यन्त महत्त्वपूर्ण भूमिका अदा करते हैं। ये द्रव के दाब, प्रवाह दर, प्रवाह की दिशा निर्धारण करने के काम आते हैं। इन कपाटों को हाथ से, विद्युत से, यंत्र से, द्रवीय अथवा वायवीय सिग्नल से चलाया जा सकता है।

कपाटों के कार्य के आधार पर इन्हें तीन श्रेणियों में विभाजित किया जा सकता है।

1. दाब नियंत्रण वाल्व - ये कपाट परिपथ में दाब नियंत्रण हेतु प्रयुक्त होते हैं।
2. दिशा निर्धारण कपाट - ये कपाट परिपथ में प्रवाह की दिशा निर्धारण हेतु काम आते हैं।
3. प्रवाह नियंत्रण कपाट - ये कपाट परिपथ में प्रवाह को कम अथवा ज्यादा करने के काम आते हैं।

4.1 **दाब नियंत्रण वाल्व** (Pressure Controlling Valve)

दाब नियंत्रण वाल्व परिपथ में दाब को सीमित करने हेतु प्रयुक्त होते हैं। इनका मूल सिद्धान्त स्प्रिंग बल के द्वारा द्रवीय दाब को नियंत्रित करना है ये मुख्यतयाः दो प्रकार के होते हैं।

4.1.1 **दाब न्यूनीकरण कपाट** (Pressure Reducing Valve)

जब परिपथ के एक भाग में परिपथ के अन्य भागों से कम दाब की आवश्यकता होती है तो इस प्रकार के कपाटों की आवश्यकता पड़ती है। चित्र 4.1 में एक डायरेक्ट एक्टिंग दाब न्यूनीकरण कपाट दर्शाया गया है। यह सदैव खुला रहने वाला कपाट होता है तथा उपरोधन (throttling) द्वारा द्रव का दाब कम करता है। कपाट से बाहर

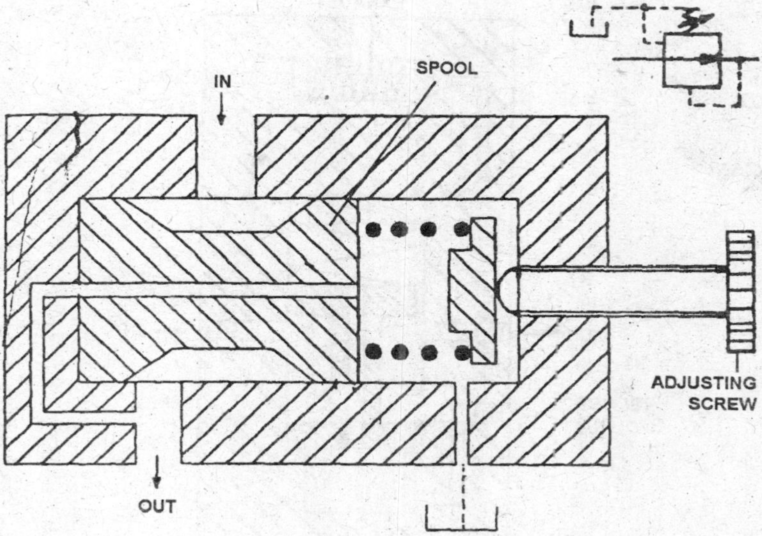

चित्र 4.1.

नेकलने वाले द्रव का दाब, कपाट में लगे स्प्रिंग भारित स्पूल के द्वारा संवेदित (Sensed) हो जाता है। जैसे ही द्वितीयक परिपथ में द्रव का दाब बढ़ता है - स्पूल, स्प्रिंग बल के विरुद्ध गति करता है तथा वाल्व के प्रवेश द्वार को छोटा कर देता है जिससे कम द्रव कपाट में प्रवेश करता है तथा द्वितीयक परिपथ में कम दाब पर द्रव पहुंचता है। स्पूल में अक्षीय दिशा में बने छिद्र के द्वारा द्रव स्प्रिंग चैम्बर में भी पहुँचता रहता है जिससे वाल्व कभी भी पूरा बन्द नहीं हो पाता।

चूंकि यह वाल्व उपरोधन (throttling) के सिद्धान्त पर आधारित है इसलिये इसमें सदैव उष्मा उत्पन्न होती है। चित्र 4.2 में एक अन्य वाल्व दर्शाया गया है जिससे परिपथ के दो भागों में अलग-अलग दाब पर द्रव पहुँचाया जा सकता है।

यह वाल्व प्रवाह को निरपेक्ष रखते हुये आउटलेट पर दाबान्तर को समायोजित करते हुए ब्रांच परिपथ दाब को नियंत्रित करता है। जब किसी एक शाखा परिपथ (Branch Circuit) का दाब निर्धारित दाब से कम हो जाता है तो स्प्रिंग स्पूल को नीचे की ओर धकेल देती है जिससे उसमें दाब बढ़ जाता है। इसी प्रकार जब शाखा परिपथ में दाब बढ़ जाता है तो पायलट दाब बढ़ जाता है एवं दाब मुक्तक वाल्व खुल जाता है। दाब मुक्तक वाल्व के खुल जाने से द्रव उसके माध्यम से बाहर निकलने लगता है जिससे मुख्य स्पूल के स्प्रिंग चैम्बर में दाब कम हो जाता है स्थूल ऊपर उठ जाता है तथा अतिरिक्त दाब को कम कर देता है। स्थूल की उपर की ओर गति जब तक बनी रहती है जब तक की शाखा परिपथ का निर्गत दाब निर्धारित सीमा तक घट नहीं जाता।

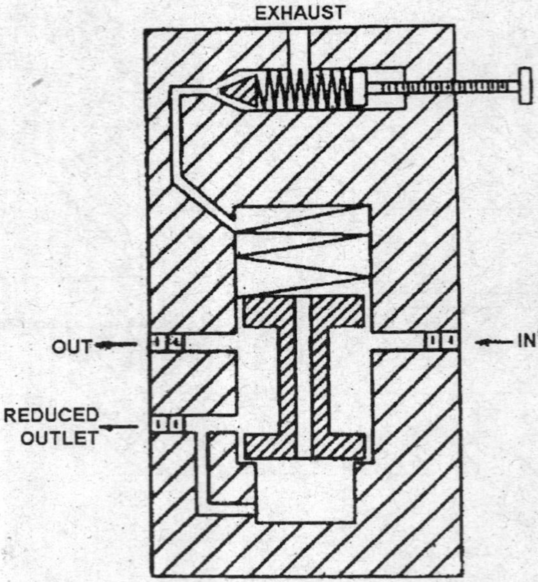

चित्र 4.2.

4.1.2 दाब विमोचन वाल्व (Pressure Relief Valve)

दाब विमोचन वाल्व, परिपथ में निर्धारित दाब को बनाये रखने का कार्य करता है। जब भी परिपथ में दाब, निर्धारित दाब (Designed Pressure) से अधिक हो जाता है तो ये वाल्व कुछ द्रव को वापिस टैंक में भेज देते हैं। ये वाल्व सामान्य स्थिति में बन्द रहते हैं तथा दाब अधिक होने पर स्वतः खुल जाते हैं। इनके खुलने के दाब (Opening Pressure Limit) को स्प्रिंग में समायोजन कर परिवर्तित किया जा सकता है।

एक सामान्य पपेट प्रकार का दाब विमोचन वाल्व चित्र 4.3 में दर्शाया गया है। दाब नियंत्रण वाल्वों में स्थूल के स्थान पर शंकुआकार पपेट का उपयोग किया जाता है। जिससे प्रवेश मार्ग को पूरी तरह सील किया जा सके। इनमें प्रवेश पोर्ट दाब लाइन से तथा निकास मार्ग टैंक से जुड़े रहते हैं।

जब प्रवेश द्वार पर दाब इतना अधिक हो जाता है कि वह स्प्रिंग बल के विरुद्ध पपेट को उठाने में समर्थ हो जाता है तो प्रवेश द्वार खुल जाता है तथा कुछ द्रव निकास मार्ग से टैंक में वापिस चला जाता है जिस दाब पर वाल्व खुलता है उसे क्रैकिंग दाब (Cracking Pressure) कहते हैं। जैसे-जैसे प्रवाह बढ़ता है स्प्रिंग दबती जाती है तथा जब पूरा प्रवाह (Full Flow) होने लगता है तो स्प्रिंग पर दाब काफी अधिक होता है। तथा इस दाब को फुल फ्लो प्रैशर कहते हैं फुल फ्लो प्रैशर एवं क्रैकिंग प्रैशर के अन्तर को दाब अध्यारोहण (Pressure Override) कहते हैं।

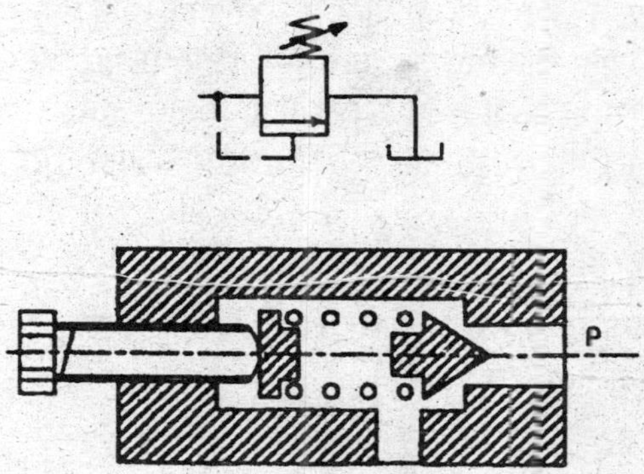

चित्र 4.3.

दाब अध्यारोहण को कम करने के लिये एक बेलेन्स स्पूल रिलिफ वाल्व चित्र 4.4 में दर्शाया गया है। यह दो वाल्वों का संयुक्त रूप है एक मुख्य वाल्व तथा एक पायलेट वाल्व। पायलेट वाल्व उपरोक्त वर्णित डायरेक्ट एक्टिंग रिलिफ वाल्व की ही तरह होता है। तथा एक भारी स्प्रिंग बल के विरुद्ध खुलता है मुख्य वाल्व में एक स्पूल एक हल्के स्प्रिंग से लगा होता है। जब एक छोटी जेट के द्वारा द्रव का दाब पपेट तक पहुंचता है तो भारी स्प्रिंग बल के विरुद्ध पपेट अपनी जगह से हट जाता है एवं पायलेट वाल्व खुल जाता है।

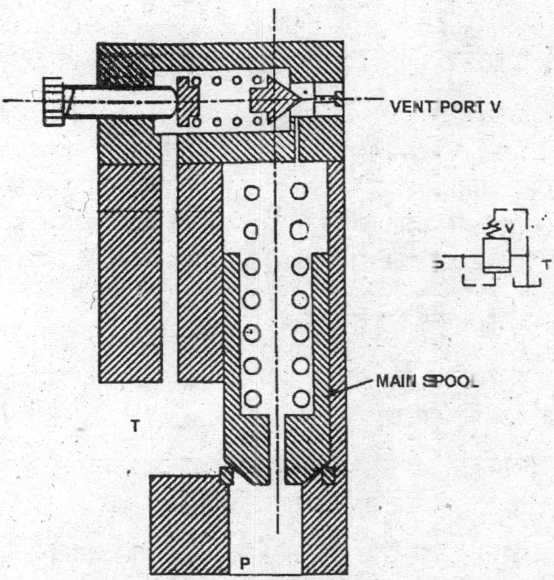

PILOT OPERATED RELIEF VALVE

चित्र 4.4.

जब पायलेट वाल्व बन्द होता है स्पूल में छिद्र होने के कारण स्थूल के दोनों ओर द्रव का दाब समान होता है परन्तु जब जैट के माध्यम से पायलेट वाल्व के द्वारा द्रव का सुक्ष्म प्रवाह प्रारम्भ हो जाता है तो स्थूल के दोनों ओर दाबान्तर हो जाता है जिससे स्पूल (हल्के स्प्रिंग बल के विरुद्ध) उपर की ओर खिसक जाता है एवं इससे बहुत सारा द्रव वाल्व से होता हुआ टैंक में चला जाता है तथा परिपथ में दाब कम हो जाता है। पायलेट वाल्व को उसमें लगे प्लग को हटा कर चालु किया जा सकता है।

कम दाब के उपयोगों एवं स्थिर प्रवाह स्थितियों हेतु गाइडेड पिस्टन रिलिफ वाल्व (चित्र 4.5) भी प्रयुक होते हैं।

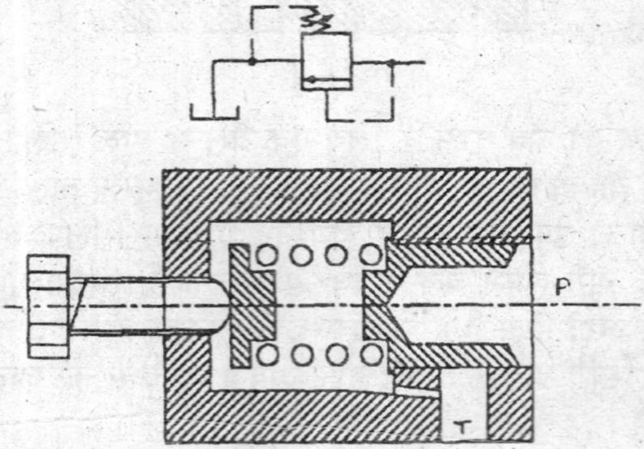

चित्र 4.5.

4.2 दिशा नियंत्रण वाल्व (Direction Control Valve)

जब द्रव को आवश्यकता अनुसार परिपथ की अलग-अलग लाइनों में भेजना हो तो दिशा नियंत्रण वाल्व का प्रयोग किया जाता है। इन्हें प्रायः पम्प एवं दाब मुक्तक वाल्व के बाद लगाया जाता है। यह पम्प से प्राप्त द्रव को आवश्यकता अनुसार सिलेन्डर अथवा सम्प (Sump) में प्रवाहित करता है। संरचना एवं उपयोग के आधार पर ये विभिन्न प्रकार के होते हैं। इनका वर्गीकरण निम्न प्रकार किया जा सकता है।

4.2.1 दिशा नियंत्रण वाल्व का वर्गीकरण

1. आन्तरिक संरचना के आधार पर - पेपेट प्रकार, घूर्णन स्पूल प्रकार, एवं स्लाइडिंग स्पूल प्रकार
2. वाल्व चालकों के आधार पर - कैम चालित, लीवर चालित, सॉलनॉइड चालित, प्लंजर चालित, पैर चालित, पायलेट चालित।
3. द्वारों के आधार पर - दो पोर्ट, तीन पोर्ट, चार पोर्ट वाल्व
4. स्थिति के आधार पर - दो स्थिति वाल्व, तीन स्थिति वाल्व

4.2.2 दिशा नियंत्रण वाल्व के कार्य

(1) ये गतिप्रदायकों की दिशा निर्धारित करते हैं।

(2) ये अलग-अलग परिपथ में प्रवाह भेजने का कार्य करते हैं।

(3) ये किसी कार्य को प्रारम्भ करने एवं समाप्त करने का कार्य करते हैं।

4.2.3 दिशा नियंत्रण वाल्व की केन्द्रीय स्थिति

चार मार्ग एवं तीन स्थिति (4/3 DCV) वाले दिशा नियंत्रण वाल्व की केन्द्रीय स्थिति दो प्रकार की हो सकती है। एक प्रकार में केन्द्रीय स्थिति में चारों मार्ग आपस में जुड़े रहते है इन्हें खुली केन्द्रीय स्थिति (Open Center type) वाले वाल्व कहते हैं। दूसरे प्रकार में केन्द्रीय स्थिति में सभी मार्ग बन्द रहते हैं तथा इसमें इस स्थिति में किसी प्रकार का प्रवाह नहीं होता। इन्हें बन्द केन्द्रीय स्थिति (C ose Center type) वाले वाल्व कहते हैं। ये दोनों प्रकार के वाल्व चित्र 4.6 में दर्शाये गये हैं।

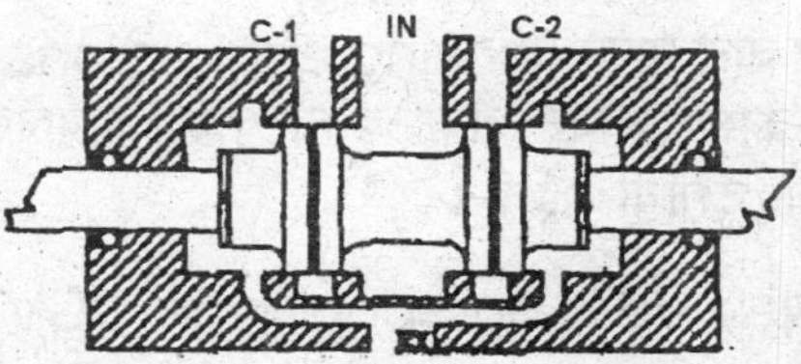

CLOSED CENTER VALVE WITH ALL PORTS CLOSED

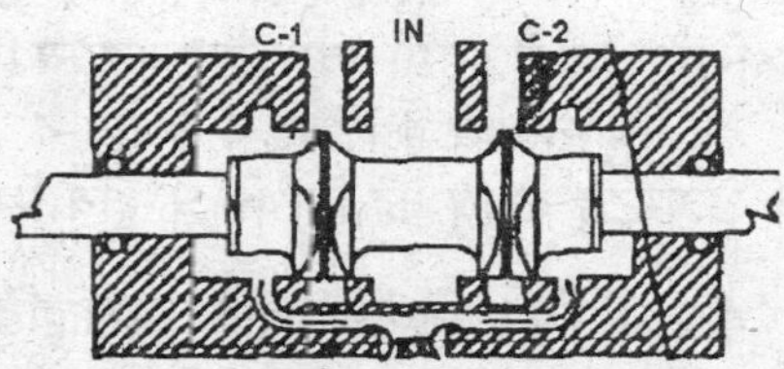

OPEN CENTER VALVE WITH ALL PORTS OPEN TO EXHAUST

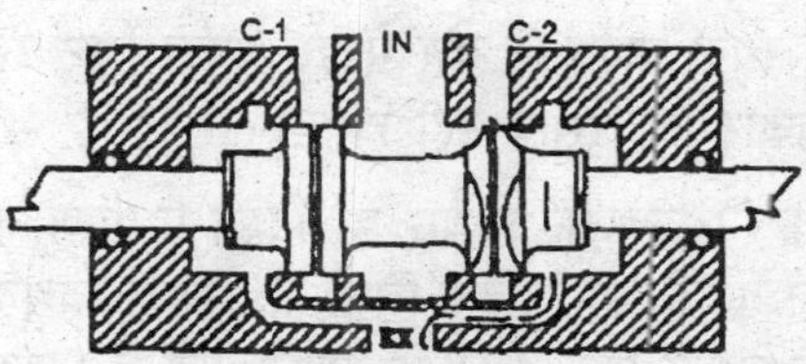

OPEN CENTER VALVE WITH INLET AND PORT C-2 OPEN TO EXHAUST AND PORT C-1 CLOSED

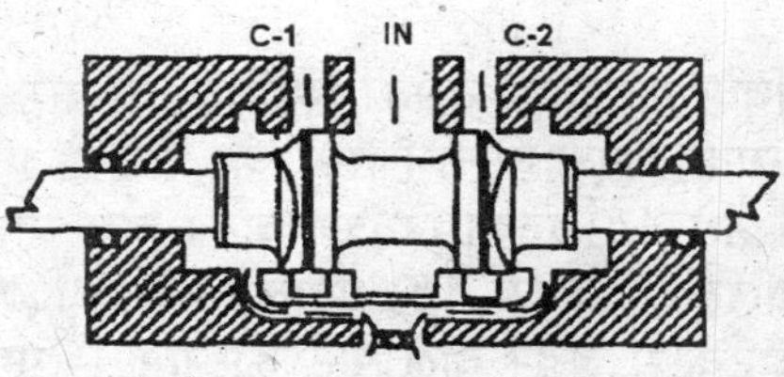

CLOSED CENTER VALVE WITH BOTH CYLINDER PORTS OPEN TO EXHAUST

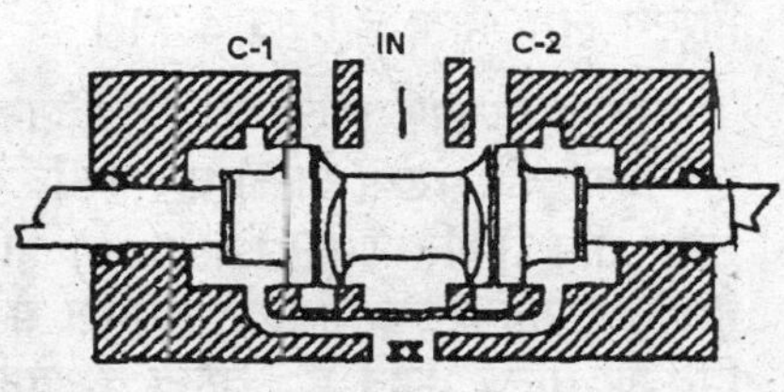

OPEN CENTER VALVE WITH BOTH CYLINDER PORTS OPEN TO INLET BUT CLOSED TO EXHAUST

चित्र 4.6.

चार मार्ग वाले दिशा नियंत्रण वाल्व में जब स्थूल किसी भी एक अन्तिम स्थिति में होता है। तो एक मार्ग पम्प से आने वाली लाइन से जुड़ा होता है तथा दूसरा मार्ग कुण्ड (Sump) से जुड़ा होता है। दूसरी ओर के शेष दोनों मार्ग सिलेन्डर की ओर जाने वाली पाइप लाइनों से जुड़े रहते हैं।

बन्द केन्द्रीय स्थिति वाले वाल्व (Closed Centered Valve) में केन्द्रीय स्थिति में किसी भी ओर प्रवाह न होने के कारण सिलेन्डर को किसी स्थिति में लॉक किया जा सकता है तथा पम्प से आने वाला द्रव, रिलिफ वाल्व के द्वारा वापिस जाता रहता है। टैन्डम केन्द्रीय स्थिति वाले वाल्व में प्रथम दो मार्ग अ तथा ब अर्थात् दाब लाइन एवं सम्प आपस में जुड़ जाते हैं जिससे पम्प से आने वाला द्रव वाल्व से होता हुए पुनः सम्प में चला जाता है। खुली केन्द्रीय स्थिति वाले वाल्व में सारे मार्ग सम्प से जुड़ जाते हैं तथा सभी ओर से आने वाला द्रव सम्प में चला जाता है। आंशिक बन्द स्थिति वाले वाल्व में दाब लाइन बंद हो जाती है एवं सिलेन्डर की दोनों लाइनें सम्प से जुड़ जाती हैं। टैन्डम केन्द्रीय स्थिति वाले वाल्व हाइड्रॉलिक प्रैसों में उपयोग होते हैं। जहाँ भारण एवं अभारण (Loading and unloading) लम्बे समय के लिये होता है। इसी प्रकार बन्द केन्द्रीय स्थिति वाले वाल्व (inching applications) हेतु प्रयुक्त होते हैं। चित्र 4.6 एवं 4.7 में क्रमश: लीवर ऑपरेटेड वाल्व एवं पायलेट आपरेटेड् वाल्व की विभिन्न केन्द्रीय स्थितियाँ दर्शायी गई हैं।

4.2.4 दिशा नियंत्रण वाल्व (स्लाइडिंग स्पूल) (Sliding spool type DCV)

इस प्रकार के वाल्व में वाल्व बॉडी के मध्य एक बोर (Bore) में स्लाइडिंग स्थूल लगा होता है। वाल्व के बोर में अलग-अलग स्थितियों (Positions) हेतु अलग-अलग चैम्बर (कक्ष) होते हैं। स्पूल वाल्व के बोर में इस प्रकार फिट रहता है कि एक कक्ष से दूसरे कक्ष में किसी प्रकार का रिसाव नहीं होता।

वाल्व के स्पूल के नियंत्रण के आधार पर दिशा नियंत्रण वाल्व दो प्रकार के होते हैं प्रथम प्रकार में स्पूल को किसी यांत्रिक विधी से अथवा विद्युत सॉलनॉइड से चलाया जाता है इस प्रकार के वाल्व चित्र 4.6 में दर्शाये गये हैं। दूसरी प्रकार के वाल्व में स्पूल को पायलेट सिग्नल से चलाया जाता है इसके लिये वाल्व में दोनों ओर पायलेट पिस्टन लगा होता है (चित्र 4.7)।

दिशा नियंत्रण वाल्व का विनिर्देशन अथवा नामांकरण उसकी स्थितियों की संख्या एवं मार्गों की संख्या के आधार पर किया जाता है एक वाल्व जिसमें चार पोर्ट हों एवं उसमें तीन स्थितियाँ (Positions) हों तो उसे 4/3 दिशा नियंत्रण वाल्व कहा जाता है। यदि यह वाल्व पायलेट सिग्नल से चालित हो तो इसे 4/3 पायलेट चलित दिशा नियंत्रण वाल्व कहते हैं। वाल्व के पोर्ट में टैंक से जुड़ने वाले पोर्ट का नाम T, पम्प से जुड़ने वाले पोर्ट का नाम P तथा सिलेन्डर से जुड़ने वाले मार्गों के नाम A तथा B होते हैं।

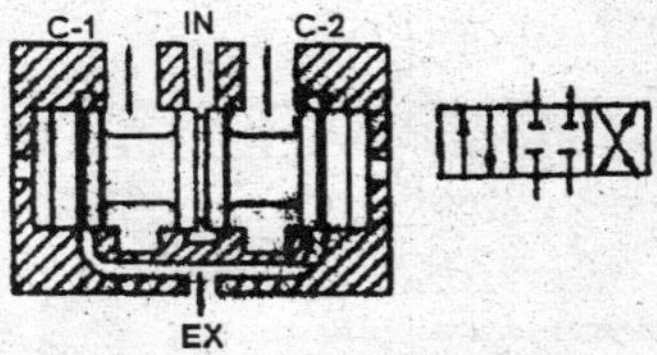

CLOSED CENTER VALVE WITH ALL PORTS BLOCKED

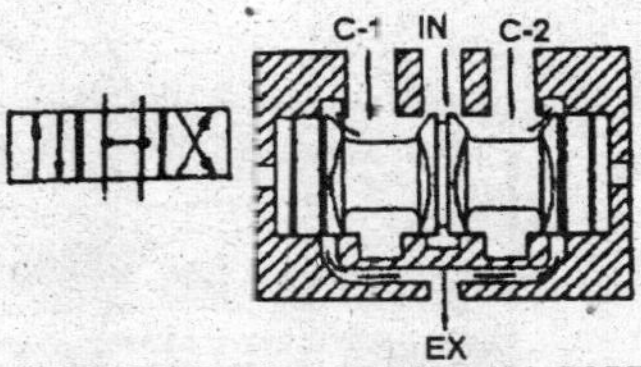

OPEN CENTER VALVE WITH ALL PORTS OPEN TO EXHAUST

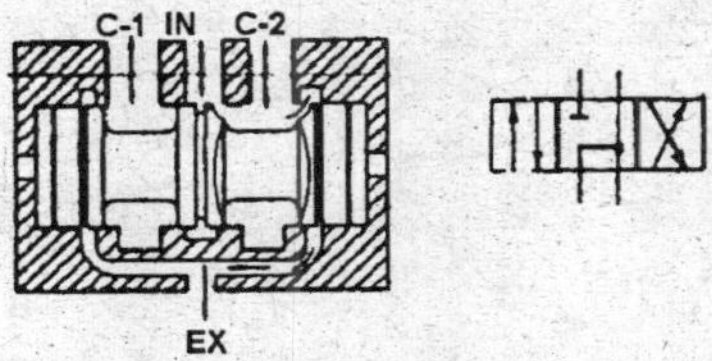

OPEN CENTER VALVE WITH INLET AND CYLINDER PORT 2 OPEN TO EXHAUST AND CYLINDER PORT

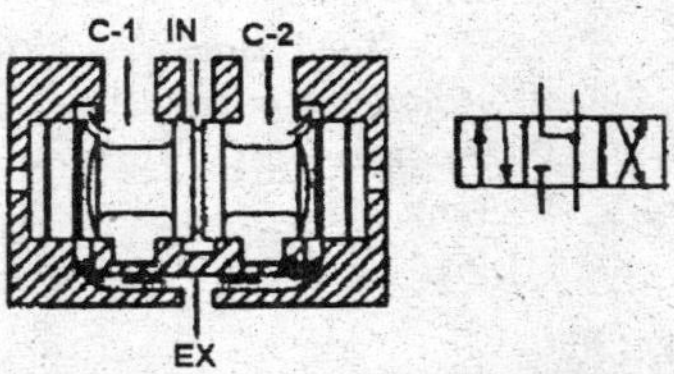

CLOSED CENTER VALVE WITH BOTH CYLINDER PORTS OPEN TO EXHAUST

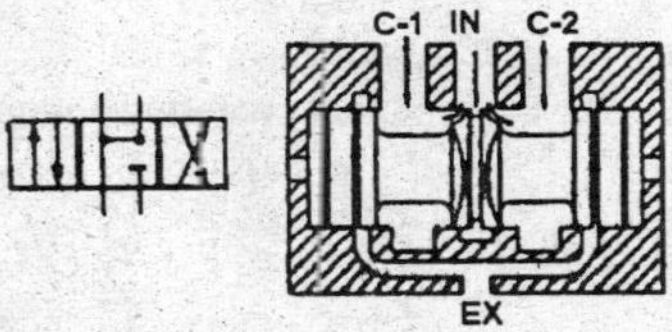

OPEN CENTER VALVE WITH BOTH CYLINDER PORTS OPEN TO INLET BUT CLOSED TO EXHAUST

चित्र 4.7.

एक सॉलनॉइड नियंत्रित, पायलेट चालित दिशा नियंत्रण वाल्व चित्र 4.8 में दर्शाया गया है। यह वाल्व दो वाल्वों से मिलकर बना है जिसमें एक पायलेट वाल्व है जोकि सॉलनॉइड से चलता है, एवं दूसरा द्रवीय दिशा नियंत्रण वाल्व है जो कि पायलेट सिग्नल से चलता है यह पायलेट सिग्नल पायलेट वाल्व से प्राप्त होता है।

इसमें नीचे एक 4 मार्ग एवं 3 स्थिति वाला स्प्रिंग केन्द्रित वाल्व है तथा उपर एक पायलेट वाल्व है जिसमें पायलेट स्पूल (C) सॉलनॉइड (S1, S2) तथा स्प्रिंग (D) आदि लगे हुए हैं। इसी प्रकार मुख्य वाल्व में एक मुख्य स्पूल (F), स्प्रिंग (E) आदि भाग हैं। इसमें P, T, A, B चार पोर्ट हैं। पायलेट वाल्व में P1 एवं P2 द्रव के प्रवेश एवं निर्गत पोर्ट है। वर्तमान स्थिति में पायलेट वाल्व के सॉलनॉइड अक्रिय स्थिति में है एवं इसका दाब पोर्ट P1 बन्द है एवं चेम्बर Y एवं Z ड्रेन पोर्ट से जुड़े हैं।

इसी प्रकार मुख्य वाल्व का स्पूल भी केन्द्रीय स्थिति में है जिससे सिलेन्डर पोर्ट A तथा B बन्द हैं एवं दाब पोर्ट (P), पायलेट वाल्व को द्रव सप्लाई कर रहा है।

जब सॉलनॉइड S2 चार्ज होता है तो पायलेट स्पूल दाँयी ओर खिंच जाता है एवं

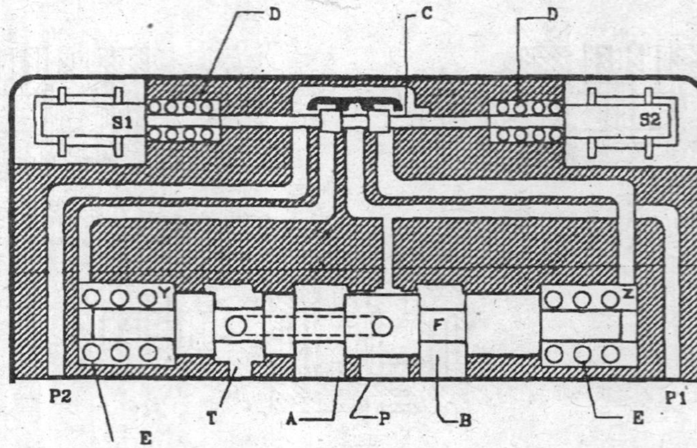

Solenoid controlled pilot operated directional control valve

A, B – Cyl. ports
C - pilot valve spool
D - Spool centering spring
E - Return spring
F - mater spool

S1, S2 - Solenoids
P1 - Pilot fluid inlet
P2 - Pilot fluid outlet
P - Pressure port
T - Tank line

चित्र 4.8.

चैम्बर Z में पायलेट द्रव पहुँच जाता है एवं चैम्बर Y ड्रेन (T) की ओर खुल जाता है चैम्बर Z में पायलेट द्रव स्पूल (F) को बाँयी ओर धकेल देता है जिससे दाब वाली लाइन सिलेन्डर B से जुड़ जाती है एवं सिलेन्डर पोर्ट A, ड्रेन (T) से जुड़ जाता है।

इसी प्रकार सॉलनॉइड S1 के चार्ज होने पर दाब वाली लाइन सिलेन्डर पोर्ट A से जुड़ जाती है एवं सिलेन्डर पोर्ट B, ड्रेन (T) से जुड़ जाते हैं।

इस प्रकार के वाल्व डबल एक्टिंग सिलेन्डर हेतु प्रयुक्त होते हैं। सिंगल एक्टिंग सिलेन्डर हेतु तीन पोर्ट के वाल्व प्रयुक्त किये जाते हैं।

4.3 **चैक वाल्व** (Non Return Valve)

यह दिशा नियंत्रण वाल्व का एक सरल रूप है तथा यह प्रवाह को केवल एक दिशा में ही नियंत्रित रखने हेतु प्रयुक्त होता है। इसे नॉन-रिटर्न वाल्व भी कहा जाता है।

इसमें एक बाह्य बॉडी में स्पूल के स्थान पर एक पपेट लगा होता है, जो स्प्रिंग बल से अपने स्थान पर स्थिर रहता है। जब वाल्व प्रवेश द्वार पर द्रव का दाब (Force) स्प्रिंग के दाब से अधिक हो जाता है तो पपेट अपने स्थान से हट जाता है एवं प्रवेश द्वार खुल जाता है जिससे वाल्व के द्वारा द्रव प्रवाह प्रारम्भ हो जाता है। विपरीत दिशा

से द्रव आने पर पपेट प्रवेश द्वार को बन्द रखता है जिससे वाल्व के अन्दर से किसी प्रकार का प्रवाह संभव नहीं हो पाता।

ये वाल्व सामान्य स्थिति में बन्द रहते हैं तथा एक निश्चित दिशा से ही प्रवाह आने पर खुलते हैं। वाल्व खुलने हेतु आवश्यक दाब को स्प्रिंग नें समायोजन कर, कम अथवा अधिक किया जा सकता है। जिस दाब पर वाल्व खुलता है उसे क्रैकिंग प्रैशर (Cracking pressure) कहा जाता है। इन्हें उप मार्ग (By-pass) वाल्व भी कहा जाता है।

4.3.1 **नियंत्रित चैक वाल्व** (Restriction Check Valve)

यह चैक वाल्व साधारण चैक वाल्व जैसा ही होता है, केवल इसमें पपेट में, एक छिद्र बना होता है जिससे थोड़ी मात्रा में विपरीत दिशा में भी द्रव का प्रवाह संभव हो जाता है। यह वाल्व विपरीत दिशा में धीमी गति से गति प्रदायक चलाने हेतु प्रयुक्त होता है (चित्र 4.9)।

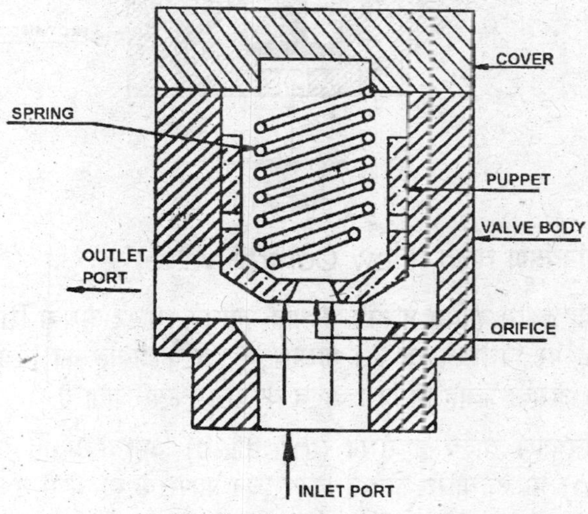

चित्र 4.9.

4.3.2 **पायलेट नियंत्रित चैक वाल्व**

इस वाल्व को खोलने हेतु प्रवाहित द्रव के साथ-साथ पायलेट सिग्नल को भी प्रयुक्त किया जाता है, इसलिये जब विपरीत दिशा में द्रव को प्रवाहित करना हो तो पायलेट सिग्नल (अतिरिक्त द्रव का दाब) से पायलेट पिस्टन के द्वारा पपेट को विस्थापित कर दिया जाता है जिससे प्रवेश द्वारा खुल जाता है। एवं द्रव दोनों दिशाओं में प्रवाहित हो सकता है।

पायलेट नियंत्रित चैक वाल्व की संरचना चित्र 4.10 में दर्शायी गई है। इसमें पपेट एवं स्प्रिंग के अतिरिक्त एक पायलेट पिस्टन लगा होता है।

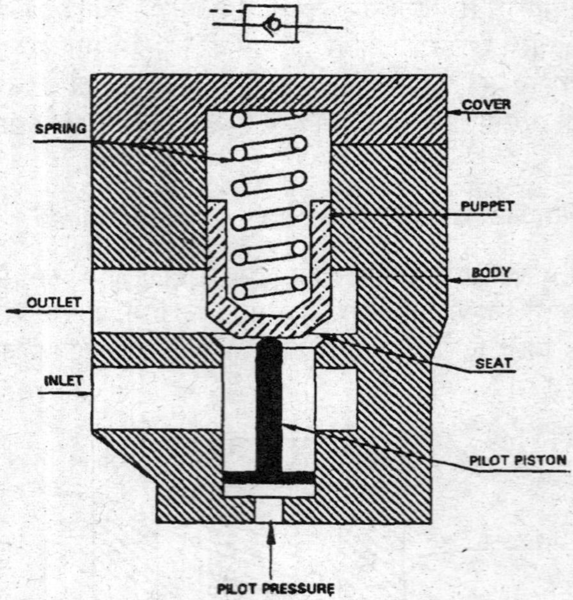

चित्र 4.10.

4.4 **प्रवाह नियंत्रण वाल्व** (Flow Control Valve)

किसी भी द्रवीय शक्ति परिपथ में गति प्रदायक (मोटर अथवा सिलेन्डर) की गति द्रव के प्रवाह पर निर्भर करती है। परिपथ में द्रव के प्रवाह का नियंत्रण परिवर्तनीय निस्सरण पंप अथवा प्रवाह नियंत्रण वाल्व के द्वारा किया जाता है।

प्रवाह नियंत्रण वाल्व उपरोधन (throttling) अथवा प्रवाह नियमन (Flow regulation) पर आधारित होते हैं। उपरोधन प्रकार के वाल्व में उपरोधन के साइज में परिवर्तन कर प्रवाह को परिवर्तित किया जाता है, परन्तु यह प्रवेश एवं निर्गत के दाबान्तर के कारण भी परिवर्तित हो जाता है। यदि प्रवेश एवं निर्गत का दाबान्तर अधिक है तो समान साइज का उपरोधन होते हुए भी प्रवाह दर अधिक होगी।

4.4.1 **असमायोजित प्रवाह नियंत्रण** (Non-Compensated Flow Control Valve)

उपरोधन प्रकार के प्रवाह नियंत्रण वाल्व में दाबान्तर के कारण प्रवाह परिवर्तन हो जाने के कारण इन्हें असमायोजित प्रवाह नियंत्रण वाल्व भी कहते हैं। इन्हें निडील

(Needle) टाइप वाल्व भी कहा जाता है। इसी प्रकार का एक वाल्व चित्र 4.11 में दर्शाया गया है।

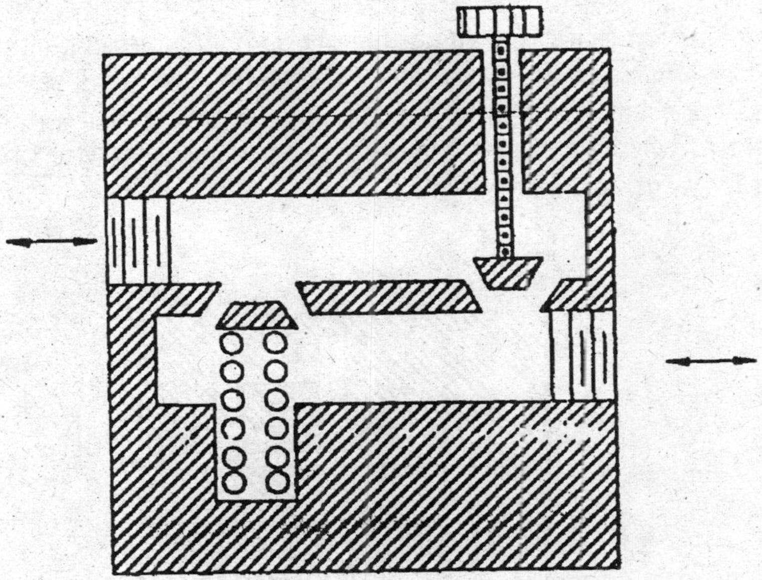

चित्र 4.11.

इस प्रकार के वाल्व में दाबान्तर के कारण प्रवाह परिवर्तित हो जाने के कारण इन्हें ऐसे वायवीय अथवा द्रवीय निकायों में प्रयुक्त किया जाता है जहाँ परिशुद्ध गति नियंत्रण (Precise Speed Control) की आवश्यकता नहीं हो। यह वाल्व एक निडील वाल्व तथा एक चैक वाल्व का संयुक्त रूप है। एक दिशा में प्रवाह बिना किसी नियंत्रण के होता है जबकि दूसरी दिशा में प्रवाह एक निडील वाल्व (जिसे कम ज्यादा किया जा सकता है) के माध्यम से होता है।

4.4.2 दाब समायोजित प्रवाह नियंत्रण वाल्व (Pressure Compensated Flow Control Valve)

प्रवाह नियंत्रण का दूसरा प्रकार बाइ-पास टाइप प्रवाह नियंत्रण वाल्व होता है। इसमें प्रवाह नियमन पर आधारित एक आरिफिस (रंघ्र) होता है। इसमें प्रवेश अथवा निर्गत पर दाब परिवर्तन हो जाने पर प्रवाह पर कोई प्रभाव नहीं पड़ता। यह वाल्व दाबान्तर के परिवर्तन को स्वतः ही समायोजित कर सदैव समान प्रवाह (Constant flow) देता है। इसलिये यह वाल्व द्रवीय मोटरों तथा सिलेन्डरों की गति को अत्यन्त परिशुद्धता से नियंत्रित करता है। इन्हें इस कारण दाब समायोजित वाल्व भी कहा जाता है।

चित्र 4.12 में दर्शाये अनुसार इस वाल्व में एक स्पूल एवं एक परिवर्तनीय अथवा समायोज्य ऑरिफिस (Adjustable Orifice) होता है। जब वाल्व में किसी प्रकार का प्रवाह नहीं होता तो स्पूल द्रव के दाब एवं स्प्रिंग दाब से संतुलित रहता है जब प्रवाह प्रारम्भ हो जाता है तो स्प्रिंग कक्ष में अर्थात् ऑरिफिस के बाद दाब कम हो जाता है, जिससे स्पूल बांयी ओर खिसक जाता है एवं अतिरिक्त दाब पोर्ट 1 से होता हुआ बाहर निकल जाता है तथा पुनः स्पूल के दोनों ओर समान दाब हो जाता है। इस प्रकार दाब की किसी सैटिंग, जो कि समायोज्य स्क्रू के द्वारा की जा सकती है, के लिये प्रवेश एवं निकास पर दाब समान रहता है।

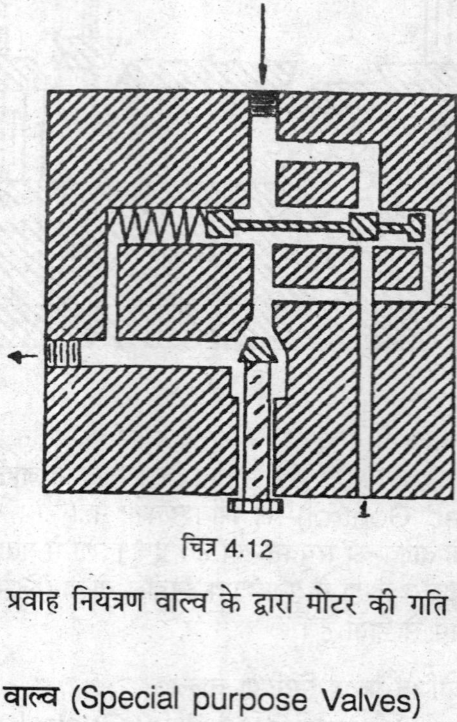

चित्र 4.12

चित्र 4.13 में प्रवाह नियंत्रण वाल्व के द्वारा मोटर की गति नियंत्रण हेतु परिपथ दर्शाया गया है।

4.6 **विशिष्ट कार्य वाल्व** (Special purpose Valves)

द्रवीय शक्ति परिपथों में कुछ विशिष्ट कार्यों हेतु विशिष्ट प्रकार के वाल्व उपयोग में लाये जाते हैं। ये वाल्व उपरोक्त वर्णित वाल्वों पर ही आधारित होते हैं परन्तु संरचना एवं कार्यों में उनसे थोड़े भिन्न होते हैं।

4.6.1 **प्रतिसंतुलन वाल्व** (Counter Balance Valve)

यह एक प्रकार का रिलिफ वाल्व होता है एव परिपथ में पश्चदाब (back pressure) को सैट करने हेतु प्रयुक्त होता है। ये लोड को प्रतिसंतुलन करने का

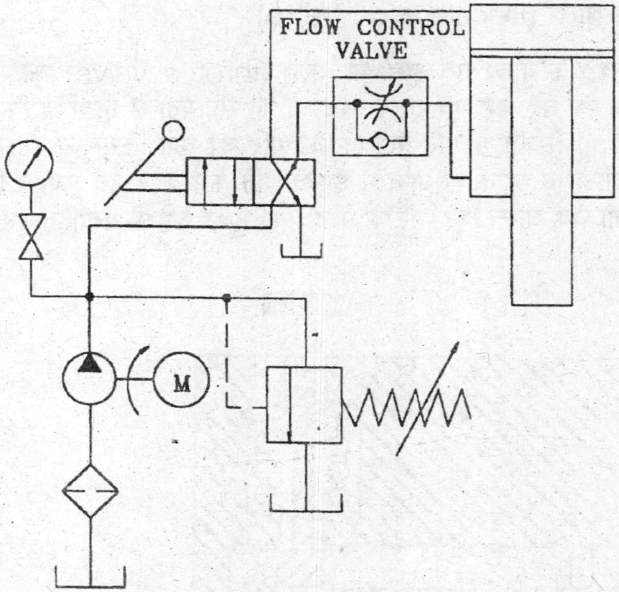

चित्र 4.13

कार्य भी करते हैं जो कि अन्यथा भार के कारण गिर सकता है। इन्हें रिमोट अथवा पायलेट सिग्नल से संचालित किया जा सकता है यह सामान्य स्थिति में बन्द रहता है तथा पायलेट सिग्नल से चलाने पर ही खुलता है। इसकी संरचना चित्र 4.14 के अनुसार होती है।

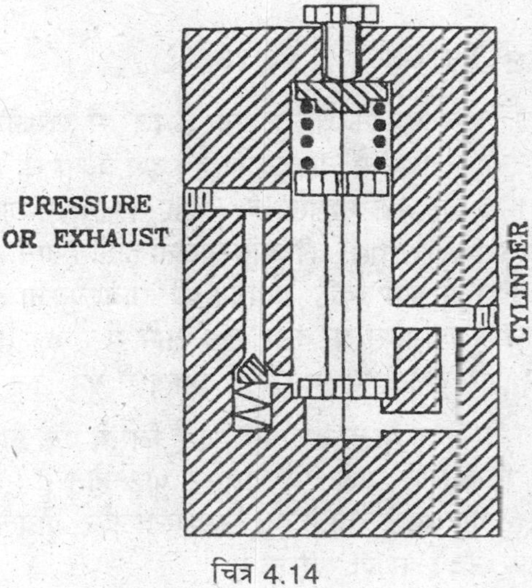

चित्र 4.14

4.6.2 मंदन वाल्व (Deceleration Valve)

यह वाल्व चैक वाल्व एवं उपरोधन वाल्व (throttle Valve) का संयुक्त रूप है। थ्रोटल के रंध्र को कैम एवं रोलर व्यवस्था की सहायता से नियंत्रित किया जाता है जिससे किसी भी स्थिति में गति प्रदायक की गति को कम किया जा सकता है। इसे बड़ी-बड़ी मशीनों के स्ट्रॉक के अन्त में उनकी गति कम करने हेतु प्रयुक्त किया जाता है। इसमें लगा चैक वाल्व रिटर्न स्ट्रॉक में द्रव को मुक्त रूप से प्रवाहित करता है (चित्र 4.15)।

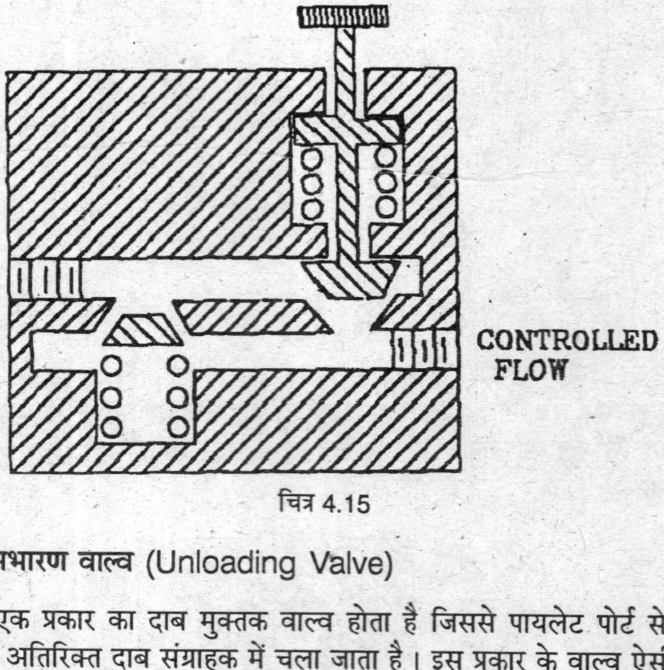

चित्र 4.15

4.6.3 अभारण वाल्व (Unloading Valve)

यह एक प्रकार का दाब मुक्तक वाल्व होता है जिससे पायलेट पोर्ट से सिग्नल मिलने पर अतिरिक्त दाब संग्राहक में चला जाता है। इस प्रकार के वाल्व ऐसी मशीनों के परिपथ में प्रयुक्त होते हैं। जहाँ मालारेखण (traversing) स्ट्रॉक में उच्च प्रवाह आयतन (high flow of volume) की आवश्यकता होती है एवं स्ट्रॉक के कार्यकारी भाग (Working part) में कम प्रवाह आयतन की आवश्यकता ती है, जैसे मिलिंग मशीन। मिलिंग मशीन में वर्कपीस के कटर तक आने में टेबल तेज चलती है तथा कटिंग प्रारम्भ होने पर धीरे चलती है तथा रिटर्न स्ट्रॉक में पुनः तेज चलती है।

चित्र 4.16 में एक अभारण वाल्व दर्शाया गया है जिसमें एक प्रैशर पोर्ट, आउटलेट अथवा सिलेन्डर पोर्ट, निस्कासक पोर्ट, एवं पायलेट पोर्ट होते हैं। सामान्य स्थिति में प्रैशर पोर्ट एवं आउटलेट पोर्ट खुले होते हैं एवं निस्कासक पोर्ट, पायलेट पोर्ट से सिग्नल मिलने पर स्पूल के उपर उठने पर ही खुलता है।

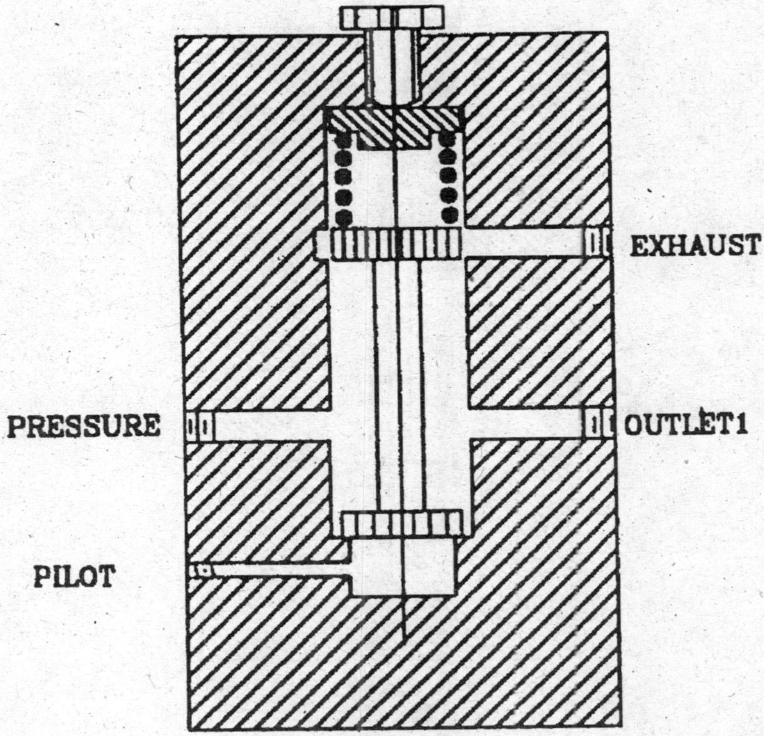

चित्र 4.16

4.6.4 अनुक्रमण वाल्व (Sequence Valve)

यह एक प्रकार का दिशा नियंत्रण वाल्व होता है जो कि परिपथ में संक्रियाओं का क्रम निर्धारण करने के काम आता है। यह वाल्व प्रैस टूल्स एवं मशीन टूल्स में अत्यन्त उपयोगी है जहाँ मुख्य ऑपरेशन कटिंग अथवा मशीनिंग प्रारम्भ होने से पूर्व जॉब अच्छी प्रकार से कलैम्प (Clamp) हो जाना चाहिये। अर्थात् पहले कलैम्पिग परिपथ में द्रव का प्रवाह होगा एवं फिर मुख्य कार्य परिपथ में द्रव का प्रवाह होगा।

चित्र 4.17 के अनुसार इसमें एक प्रवेश मार्ग एवं दो निकास मार्ग होते हैं। प्रथम निकास मार्ग सदैव खुला रहता है एवं कलैम्पिग आपरेशन हेतु प्रयुक्त होता है जब यह आपरेशन पूरा हो जाता है तो प्रवेश द्वार पर दाब बढ़ने लगता है एवं स्पूल, स्प्रिंग बल के विपरीत उपर की ओर खिसक जाता है जिससे निकास मार्ग 2 भी खुल जाता है एवं द्रव इस पोर्ट से होता हुआ मुख्य गति प्रदायक को गति प्रदान करने लगता है एवं मशीन का मुख्य आपरेशन प्रारम्भ हो जाता है।

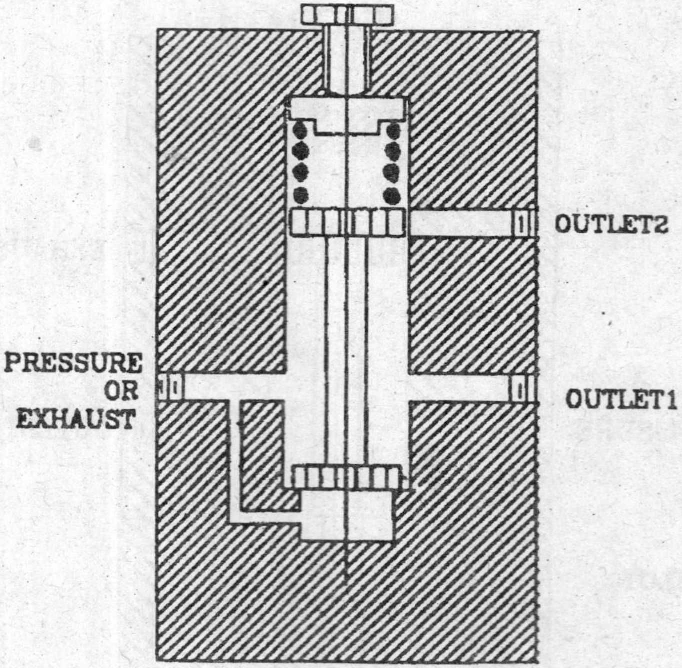

चित्र 4.17

प्रश्न

1. दाब न्यूनीकरण कपाटों के क्या कार्य है ?
2. दाब न्यूनीकरण कपाट एवं दाब मुक्तक कपाट में क्या अन्तर है ?
3. सॉलनॉइड चालित कपाट एवं पायलेट चालित कपाट में क्या अन्तर है।
4. दाब समायोजित एवं दाब असमायोजित प्रवाह नियंत्रण कपाटों में क्या अन्तर है। (Pressure Compensated)
5. एक चतुःमार्ग दिशा नियंत्रण वाल्व की केन्द्रीय स्थिति क्या-क्या हो सकती है।
6. विशिष्ट कार्य कपाट क्या होते हैं तथा कौन-कौन से होते हैं। किसी एक का चित्र सहित वर्णन कीजिये।
7. एक तीन पोर्ट एवं चार पोर्ट वाले दिशा नियंत्रण कपाट में क्या अन्तर होता है एवं इन्हें कहाँ-कहाँ प्रयुक्त किया जाता है।
8. द्रवीय परिपथ में दाब मुक्तक वाल्व कहाँ पर लगाया जाता है।

9. बन्द केन्द्रीय स्थिति एवं खुली केन्द्रीय स्थिति वाले दिशा निर्धारण वाल्व में क्या अन्तर है।

10. एक सॉलनॉइड नियंत्रित एवं पायलेट चालित दिशा निर्धारण कपाट का चित्र सहित वर्णन कीजिये।

अध्याय - 5

संचायक

(ACCUMULATOR)

ऐसी युक्तियाँ जो द्रवीय परिपथों में दाब ऊर्जा संग्रह करने के काम आती हैं संचायक कहलाती है । वायवीय निकायों हेतु वायवीय संचायक (Pneumatic Accumulator) एवं द्रवीय निकायों हेतु (Hydraulic Accumulator) काम में लाये जाते हैं ।

5.1 द्रवीय संचायकों के उपयोग

1. ये पम्प की अनियमित द्रव सप्लाई को नियमित करने हेतु उपयोग में आते हैं ।
2. ये तापीय प्रसार की क्षतिपूर्ति करने हेतु प्रयुक्त हो सकते हैं ।
3. ये तंत्र में उत्पन्न प्रघात तरंगों (Shock waves) को कम करने के भी काम आते हैं ।
4. जब तंत्र में प्रवाह आवश्यकता से कम हो तो संचायकों से अतिरिक्त प्रवाह प्राप्त कर क्षतिपूर्ति की जाती है ।
5. पंप खराब हो जाने की स्थिति में सुरक्षा उपकरणों को संचायकों से प्रवाह प्राप्त कर चलाया जा सकता है ।
6. संचायकों में लम्बे समय तक समान दाब बनाये रखा जा सकता है ।
7. परिपथ में किसी भी प्रकार के रिसाव की पम्प बन्द करके संचायकों के द्वारा जाँच की जा सकती है ।

5.2 संचायकों के प्रकार

संचायक विभिन्न प्रकार के होते हैं निम्न प्रकार के संचायक प्रायः परिपथों में प्रयुक्त होते हैं । इन्हें चित्र 5.1 में दर्शाया गया है ।

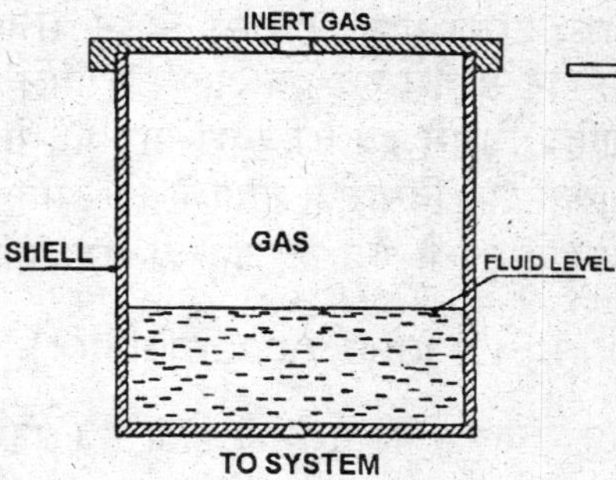

Non separater gas type

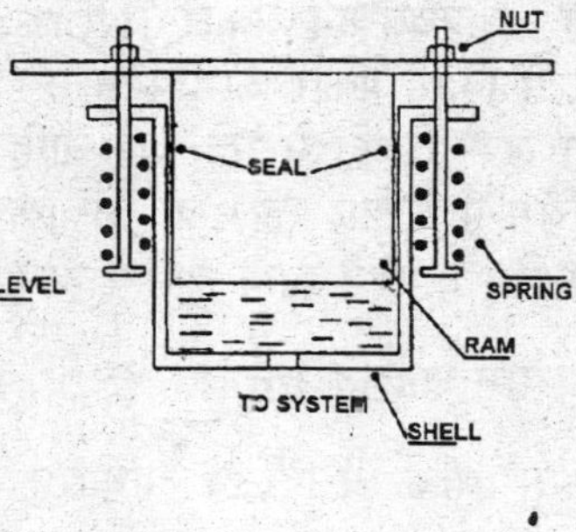

Spring loaded type

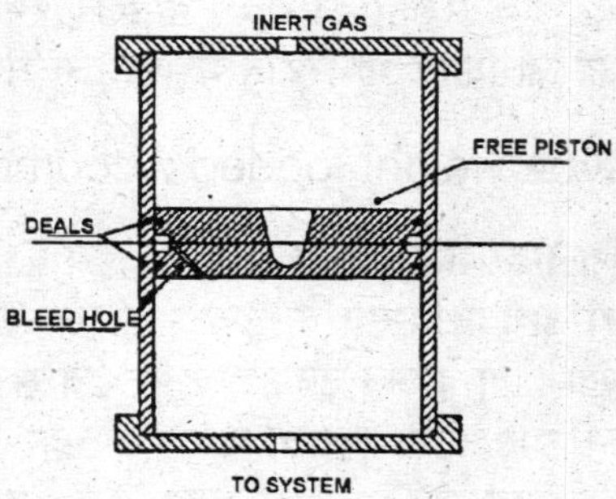

Free piston type

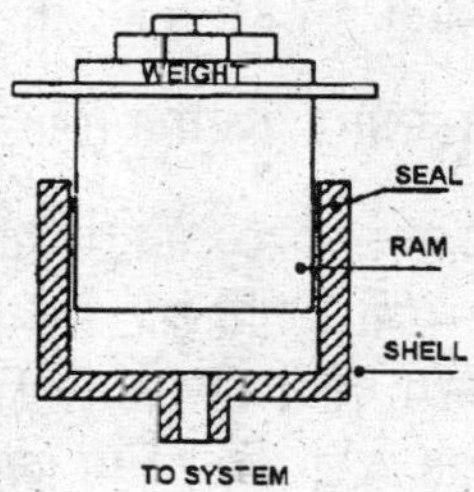

Weight loaced type

चित्र 5.1.

1. गैस आधारित

(अ) फ्री पिस्टन प्रकार (ब) अप्रथक्कन प्रकार (Non-separator type)

2. स्प्रिंग आधारित

3. गुरूत्व अथवा भार आधारित

5.2.1 गैस संचालित संचायक

(अ) फ्री पिस्टन प्रकार - इस प्रकार के संचायक में एक सिलेन्डर होता है तथा उसमें एक पिस्टन होता है। यह पिस्टन सिलेन्डर में उपर नीचे गति करता रहता है। इस पिस्टन के एक ओर अक्रिय गैस (Inert Gas) एवं दूसरी ओर द्रव भरा रहता है। पिस्टन में गैस एवं द्रव के एक दूसरी ओर रिसाव को रोकने के लिये सील लगी होती है। पिस्टन की सीलों के बीच दाब को मुक्त करने के लिये पिस्टन में साइड में एक छिद्र कर दिया जाता है जिसे स्त्रावी छिद्र कहते हैं।

(ब) अप्रथक्कन प्रकार (Non-Separator Type) - इन संचायकों के सिलेन्डर में किसी प्रकार का पिस्टन न होने से गैस एवं द्रव आपस में मिले रहते हैं। ये हमेशा खड़ी स्थिति में रखे जाने चाहिये जिससे द्रव का प्रवेश मार्ग पैंदे में रहे तथा गैस चार्जिंग पोर्ट उपर रहे। जब संचायक दाब विसर्जित करता है तो उसमें कुछ द्रव की मात्रा शेष अवश्य रहनी चाहिये अन्यथा तंत्र में गैस के जाने का भय रहता है।

5.2.2 **स्प्रिंग चालित संचायक** (Spring Loaded Accumulator)

यह संचायक भी पिस्टन आधारित संचायक की तरह ही होता है। इनमें पिस्टन अथवा रैम पर स्प्रिंग की सहायता से दबाव डाला जाता है। स्प्रिंग के दाब को नट की सहायता से कम अथवा अधिक किया जा सकता है। जब उच्च दाब पर द्रव संचायक में भेजा जाता है तो पिस्टन अथवा रैम स्प्रिंग बल के विरुद्ध उपर उठते हैं एवं द्रव उच्च दाब पर संचायक में संचित हो जाता है। द्रव के रिसाव को रोकने के लिये रैम में सील लगा दी जाती है। इस प्रकार के संचायकों को किसी भी स्थिति में रखा जा सकता है।

5.2.3 **गुरूत्वीय संचायक** (Gravity type weight loaded Accumulator)

इस प्रकार के संचायक में भी एक सिलेन्डर में रैम लगी होती है। इसमें भार युक्त रैम उपर से नीचे गति कर सकती है रैम अथवा पिस्टन के उपर एक प्लेटफॉर्म लगा होता है जिस पर वजन (Weights) रखा होता है जब उच्च दाब पर द्रव संचायक में प्रवेश करता है तो पिस्टन पर लगा वजन उपर उठता है तथा जब द्रव बाहर निकलता है तो गुरूत्वीय आकर्षण के कारण पिस्टन एवं उस पर रखा वजन नीचे आ जाता है अर्थात् संचायक से दाब उर्जा, निकाय (System) को चली जाती है। यह संचायक सदैव स्थिर दाब पर कार्य करता है क्योंकि इसमें किसी प्रकार का स्प्रिंग दाब नहीं होता जोकि स्प्रिंग के दबने पर बदल जाता है।

5.3 **उष्मा विनिमयक** (Heat Exchanger)

द्रवीय निकायों में प्रयुक्त होने वाले अधिकांश द्रव अथवा तेलों के तापमान में परिवर्तन होने पर उनके गुणधर्मों में परिवर्तन होने लगता है। इसलिये इनके आवश्यक गुणों को बनाये रखने के लिये द्रवों को निर्धारित तापमान सीमा में रखना पड़ता है। इससे शक्ति व्यय कम होगा तथा परिणाम भी बेहतर होंगे।

जब प्रयुक्त द्रव का तापमान निर्धारित सीमा से कम हो जाता है तो उसकी श्यानता में वृद्धि हो जाती है तो लाइनों में द्रव का प्रवाह मुश्किल हो जाता है। इस स्थिति में पम्प पर भार बढ़ जाता है एवं परिणामस्वरूप शक्ति व्यय बढ़ जाता है। इसी प्रकार जब निकाय में द्रव का तापमान बढ़ जाता है तो द्रव की श्यानता एवं उसके स्नेहक गुणों में कमी आ जाती है। श्यानता कम हो जाने पर द्रव पतला हो जाता है एवं विभिन्न युक्तियों से रिसाव होने लगता है।

द्रवीय शक्ति तंत्रों के अभिकल्पन के समय उनकी दक्ष (Perfect) तापक्रम सीमा निर्धारित कर दी जाती है एवं निकाय के द्रव को इसी सीमा में बनाये रखा जाता है। ऐसी युक्तियों जो द्रव के तापक्रम का नियंत्रण करते हैं उष्मा विनिमयक कहलाती हैं। उष्मा विनिमयक, आवश्यकता के अनुसार द्रव को ठंडा अथवा गरम करते हैं। इनकी संरचना के आधार पर उष्मा विनिमयक निम्न प्रकार के होते हैं।

(1) खोल एवं नली प्रकार (Shell and tube type)

(2) सतह प्रकार (Surface type)

(3) प्लेट प्रकार (Plate type)

(4) निमज्जन कॉइल (Immersion Coil type)

5.3.1 **खोल एवं ट्यूब प्रकार** (Shell and Tube Type)

इसमें धातु का बना एक सिलेन्डरनुमा खोल होता है जिसमें अनेक नलियाँ एक सिरे से दूसरे सिरे तक लगी होती है। इस प्रकार के उष्मा विनिमयक द्रव के शीतलन एवं तापम दोनों कार्यों हेतु प्रयुक्त किये जा सकते हैं।

निकाय का द्रव खोल में नलियों के चारों ओर बहता रहता है तथा नलियों में शीतलन अथवा तापन द्रव प्रवाहित किया जाता है। इस प्रकार निकाय द्रव एवं शीतलन/तापन द्रव के बीच उष्मान्तरण होता है। जब उष्मा विनिमयक को निकाय द्रव के तापम हेतु प्रयुक्त करना हो तो नलियों में गर्म पानी अथवा भाप प्रवाहित की जाती है इसी प्रकार जब उष्मा विनिमयक को शीतलन हेतु प्रयुक्त करना हो तो नलियों में ठंडा पानी प्रवाहित किया जाता है।

इस प्रकार का उष्मा विनिमयक एकल दौर (Single Pass), दो दौर (Two Pass) एवं चतुः दौर (Four pass) प्रकार के होते हैं। एक दो दौर वाला उष्मा विनिमयक चित्र 5.2 में दर्शाया गया है जिसमें तापन अथवा शीतलन द्रव उपर में प्रवेश कर उपरी नलियों से होता हुआ बांये से दांये तक पहुंचता है। फिर यह द्रव निचली नलियों से होता हुआ पुनः दांये से बांये पहुंचता है एवं खोल के निचले बांये हिस्से से बाहर निकल जाता है। निकाय का द्रव निचले दांये हिस्से से खोल में प्रवेश कर उपरी बाँये हिस्से से उष्मान्तरण होने के पश्चात् बाहर निकल जाता है।

खोल एवं नली प्रकार के उष्मा विनिमयक की क्षमता निम्न बातों पर निर्भर करती है।

(1) द्रव के गुणों पर

(2) द्रव के तापमान पर

(3) नलियों के व्यास एवं उष्मान्तरण हेतु उपलब्ध सतह के क्षेत्रफल पर

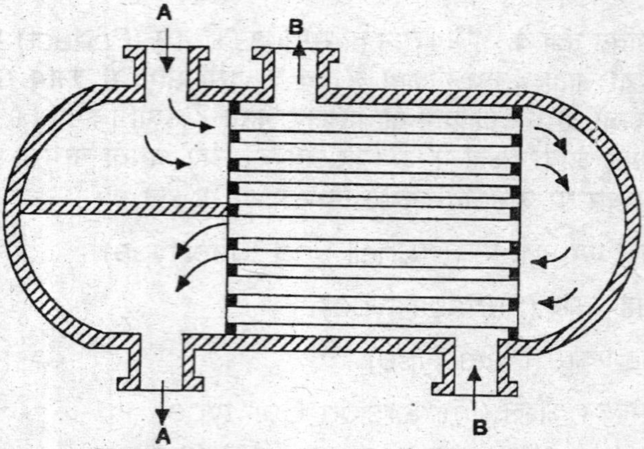

SHELL AND TUBE TYPE HEAT EXCHANGER

चित्र 5.2.

5.3.2 **सतही प्रकार** (Surface type Heat exchanger)

इस प्रकार के उष्मा विनिमयक, निकाय द्रव (System Fluid) को गरम करने के काम आते हैं। ये दो प्रकार के होते हैं।

(i) विद्युत सतही तापक (Electric Surface heater)

(ii) भाप जैकेट तापक (Steam Jacket heater)

दोनों ही प्रकार में द्रव टंकी की बाहरी सतह, सतही तापकों (Surface heaters) की सहायता से गरम की जाती है। एक विद्युत सतही तापक चित्र 5.3 में दर्शाया गया है।

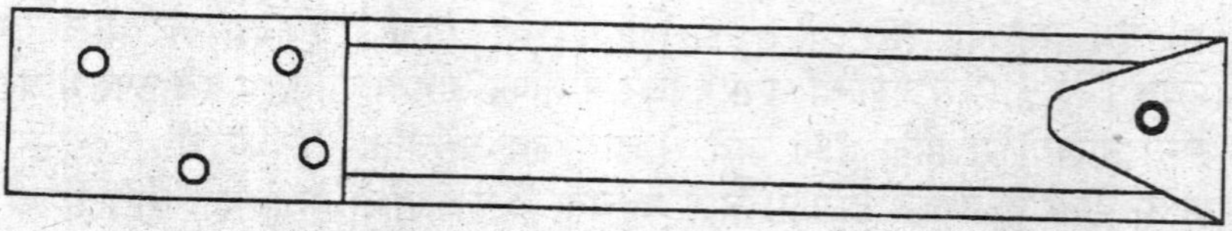

ELECTRIC SURFACE HEATER

चित्र 5.3.

5.3.3 **प्लेट प्रकार** (Plate type Heat Exchanger)

प्लेट प्रकार के उष्मा विनिमयक में बहुत सारी नलियाँ जिन पर प्लेटे (Fins) लगी होती है उष्मा स्थानान्तरण करती हैं। इन नलियों में निकाय द्रव को प्रवाहित किया जाता है। शीतलन/तापन द्रव को नलियों के चारों ओर प्रवाहित किया जाता है। ये प्लेट,

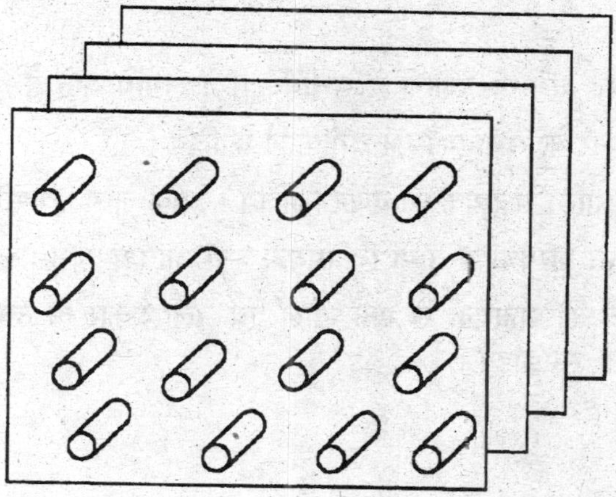

PLATE TYPE HEAT EXCHAGER

चित्र 5.4.

नलियों के उष्मान्तरण सतह क्षेत्रफल में वृद्धि कर देती है जिससे उष्मान्तरण की गति बढ़ जाती है।

लाभ - इसमें प्लेटे लगी होती है, जिससे उष्मा स्थानान्तरण क्षेत्रफल बढ़ जाता है और द्रव को ठंडा अथवा गरम करने की दक्षता बढ़ जाती है।

सीमाएँ - इस विनिमयक का कार्यकारी दाब, खोल एवं नली प्रकार के विनिमयक से कम होता है।

5.3.4 **निमज्जन कॉइल प्रकार** (Immersion Coil type Heat Exchanger)

ये भी केवल द्रव को गरम करने हेतु प्रयुक्त होते हैं। निमज्जन कॉइल की नलियों को विद्युत प्रवाहित कर अथवा भाप प्रवाहित कर गरम किया जाता है। इस कॉइल को निकाय द्रव की टंकी अथवा संग्रहक में डूबोकर रखा जाता है। कॉइल के चारों ओर का द्रव लगातार हिलता रहना चाहिये जिससे कॉइल के चारों ओर का द्रव अत्याधिक गरम न हो इसके लिये संग्राहक में घूर्णन लगा दिया जाता है।

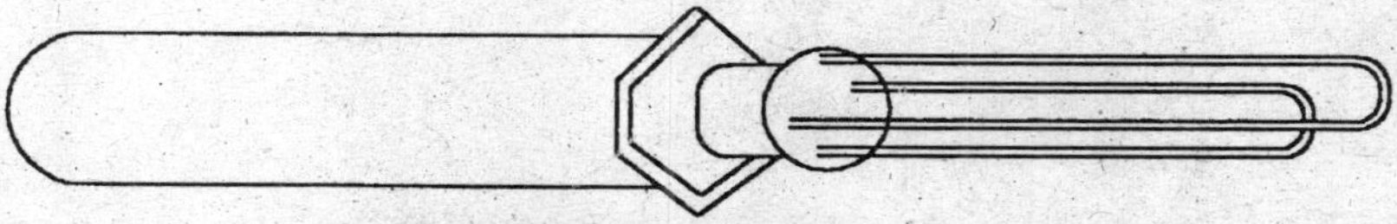

IMMERSION COIL TYPE HEATER

चित्र 5.5.

प्रश्न

1. द्रवीय शक्ति परिपथों/मशीनों में संचायक क्यों लगाये जाते हैं।
2. विभिन्न प्रकार के संचायकों का वर्गीकरण कीजिये।
3. एक स्प्रिंग भारित संचायक का वर्णन कीजिये। इसके लाभ एवं सीमाएँ भी बताइए।
4. द्रवीय शक्ति परिपथों में उष्मा विनिमयक क्यों आवश्यक हैं।
5. स्वच्छ चित्र की सहायता से एक खोल एवं नली प्रकार के उष्मा विनिमयक की कार्यप्रणाली समझाइये।

अध्याय - 6

द्रवीय शक्ति परिपथ एवं युक्तियाँ

(FLUID POWER CIRCUIT AND DEVICE)

किसी भी मशीन को द्रवीय शक्ति से चलाने के लिये विभिन्न द्रवीय युक्तियों को जोड़कर परिपथ बनाना पड़ता है। एक द्रवीय परिपथ में पम्प, मोटर, सिलेन्डर, वाल्व, हौज पाइप, संग्राहक, संचायक एवं दाब तीव्रक आदि होते हैं। इन सभी युक्तियों से विभिन्न प्रकार की गति प्राप्त करने के लिये इन्हें विभिन्न तरीकों से जोड़कर परिपथ रचना की जाती है। इस अध्याय में हम ऐसे ही विभिन्न परिपथों का अध्ययन करेंगे।

6.1 गति नियंत्रक परिपथ (Speed Control Circuit)

किसी भी गति प्रदायक की गति नियंत्रण हेतु इस परिपथ का उपयोग किया जाता है। जब सिलेन्डर को अग्र एवं पश्च स्ट्रॉक में अलग-अलग गति से चलाना हो तो भी इसी परिपथ की रचना करते हैं। गति प्रदायकों की गति उनमें आने अथवा जाने वाले द्रव के प्रवाह की मात्रा (quantity of fluid flowing) पर निर्भर करती है। यदि इस मात्रा को नियंत्रित (Metered) कर दिया जावें तो गति प्रदायक की गति भी नियंत्रित हो जाती है। प्रवाहित द्रव की मात्रा प्रवाह नियंत्रण वाल्व के द्वारा नियंत्रित की जाती है। इस वाल्व की परिपथ में स्थिति के आधार पर, गति नियंत्रण परिपथ तीन प्रकार के हो सकते हैं।

(1) मीटर - इन प्रकार (Meter - In type)

(2) मीटर - आउट प्रकार (Meter - Out type)

(3) स्त्रावी (Bleed-off) प्रकार

6.1.1 मीटर - इन गति नियंत्रण परिपथ

चित्र 6.1 में एक मीटर - इन प्रकार का परिपथ दर्शाया गया है। इसमें पम्प एवं सिलेन्डर की दाब लाइन में एक दाब समायोजित प्रकार का प्रवाह नियंत्रण वाल्व लगाया

गया है। गति प्रदायक की गति प्रवाह नियंत्रण वाल्व से आने वाले द्रव से निर्धारित हो रही है सिलेन्डर एवं वाल्व के मध्य दाब कार्य के प्रतिरोध पर निर्भर करता है। सिलेन्डर के वापिस आने में सारा द्रव प्रवाह नियंत्रण वाल्व के स्थान पर चैक वाल्व से होता है। जिसे द्रव विना किसी रुकावट के तेजी से प्रवाह होता है।

इस प्रकार का परिपथ सदैव ऐसी परिस्थिति में उपयोग है जबकि कार्य का प्रतिरोध पिस्टन के बाहर की ओर गति (Forward stroke) करने में होता है। जहाँ कार्य प्रतिरोध ऋणात्मक हो जैसे आरोह मिलिंग (Climb milling) तो इस परिपथ का उपयोग नहीं किया जाता। जहाँ अत्यन्त धीमी फीड दर (Feed Rate) की आवश्यकता हो वहाँ भी इसी प्रकार का परिपथ बनाया जाता है।

6.1.2 मीटर - आउट परिपथ (Meter - Out Circuit)

इस प्रकार के परिपथ में प्रवाह नियंत्रण वाल्व, सिलेन्डर के पश्चात् लगाया जाता है। अर्थात् गति प्रदायक का गति नियंत्रण सिलेन्डर से बाहर निकलने वाले द्रव की मात्रा को नियंत्रित करके किया जाता है। सिलेन्डर में आने वाले द्रव का दाब रिलिफ वाल्व की सैटिंग के बराबर होता है जबकि निर्गत द्रव का दाब लोड के व्युत्क्रमानुपात में परिवर्तित होता रहता है।

ऐसे परिपथ जहाँ कार्य प्रतिरोध ऋणात्मक होता है जैसे आरोह मिलिंग जिसमें कार्य पिस्टन को पम्प के डिलीवरी दाब से भी अधिक गति से पिस्टन को अपनी ओर खींचता है। इसके अतिरिक्त जहाँ लोड परिवर्तित होता रहता हो जैसे ड्रिलिंग, बोरिंग आदि में भी इसी परिपथ को लगाया जाता है।

चित्र 6.1 में इस प्रकार का परिपथ दिखाया गया है जिसमें मुक्त विपरीत प्रवाह के लिये प्रवाह नियंत्रण वाल्व के समानान्तर एक चैक वाल्व भी लगाया गया है।

6.1.3 स्त्रावी परिपथ (Bleed-off Circuit)

इस परिपथ (चित्र 6.1) में प्रवाह नियंत्रण वाल्व को सीधा भरण परिपथ में न लगाकर इसे दाब लाइन से एक लाइन लेकर अलग लगाया जाता है एवं इसके निर्गत प्रवाह को संग्राहक से जोड़ दिया जाता है।

इस प्रकार इस परिपथ में प्रवाह नियंत्रण वाल्व सीधा प्रवाह को नियंत्रित न कर पम्प के प्रवाह के एक निर्धारित भाग को पुनः संग्राहक में भेज देता है इस मात्रा को परिवर्तित किया जा सकता है। इसलिये इस परिपथ में रिलिफ वाल्व की अलग से आवश्यकता नहीं होती। चूंकि पम्प के आउटलेट पर दाब, कार्य प्रतिरोध (Work resistance) के बराबर होता है, इसमें उष्मा उत्सर्जन न्यूनतम होता है। यह परिपथ स्थिर लोड (constant load) एप्लीकेशन हेतु प्रयुक्त होता है। यह विपरीत दिशा में भी गति नियंत्रण प्रदान करता है।

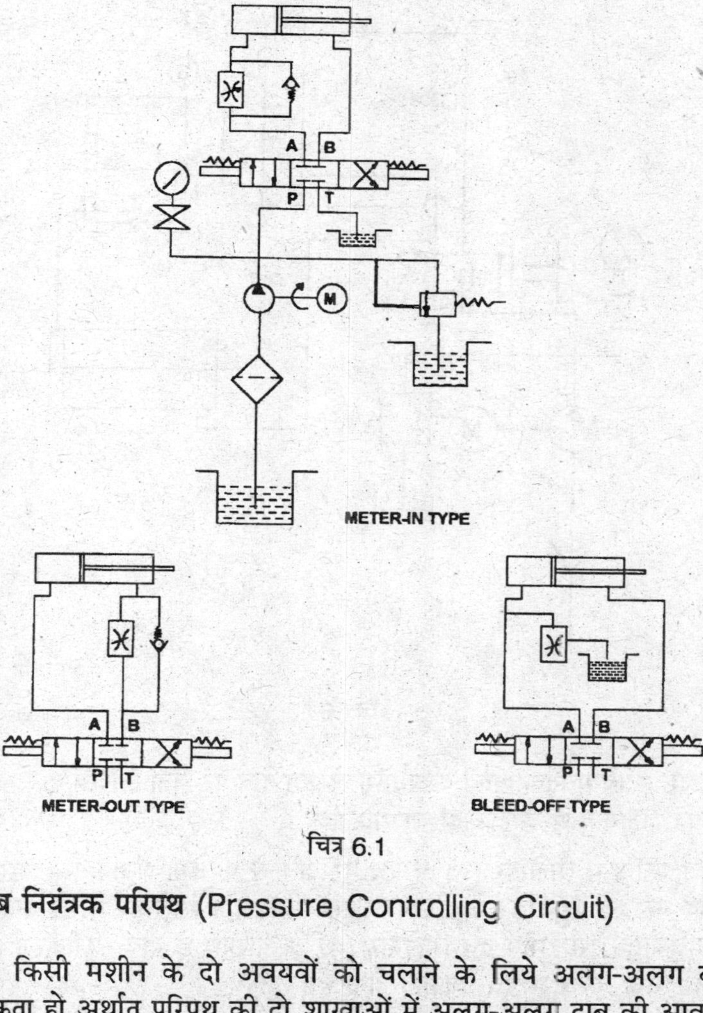

चित्र 6.1

6.2 दाब नियंत्रक परिपथ (Pressure Controlling Circuit)

जब किसी मशीन के दो अवयवों को चलाने के लिये अलग-अलग बल की आवश्यकता हो अर्थात् परिपथ की दो शाखाओं में अलग-अलग दाब की आवश्यकता हो तो दाब न्यूनीकरण परिपथ का उपयोग किया जाता है। इसमें परिपथ के दो शाखाओं में अलग-अलग दाब पर द्रव भेजा जाता है। एक शाखा में पूरा दाब जाता है जबकि दूसरी शाखा में दाब न्यूनीकरण वाल्व से होता हुआ कम दाब पर द्रव गति प्रदायक में पहुँचता है।

चित्र 6.2 के अनुसार सिलेन्डर (5) के अग्र स्ट्रॉक में दिशा निर्धारण वाल्व से होता हुआ पूरे दाब पर द्रव पहुँचता है जबकि सिलेन्डर (4) में दाब न्यूनीकरण वाल्व से होता हुआ कम दाब पर द्रव पहुँचता है। सिलेन्डर (5) पहुँचने वाले द्रव का दाब दाब, मुक्तक वाल्व की सैटिंग पर निर्भर करता है जबकि सिलेन्डर (4) में पहुँचने वाले

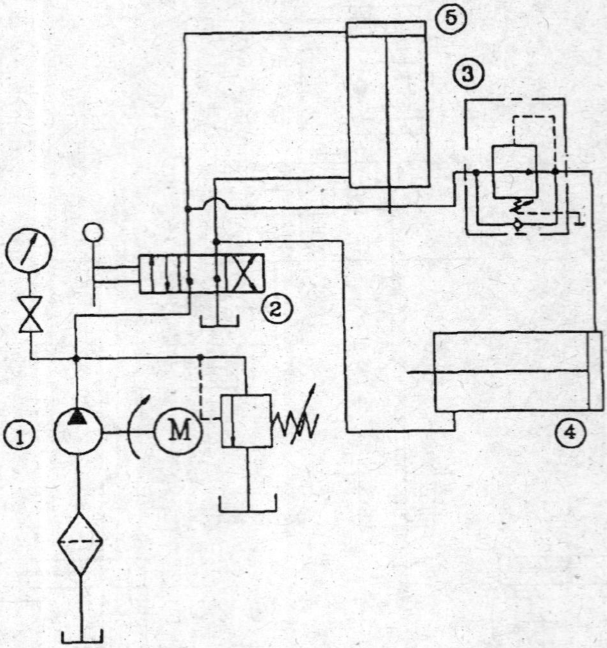

चित्र 6.2

द्रव का दाब, दाब मुक्तक वाल्व की सैटिंग से कम दाब पर होता है जिसे दाब न्यूनीकरण कपाट की सहायता से कम किया जा सकता है।

अग्र स्ट्रॉक में सिलेन्डर (5) में द्रव पूरे दाब से पहुँचेगा जबकि सिलेन्डर (4) में कम दाब पर द्रव पहुँचेगा। जबकि पश्च स्ट्रॉक में दोनों सिलेन्डर में पूरे दाब पर द्रव पहुँचेगा क्योंकि इस समय द्रव सिलेन्डर (4) के परिपथ में दाब न्यूनीकरण वाल्व के साथ लगे चैक वाल्व से द्रव प्रवाहित होता है।

यह परिपथ ऑयल चलित स्पॉट वैल्डिंग गन, पॉवर प्रैस आदि में प्रयुक्त होता है। स्पॉट वैल्डिंग गन में क्लैंपिंग हेतु पूरा दाब कार्य करता है जबकि वैल्डिंग कम दाब पर की जाती है।

6.3 **अनुक्रमण परिपथ** (Sequencing Circuit)

जब दो द्रवीय सिलेन्डरों को क्रमशः एक के बाद एक को चलाना हो तो अनुक्रमण परिपथ तैयार किया जाता है। इस परिपथ में एक अनुक्रमण कपाट का उपयोग किया जाता है। जिससे पहले एक सिलेन्डर में फुल दाब पर द्रव पहुँचता है तथा जब सिलेन्डर

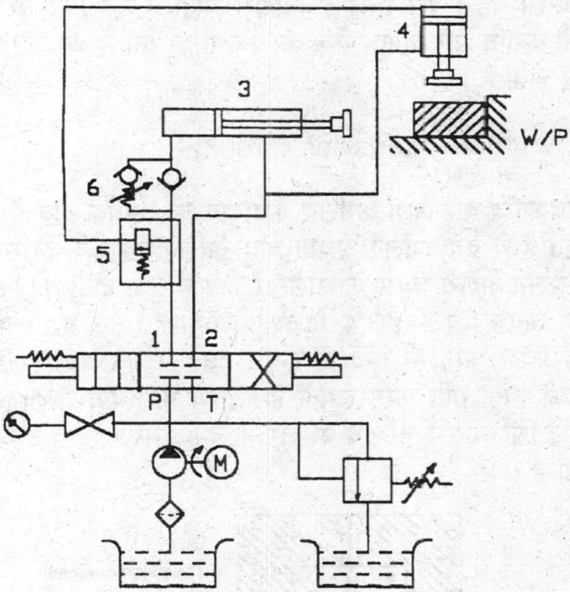

SEQUENCE CIRCUIT

चित्र 6.3

का स्ट्रॉक पूरा हो जाता है परिपथ में एक क्षण के लिये दाब बढ़ता है जिससे दूसरे सिलेन्डर में द्रव पहुँचने लगता है एवं वह गति करने लगता है।

इस प्रकार के परिपथ प्रैस टूल्स हेतु प्रयुक्त होते हैं चित्र 6.3 में दर्शाये अनुसार प्रथम आपरेशन में सिलेन्डर (3) गति करता है जिससे जॉब में कलैम्पिग होती है। जब इस सिलेन्डर का स्ट्रॉक पूरा हो जाता है तो सिलेन्डर (4) में द्रव पहुंचने लगता है, जबकि रिटर्न स्ट्रॉक में पहले सिलेन्डर (4) में द्रव पहुँचता है, एवं फिर सिलेन्डर (5) में द्रव पहुंचता है। इस प्रकार 1-2-2-1 क्रम से सिलेन्डर गति करते हैं। अर्थात् पहले जॉब की कलैम्पिग होती है एवं फिर उस पर प्रैस आपरेशन होता है एवं रिटर्न स्ट्रॉक में पहले प्रैस सिलेन्डर उपर जाते है एवं फिर जॉब खुलता है।

जब दिशा निर्धारण वाल्व का स्पूल दाँयी ओर गति करता है तो द्रव का दाब क्लैम्पिग सिलेन्डर को अग्र दिशा में गति प्रदान करता है जब क्लैम्पिग सिलेन्डर अपना स्ट्रॉक पूरा कर लेता है तो लाइन में अचानक द्रव का दाब बढ़ता है एवं अनुक्रमण वाल्व का द्वितीयक पोर्ट खुल जाता है एवं प्रैस सिलेन्डर अग्र दिशा में गति करने लगता है। जब आपरेशन पूरा हो जाता है तो दिशा निर्धारण वाल्व का स्पूल बाँयी ओर शिफ्ट

कर देते हैं जिससे पहले प्रैस सिलेन्डर वापिस जाता है एवं फिर क्लैम्पिंग सिलेन्डर वापिस जाता है क्योंकि परिवर्तनीय चैक वाल्व तभी खुलता है जब प्रैस सिलेन्डर अपना स्ट्रॉक पूरा कर लेता है।

6.4 तीव्रकारित्र परिपथ (Intensifier Circuit)

द्रवीय तीव्रकारित्र कुछ क्षण के लिये कम दाब को अधिक दाब में परिवर्तित करने हेतु प्रयुक्त होते हैं ये द्रव चालित अथवा वायु चालित प्रकार के हो सकते हैं। द्रवीय तीव्रक में दो अलग-अलग व्यास के सिलेन्डर होते हैं तथा दोनों का पिस्टन एक होता है। एक द्रवीय तीव्रकारित्र चित्र 6.4 में दर्शाया गया है। तेल बड़े व्यास के सिलेन्डर के छिद्र में से प्रवेश करता है तथा पिस्टन पर धक्का (Force) लगाता है जिससे पिस्टन आगे की तरफ गति करने लगता है। इतना ही दबाव (Force) पिस्टन का छोटा सिरा, छोटे सिलेन्डर में भरे द्रव पर लगाता है जिससे यह द्रव उच्च दाब पर बाहर निकलने लगता है।

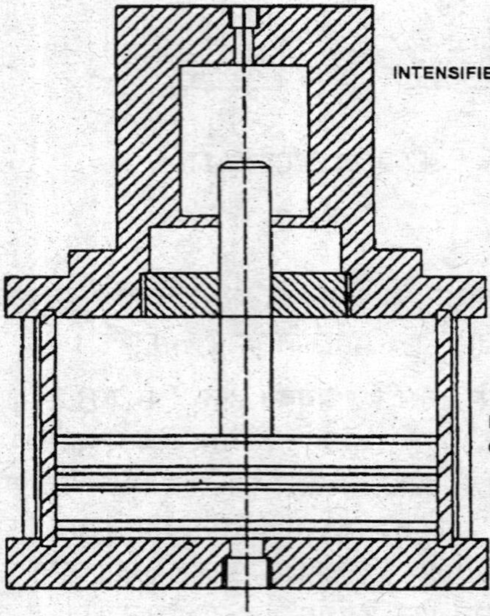

चित्र 6.4.

चूंकि दोनों सिलेन्डर जो कि अलग-अलग व्यास के है, में लगा पिस्टन एक ही है इसलिये पिस्टन के बड़े सिरे पर लगने वाला बल छोटे सिरे द्वारा द्रव पर लगाये जाने वाले बल के बराबर होता है। इसलिये छोटे सिरे पर दाब की तीव्रता बढ़ जाती है।

यदि P1 = इनपुट दाब (बड़े सिरे पर लगने वाला दाब)

P2 = आउटपुट दाब (पिस्टन के छोटे सिरे द्वारा द्रव पर लाने वाला दाब)

A1 = बड़े सिलेन्डर का क्षेत्रफल

A2 = छोटे सिलेन्डर का क्षेत्रफल

$P_1 A_1 = P_2 A_2$

अतः छोटे सिरे पर दाब की तीव्रता (Intensified Pressure) $P_2 = P_1 A_1 / A_2$

वायवीय तीव्रकारित्रों में इनपुट दाब वायवीय दाब होता है जबकि आउटपुट दाब द्रवीय दाब होता है।

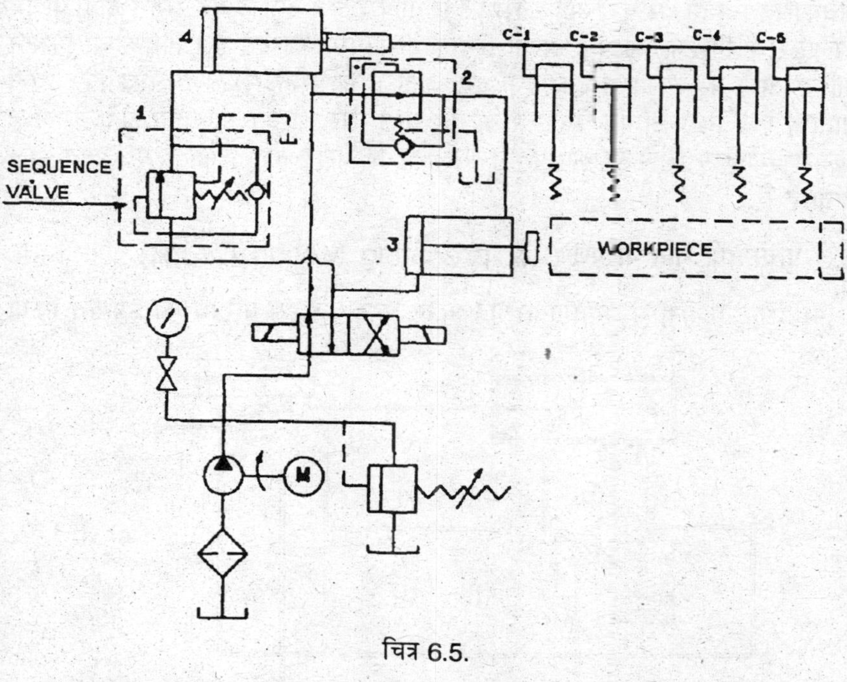

चित्र 6.5.

द्रवीय तीव्रकारित्र पंचिंग प्रैसों (Punching Presses) हेतु अत्यन्त उपयोगी हैं क्योंकि पंचिंग आपरेशन हेतु कम समय के लिये अत्यन्त उच्च दाब (Interified Pressure) की आवश्यकता होती है। पंचिंग प्रैस का एक परिपथ चित्र 6.5 में बनाया गया है।

परिपथ में एक 4/2 - दिशा निर्धारण वाल्व (5) लगा हुआ है एवं दो अनुक्रमण (Sequence) वाल्व लगे हुए हैं। परिपथ में पॉवर पैक यूनिट के अतिरिक्त एक तीव्रकारित्र (Intensifier), पंचिंग सिलेन्डर एवं क्लैम्पिंग सिलेन्डर लगे होते हैं।

जब दिशा नियंत्रण वाल्व को बाँयी ओर चलाया जाता है तो द्रव का दाब पहले क्लैम्पिंग सिलेन्डर में (Blindend) पहुँचता है एवं उसके पिस्टन को बाहर की ओर धकेलता है जिससे जॉब की क्लैम्पिंग हो जाती है। जब क्लैम्पिंग सिलेन्डर के पिस्टन का स्ट्रॉक पूरा हो जाती है तो लाइन में दाब बढ़ना प्रारम्भ होता है एवं अनुक्रमण वाल्व (1) खुल जाता है तथा द्रव तीव्रक (4) से होता हुआ पंचिंग सिलेन्डरों (c-1 to c-5) में पहुंचता है।

जब पंचिंग आपरेशन पूरा हो जाता है तो दिशा नियंत्रण वाल्व (4/2-DCV) को पुनः अपनी स्थिति में कर देते हैं जिससे दाब, तीव्रक के बड़े सिलेन्डर में प्रवेश कर तीव्रकारित्र पिस्टन को पुनः अपनी स्थिति में वापिस भेज देता है एवं स्प्रिंग दाब, पंचिंग सिलेन्डर के पिस्टनों को पुनः अपनी स्थिति में वापिस भेज देते हैं। तीव्रक का पिस्टन वापिस आने पर लाइन में दाब पुनः बढ़ जाता है जिससे अनुक्रमण वाल्व (2) खुल जाता है एवं द्रव क्लैम्पिंग सिलेन्डर के रॉड वाले सिरे की ओर प्रवाहित होने लगता है जिससे क्लैम्पिंग सिलेन्डर का पिस्टन सिलेन्डर में अन्दर चला जाता है एवं जॉब खुल जाता है।

6.5 **प्रत्यागामी गति परिपथ** (Reciprocating Motion Circuit)

विभिन्न मशीनों में प्रत्यागामी गति प्रदान करने हेतु इस परिपथ का उपयोग किया

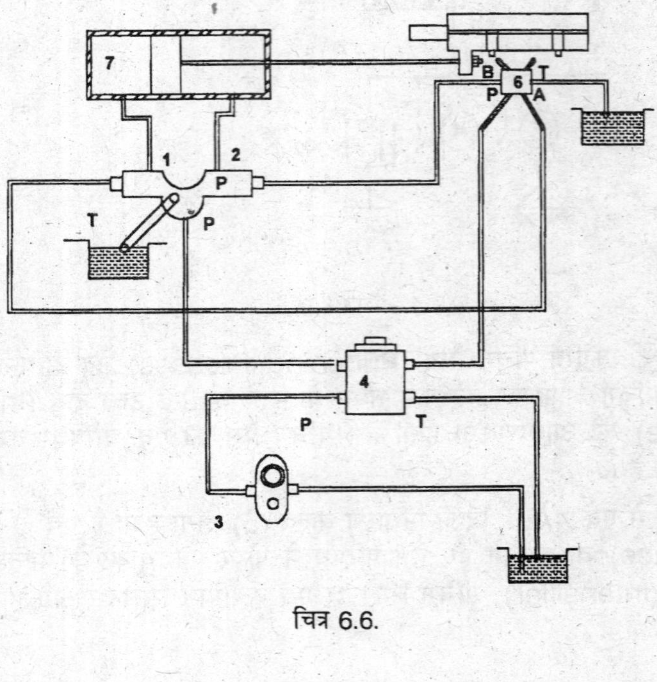

चित्र 6.6.

जाता है। इसका सबसे प्रचलित उपयोग शेपर मशीन में है। चित्र 6.6 में एक शेपर मशीन का परिपथ दर्शाया गया है। इसमें दो ट्रिप डॉग होते हैं जो पायलेट वाल्व को आपरेट करते हैं टिप डॉग की स्थिति, मशीन की स्ट्रॉक लम्बाई के अनुसार परिवर्तित की जा सकती है। पायलेट वाल्व आपरेट होने के पश्चात् यह पायलेट चालित दिशा नियंत्रण वाल्व को आपरेट कर देता है जिससे द्रव के प्रवाह की दिशा बदल जाती है।

दिशा नियंत्रण वाल्व की एक स्थिति में द्रव P पोर्ट से प्रवेश कर पोर्ट न. 1 से बाहर निकल द्रवीय सिलेन्डर के पिस्टन को अग्र दिशा में गति प्रदान करता है तथा दूसरी स्थिति में द्रव P पोर्ट से प्रवेश कर पोर्ट न. 2 से होता हुआ सिलेन्डर के रोड़ सिरे से प्रवेश करता है एवं पिस्टन को पश्च दिशा में गति प्रदान करता है। दिशा नियंत्रण वाल्व की मध्य स्थिति में द्रव पोर्ट P से प्रवेश कर पोर्ट T से वापिस टैंक में जाता रहता है।

शेपर मशीन में ट्रिप डॉग के स्थान पर लिमिट स्विच, एवं सॉलनाइड आपरेटेड वाल्व भी उपयोग में लिये जा सकते हैं।

6.6 मिलिंग मशीन परिपथ (Milling Machine Circuit)

मिलिंग मशीन में प्रयुक्त होने वाले द्रवीय परिपथ को रेपिड ट्रैवर्स एवं फीड परिपथ (Rapid traverse and Feed Circuit) भी कहते हैं।

इस परिपथ में अन्य सामान्य युक्तियों के अलावा परिपथ में एक फीड नियंत्रण वाल्व एवं एक उपविरामक (Shut-off) वाल्व लगाये जाते हैं जिनसे जिस समय मशीन कटिंग नहीं कर रही है, मशीन टेबल तेज गति से चलती है एवं कटिंग प्रारम्भ होने पर फीड के अनुसार टेबल गति करती है।

जब 4/3 दिशा नियंत्रण वाल्व (3) का सॉलनॉइड B चालू किया जाता है तो पम्प से निर्गत दाब (Discharge pressure) द्रवीय सिलेन्डर के सिर छोर (Head End) से जुड़ जाता है एवं पिस्टन आगे के दिशा में गति करने लगता है जिससे मशीन की टेबल बाँये से दाँयी ओर चलने लगती है। रॉड सिरे से निकलने वाला द्रव एक शट-ऑफ वाल्व एवं फीड नियंत्रण वाल्व से होता हुआ पुनः टैंक में आ जाता है। इस प्रकार इस स्थिति में टेबल तेज गति से चलती रहती है।

जब टेबल पर लगी कैम शट-आफ वाल्व (4) के पास आती है तो वह इसे बन्द कर देती है जिससे सिलेन्डर से वापिस बाहर आने वाले द्रव का एक रास्ता बन्द हो जाता है सारा द्रव फीड नियंत्रण वाल्व (5) के मध्य से धीरे-धीरे गुजरता है। इस वाल्व के द्वारा टेबल की फीड नियंत्रित की जा सकती है। इस प्रकार फीड प्रारम्भ होते ही टेबल धीरे चलने लगती है।

टेबल को पुनः वापिस अपनी स्थिति में तेज गति से लाना होता है। इसके लिये

सॉलनॉइड A को ऑन करते है जिससे पम्प का निर्गत दाब शट-ऑफ वाल्व के समानान्त लगे चैक वाल्व से होता हुआ सिलेन्डर के रॉड सिरे की तरफ पहुँचने लगता है एव इससे पिस्टन पश्च दिशा में गति करने लगता है पम्प से सिलेन्डर के बीच में किसी प्रकार की रुकावट न होने के कारण इस समय पिस्टन एवं उससे जुड़ी टेबल तेजी से गति करती है। मशीनिंग पूरी होने पर दोनों सॉलनाइड (A & B) को बन्द (Off) कर दिया जाता है जिसे पम्प का निर्गत पुनः टैंक में आता रहता है।

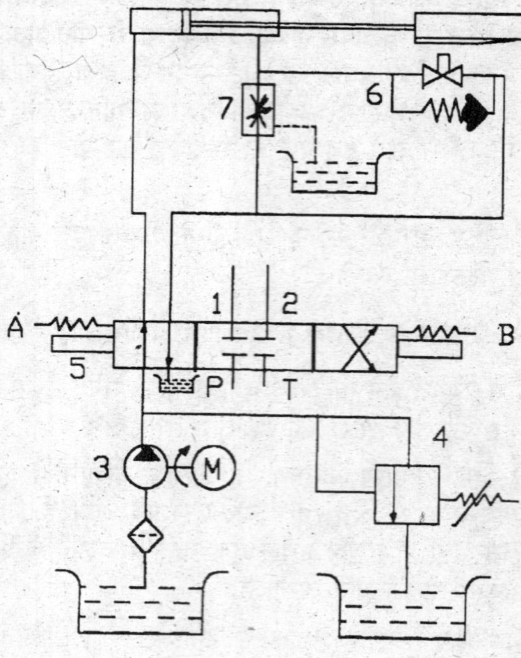

चित्र 6.7.

6.7 शक्ति चालित क्लैम्पिंग युक्तियाँ (Power operated Clamping Devices)

किसी भी मशीन पर जॉब को कसने के लिये मनुष्य को काफी शक्ति लगानी पड़ती है, एवं यदि बार-बार जॉब खोलना एवं लगाना है तो थकान भी हो जाती है। यदि जॉब ढीला रह जाये तो दुर्घटना भी घटित हो सकती है। इन सभी परेशानियों से बचने के लिये मशीनों पर शक्ति चालित क्लैम्पिंग युक्तियाँ काम में ली जाती हैं। ये द्रवीय शक्ति अथवा विद्युत शक्ति पर आधारित हो सकती है।

शक्ति चालित क्लैम्पिंग युक्तियाँ, वाइस (Vices), जिग (Jigs) फिक्सचर (Fixtures), कॉलेट (Collets) एवं चक (Chuck) आदि होते हैं। इनका चयन कार्य में आ रही मशीन एवं संक्रिया पर आधारित होता है तथा इनमें प्रयुक्त होने वाली शक्ति (Fluid Power/Pneumatic/Electric) का चयन, इनके चालन की गति, आवश्यक बल एवं उपलब्ध स्थान पर निर्भर करता है।

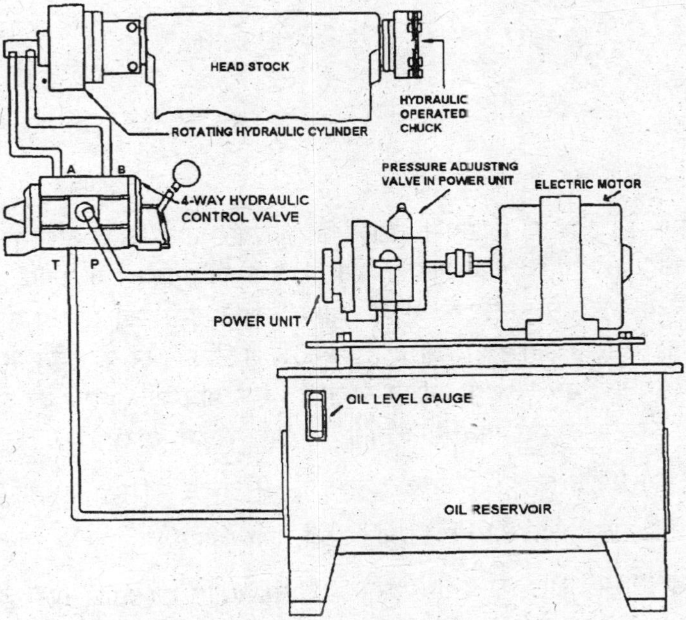

चित्र 6.8

एक द्रवीय शक्ति चालित चक्र (Hydraulic Operated Chuck) चित्र 6.8 में दर्शाया गया है। इसमें एक रोटेरी द्रवीय सिलेन्डर एवं एक ड्रा बार यंत्रावली (Draw bar mechanism) होता है। जब सिलेन्डर की पिस्टन रॉड सिलेन्डर से बाहर निकलती है तो जॉब क्लैम्प हो जाता है एवं जब यह अन्दर को ओर जाती है तो जॉब खुल जाता है। वायवीय चक हेतु प्लान्ट में उपलब्ध संपीडित वायु को उपयोग में लेकर अनेक युक्तियों को चलाया जा सकता है।

अध्याय - 7

त्रुटि निर्धारण एवं निवारण

किसी भी उपकरण में उत्पन्न खराबी को सुव्यवस्थित तरीके से अध्ययन करके दूर करना त्रुटि निर्धारण एवं निवारण कहलाता है कभी भी उपकरण में उत्पन्न खराबी को दूर करने के लिए जोड़-तोड़ नहीं करना चाहिए क्योंकि इससे उपकरण में ठीक होने के बजाय नई समस्या उत्पन्न हो सकती है। अंदाजे से ठीक करने के तरीके में समय भी अधिक लगता है एवं खर्च भी अधिक आता है। एक सर्विस इंजीनियर को द्रवीय पावर निकायों को ठीक करते समय निम्न बातों का ध्यान रखना चाहिए।

(1) उसको मशीन के प्रत्येक अवयव के कार्य का अच्छी प्रकार ज्ञान होना चाहिए।

(2) उसके पास मशीन की विस्तृत पार्ट सूची होनी चाहिए।

(3) उसके पास मशीन का द्रवीय परिपथ (Hydraulic circuit) होना चाहिए।

(4) उसे परिपथ में होने वाली प्रत्येक संक्रिया की विस्तृत जानकारी होनी चाहिए, साथ ही सिलेन्डर स्पीड, कार्यकारी दाब आदि का ज्ञान होना चाहिए।

(5) परिपथ में विभिन्न स्थानों पर प्रवाह मापने के लिए प्रवाह मापी उपलब्ध होना चाहिए।

(6) एक परिक्षण दाब मापी उपलब्ध होना चाहिए।

(7) किसी भी अवयव की जाँच करने हेतु एक हाइड्रॉलिक टेस्ट यूनिट उपलब्ध होनी चाहिए।

(8) द्रव की स्थिति ज्ञात करने के लिए उपकरण होना चाहिए।

द्रवीय तंत्रों में उत्पन्न कुछ सामान्य खराबियाँ एवं उनके दूर करने के उपाय निम्न अनुसार हो सकते हैं।

7.1 पम्प सम्बन्धित समस्याएँ

समस्या पम्प में से आवाज आना

कारण - 1. पम्प तथा मोटर की शाफ्ट एक सीध में न हो।

2. पम्प की चूषण लाइन बन्द हो सकती है।
3. पम्प की नींव के बोल्ट ढीले हो सकते हैं।
4. पम्प की गति अधिक हो सकती है।
5. तेल अधिक गाढ़ा हो सकता है।
6. चूषण लाइन अथवा पम्प केसिंग में हवा फँस (trapped) गई हो।

समस्या पम्प दाब उत्पन्न नहीं कर रहा।

कारण 1. पम्प अत्यन्त धीमी गति से चल रहा हो।

2. शाफ्ट उल्टी दिशा में घूम रही हो।
3. चूषण लाइन का छनित्र (strainer) बन्द हो गया हो।
4. चूषण लाइन हवा ले रही हो।
5. संग्राहक में तेल बहुत कम हो।
6. तेल की श्यानता अधिक हो।

समस्या पम्प का अत्यधिक गरम होना।

कारण 1. तेल की श्यानता अधिक हो सकती है।

2. तेल शीतलक काम नहीं कर रहा हो।
3. प्रवाह दर बहुत अधिक हो।
4. दाब सैटिंग उच्च हो।

समस्या पम्प के आसपास रिसाव होना।

कारण 1. पम्प की सील खराब हो गई हों।

2. कवर की पैकिंग खराब हो गई हो।
3. निर्गत जोड़ ढीले हो सकते हैं।

7.2 द्रवीय मोटरों (Fluid motors) से सम्बन्धित दोष

समस्या मोटर निर्धारित गति एवं बल-युग्म उत्पन्न नहीं करती।

कारण 1. दाब विमोचन वाल्व से सारा दाब मुक्त हो रहा हो।

2. पम्प आवश्यक दाब एवं प्रवाह उत्पन्न नहीं कर रहा हो।

3. तेल मोटर तक पूरी मात्रा में नहीं पहुँच रहा हो।

समस्या मोटर की चाल आवश्यकता से कम है।

कारण 1. तंत्र में हवा आ गई हो।

2. पम्प घिस गया हो।

3. किसी जोड़ पर से तेल रिस कर बाहर निकल रहा हो।

7.3 द्रवीय सिलेन्डर (Hydraulic Cylinders) से सम्बन्धित दोष

समस्या सिलेन्डर धीमी चाल से चल रहा है।

कारण 1. प्रवाह नियंत्रण वाल्व की सैटिंग गलत होना।

2. पिस्टन सील ठीक न होने से तेल रिस रहा हो।

3. पम्प धीमी गति से चल रहा हो।

4. दिशा नियंत्रण वाल्व पूरी दिशा नहीं बदल रहा हो।

5. दाब विमोचन वाल्व की सैटिंग गलत हो सकती है।

7.4 सुरक्षात्मक उपाय (Preventive measures)

इस अध्याय में हम द्रवीय तंत्रों में पाई जाने वाले विभिन्न दोषों एवं उनके कारणों का अध्ययन कर चुके हैं द्रवीय निकायों को खराब होने से बचने के लिए कुछ सुरक्षात्मक उपायों की जानकारी अत्यन्त उपयोगी है। ये सुरक्षात्मक उपाय मशीनों में सामान्य रूप से आने वाली खराबियों से मशीन की रक्षा करते हैं।

7.4.1 संस्थापन (Installation)

1. प्रवाह नियंत्रण वाल्व एवं दिशा नियंत्रण वाल्व के मध्य जोड़ ठीक प्रकार बना होना चाहिए।
2. पॉवर पैक यूनिट, शेष परिपथ से उच्च्च स्थान पर नहीं होनी चाहिए।
3. पाइपों के साइज प्रवाह की मात्रा के अनुसार होने चाहिए।

4. गति प्रदायकों के झटकों को सहन करने के लिए उनकी माउंटिंग (Mounting) ठीक प्रकार से होनी चाहिए।

5. प्रत्येक पाइप जोड़ रिसाव रहित होना चाहिए जिससे रिसाव न हो।

6. पिस्टन रॉड का संरेखण (alignment) ठीक प्रकार होना चाहिए।

7.4.2 अनुरक्षण (Maintenance)

द्रवीय शक्ति चालित मशीनों में रखरखाव की कमी से भी अनेक प्रकार की खराबियाँ उत्पन्न होती रहती हैं इसके लिए उनकी सुव्यवस्थित अनुरक्षण सूची तैयार की जानी चाहिए।

1. सभी निकायों को अनुरक्षण के समय भली प्रकार साफ करना चाहिए।
2. समय-समय पर तेल बदलते रहना चाहिए।
3. समय-समय पर पैकिंग एवं सीलों को बदलते रहना चाहिए।

7.4.3 धूल - मिट्टी के कणों से सुरक्षा

द्रवीय निकायों/मशीनों में धूल एवं मिट्टी के कण अनेक परेशानियों के कारण होते हैं।

(1) धूल के कण वाल्व के द्वारों को बन्द कर देते हैं।

(2) धूल के कण विभिन्न गतिशील पुर्जों जैसे सिलेन्डर - पिस्टन, वाल्व स्पूल आदि को खराब कर देते हैं।

(3) धूल एवं अन्य कणों से निकायों को बचाने के लिए सही प्रकार के फिल्टर का उपयोग करना चाहिए।

7.4.4 अत्यधिक तापन (Overheating)

द्रवीय निकायों के गतिशील अवयवों में उच्च तापन की समस्या सामान्यतः पाई जाती है इसे तुरन्त प्रभाव से ठीक किया जाना चाहिए अन्यथा इसके कारण विभिन्न समस्याएँ जैसे वाल्व स्पूल का जाम हो जाना, तेलों का विघटन हो जाना, पैकिंग व सीलों का खराब हो जाना, आदि उत्पन्न हो जाती हैं। उच्च तापन से द्रवों की श्यानता घट जाती है जिससे तेलों का अवयवों से रिसाव होने लगता है। इन समस्याओं से बचने के लिए निम्न सावधानियाँ रखनी चाहिए।

(1) तेल के शीतलन की सही व्यवस्था होनी चाहिए।

(2) पॉवर पैक यूनिट खुले स्थान में रखी होनी चाहिए।

(3) अत्यधिक दाब उत्पन्न नहीं होना चाहिए।

(4) द्रवीय लाइनों की रुकावट को दूर करना चाहिए।

7.4.5 **द्रवीय चयन** (Fluid Selection)

किसी भी द्रवीय निकाय हेतु सही द्रव का चयन अत्यन्त महत्त्वपूर्ण है। बाजारों में उपलब्ध विभिन्न खनिज तेलों में विभिन्न प्रकार के संयोजक मिले होते हैं। ये संयोजक मशीनों की पैकिंग एवं सीलों को खराब कर सकते हैं एवं मशीन में जंग लगा सकते हैं। इस प्रकार द्रव का गलत चुनाव निकाय में परेशानी उत्पन्न कर सकता है।

प्रश्न

1. द्रवीय निकाय में दोष निवारण पर संक्षिप्त टिप्पणी लिखिये।
2. द्रवीय परिपथ में निर्धारित दाब उत्पन्न न हो पाने के क्या-क्या कारण हो सकते हैं।
3. फीड चाल में परिवर्तन के क्या-क्या कारण हो सकते हैं।
4. एक द्रवीय मोटर में सही चाल एवं बलयुग्मक उत्पन्न न होने के क्या-क्या कारण हो सकते हैं।
5. द्रवीय परिपथ के उच्च-तापन (Overheating) के क्या-क्या कारण हो सकते हैं।

अध्याय - 8

पैकिंग एवं सीले

किसी भी बन्द बर्तन को आसानी से रिसाव रहित बनाया जा सकता है। परन्तु एक सिलेन्डर जिसमें से एक रॉड गुजर रही हो, उसे रिसाव रहित बनाना मुश्किल होता है। इसी प्रकार अन्य मशीनें जिनमें उच्च दाब पर द्रव भरा होता है तो उनके गतिशील पुर्जों के सहारे होने वाले रिसाव को रोकना काफी मुश्किल होता हैं। इस प्रकार गतिशील एवं स्थिर पुर्जों से होने वाले रिसाव को रोकने के लिए सीलों का उपयोग किया जाता है। अतः मशीनों एवं द्रवीय निकायों से द्रव के रिसाव को रोकने के लिए सीलों का उपयोग किया जाता है। इनमें विभिन्न प्रकार की गास्केट, पैकिंग एवँ ओ-रिंग होती हैं।

सीलों के प्रमुख कार्य निम्न हैं।

1. किसी भी बन्द बर्तन से द्रव के रिसाव को रोकना।
2. बन्द द्रव को धूल आदि से खराब होने से बचाना।
3. कार्यकारी दाब को बनाये रखना।
4. किसी बन्द बर्तन में नियंत्रित वातावरण को बनाये रखने में।

8.1 **सीलों का वर्गीकरण**

मोटे तौर पर सीलों को निम्न तीन श्रेणियों में विभाजित किया जा सकता है।

(i) स्थैतिक सील (Static seal)

(ii) अर्ध-स्थैतिक सील (Semi-static Seal)

(iii) गतिज सील (Dynamic Seal)

8.2 **स्थैतिक सील** (STATIC SEAL)

वे सीलें जो दो स्थिर (stationary) मशीन-पुर्जों के मध्य रिसाव रोकने के काम आती हैं स्थैतिक सीलें कहलाती हैं। ये पतली चादर की तरह होती है अथवा O आकार

की होती है। पतली चादर के आकार वाली सीलों को गॉस्केट कहते हैं। ये ताँबे, रबड़ अथवा प्लास्टिक की होती है। ओ-रिंग प्रायः संश्लेषित रबड़ में धातु के तार डालकर बनाई जाती है।

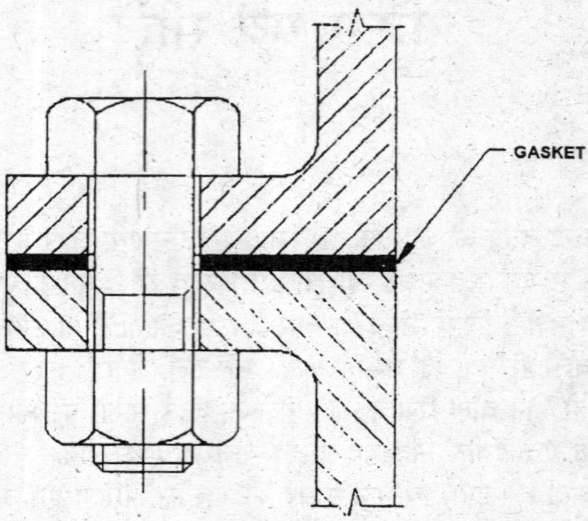

चित्र 8.1.

8.2.1 **गॉस्केट** (Gaskets)

ये स्थैतिक सील की श्रेणी में आती हैं तथा मुलायम पदार्थों की बनी होती हैं। इन्हें हाइड्रॉलिक फिटिंग्स की अथवा किन्हीं अन्य दो मिलने वाली सतहों (Mating Surfaces) पर जोड़ को रिसाव रहित बनाने के लिए किया जाता है।

गास्केट मुख्यतयाः ऐस्बेस्टॉस, कृत्रिम रेजिन, कृत्रिम रबड़, तेल उपचारित कागज, शीसा फॉइल, कार्क एवं धातुओं की बनाई जाती है।

गास्केट का उपयोग करने से पूर्व निम्न बातों का ध्यान रखना चाहिए।

(1) यह ऐसे पदार्थ की बनी हो जो हाइड्रॉलिक फ्लुइड से प्रभावित नहीं होता हो।

(2) यह मेटिंग सतहों में न्यूनतम आवश्यक खाली स्थान बनाये रखने में सक्षम हो।

(3) यह निकाय (System) के अधिकतम दाब एवं ताप को बनाये रखने में समर्थ हो।

(4) यह जल्दी-जल्दी खराब नहीं होनी चाहिए।

8.2.2 O-रिंग (O-rings)

ये भी स्थिर प्रकार के जोड़ों में रिसाव रोकने के काम आती है। O-रिंग दोनों दिशाओं में समान रूप से सीलिंग का कार्य करती है। ये कृत्रिम रबड़े से बनायी जाती है। ये गोल अनुप्रस्थ काट की होती है तथा इनकी आकृति भी गोल होती है। इन्हें स्थिर जोड़ों के साथ-साथ गतिशील जोड़ों हेतु भी प्रयुक्त किया जा सकता है।

इन्हें मशीनन की हुयी सतहों के V अर्धगोलिय अथवा आयताकार खाँचों में फंसा दिया जाता है तथा ये 7 MPa तक के कार्यकारी दाब को सहन कर सकती हैं। O-रिंग की मोटाई उसके कार्यकारी दाब पर निर्भर करती है।

8.3 **गतिज सील** (Dynamic Seals)

मशीनों के गतिशील पुर्जों के मध्य से होने वाले रिसाव को रोकने के लिए गतिज सीलों का उपयोग किया जाता है। इस प्रकार की सीलें शाफ्ट एवं सिलेन्डरों हेतु अत्यन्त उपयोगी हैं।

गतिज सील मशीन के एक अवयव (Components) पर फिक्स हो जाती है तथा दूसरे अवयव पर फिसलती है। उपयोग के आधार पर गतिज सीलों को दो प्रकार से वर्गीकृत किया जा सकता है।

(i) सम्पर्क सील (Contact Seal) (ii) क्लियरेन्स सील (Clearance Seal)

8.3.1 **सम्पर्क सील** (Contact Seal)

ये सील हमेशा सतह से सम्पर्क में रहती हैं यू-रिंग्स, शेवरोन पैकिंग (Chevron packing), O-रिंग्स, डायफा सील पिस्टन रिंग, लिप सील, फेस सील आदि इसी प्रकार की सील हैं। इनमें से द्रव का रिसाव अत्यन्त न्यून होता है तथा घर्षण मध्यम (Moderate) श्रेणी का होता है इनकी आयु भी पर्याप्त होती है कुछ मुख्य प्रकार की सम्पर्क सीलों का विवरण नीचे दिया गया है।

8.3.1.1 **लिप सील** (Lip seal)

इन्हें ऑयल सील भी कहते हैं। इनमें एक लिप (Lip) होता है जो कि सिस्टम के दाब के कारण साथ वाले मशीन अवयव के साथ सीलिंग कर देता है। ये सील विपरीत दिशा में किसी प्रकार का द्रव सीलिंग का कार्य नहीं करती जब तक उसे विशेष रूप से इस कार्य के लिए बनाया नहीं गया हो।

उपयोग के आधार पर लिप सील मुख्यतयाः दो प्रकार की होती है।

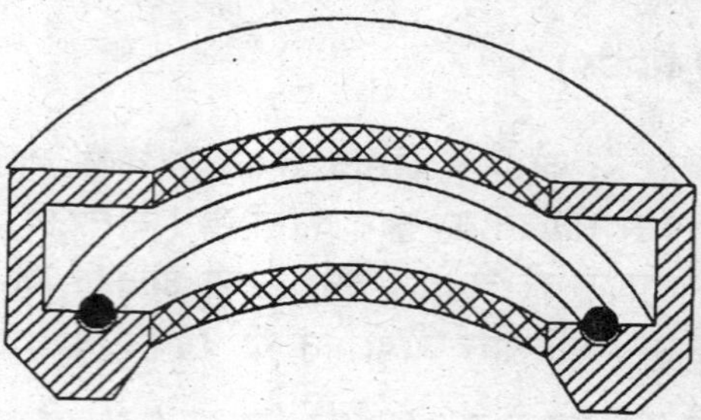

चित्र 8.2

(अ) लिप सील अथवा ऑयल सील (घूमती हुयी शाफ्ट के लिए)

लिप सील अथवा ऑयल सील चित्र 8.2 में दर्शाये अनुसार रबर (Elastomer) की बनी होती है एवं गोल होती है। सील की सांम्थ्य बढ़ाने के लिए सीलें में एक धातु की पत्ती लगी होती है जो कि या तो सील के अन्दर लगी होती है या उपर लगी होती है। सील की बाहरी सतह कस कर हाउसिंग में फंसा दी जाती है एवं अन्दर वाली सतह जिसे लिप कहते हैं, घूमती हुयी शाफ्ट से सटी रहती है। ये सीले घूमती हुयी शाफ्ट के सहारे से तेल के रिसाव को रोकने में अत्यन्त प्रभावी हैं। ये मुख्यतयाः तीन प्रकार की होती हैं।

(A) रबड़ खोल सील - इनका खोल रबड़ का होता है।

(B) धातु खोल सील - इनमें परिधि के चारों ओर धातु का खोल होता है।

(C) बिल्ट-अप सील - इस प्रकार की सील में सील के उपर एक वॉशर लगा होता है जो सील को खराब होने से बचाता है। ये सील उपरोक्त दोनों प्रकार की अपेक्षा महंगी होती है।

लिप सील अधिक गति एवं लगातार घूमने वाली शाफ्ट में अन्य सीलों की अपेक्षा अधिक उपयोगी हैं।

IS : 5129-69 के अनुसार, एक 20 मिमी. व्यास की शाफ्ट एवं 47 मिमी. के बोर हेतु 7 मिमी. चौड़ी A प्रकार की लिप सील को A 20 x 47 से विनिर्देशित किया जाता है।

(ब) लिप सील (प्रत्यागामी शाफ्ट के लिये)

(i) कप रिंग इस प्रकार की सीलों को यू-रिंग भी कहते हैं। इन सीलों को द्रवीय सिलेन्डरों के पिस्टनों में अथवा अन्य प्रत्यागामी गति कर रही शाफ्ट हेतु प्रयुक्त किया जाता है। इनका एक लम्बा लिप (Long lip) हमेशा सिलेन्डर से सटा रहने के कारण रिसाव को रोकता है तथा इसका लचीलापन सिलेन्डर बोर के आंशिक अगोलियपन

(Out of roundness) को समायोजित कर लेता है। ये रबड़ की बनी होती है एवं इन्हें और अधिक मजबूत बनाने के लिए इनमें स्टील के तारों को डाल दिया जाता है।

चित्र में दर्शाये अनुसार यू-रिंग का खुला सिरा दाब वाली ओर होना चाहिए। इनमें मोल्डेड पैकिंग की तरह किसी प्रकार के दबाव की आवश्यकता नहीं होती।

8.3.1.2 **फेस सील अथवा यांत्रिक सील** (Face Seal or Mechanical Seal)

उच्च परिष्कृत त्रिज्ययी सतहों (highly finished radial surfaces) से अक्षीय दिशा में रिसाव को रोकने के लिए फेस सीलों का उपयोग किया जाता है।

इनमें चित्र 8.3 के अनुसार दो समतल त्रिज्ययी सतह (1 एवं 2) होती है। एक सतह शाफ्ट के साथ घूमती है तथा दूसरी हाउसिंग के साथ स्थिर रहती है। दोनों में से एक सतह पर स्प्रिंग अथवा स्क्रू से अक्षीय दिशा में बल लगता रहता है जिससे सतह 1 एवं 2 में होने वाले घिसाव के कारण रिक्त स्थान नहीं रहता है।

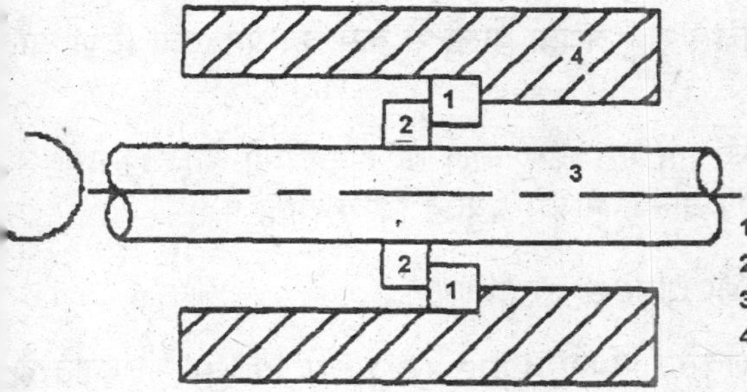

चित्र 8.3

ये सील उच्च चाल, उच्च ताप एवँ उच्च दाब की परिस्थितियों में अत्यन्त उपयोगी है। ये कास्ट आयरन, चमड़ा, प्लास्टिक, सिरेमिक आदि की हो सकती है।

8.3.1.3 **कम्प्रैशन पैकिंग** (Compression Packing)

इस प्रकार की सील को पैकिंग ग्रन्थि (Packing Gland) भी कहा जाता है तथा इन्हें द्रवीय निकायों में प्रयुक्त नहीं किया जाता है। पैकिंग प्रायः जूट, फ्लैक्स, सण (Linen) अथवा एस्बेस्टॉस की बनी हुयी डोरियों से बनती है। इन डोरियों में ग्रेफाइट अथवा स्नेहकों (जैसे ग्रीस) को भर दिया जाता है जो कि बंधक का कार्य करता है।

चित्र 8.4 में दर्शाये अनुसार जब पैकिंग को शाफ्ट तथा हाउसिंग के मध्य दबाया जाता है तो शाफ्ट के सहाये होने वाला रिसाव रुक जाता है लगातार उपयोग में आने

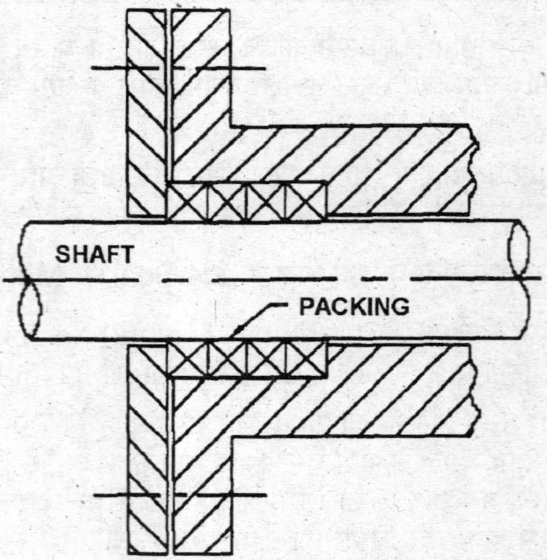

चित्र 8.4

पर पैंकिंग ढीली हो जाती है जिसे स्क्रू अथवा बोल्ट से कस कर पुनः दबा दिया जात है।

इस प्रकार की सील उच्च ताप एवं कम चाल के अनुप्रयोगों हेतु उपयोगी है विभिन्न प्रकार के जल एवं भाप वाल्वों में इसे प्रयुक्त किया जाता है।

8.3.1.4 **संचकित पैकिंग** (Moulded Packing)

इस प्रकार की सील को शेवरोन पैकिंग (Chevron Packing) भी कहते हैं ये सील संपीडन पैकिंग की तरह ही पैक की जाती हैं परन्तु इसमें सील O, U अथव V रिंग की आकृतियों में होती है। जिन्हें एक के उपर एक लगाकर दबा दिया जात है। दबाव के कारण शाफ्ट के सहारे होने वाला रिसाव रुक जाता है। इन्हें चित्र 8.8 के अनुसार लगाया जाता है।

जब रिंग्स को शाफ्ट के सिरे पर से चढ़ाना संभव नहीं हो तो इन्हें काट कर शाफ के उपर चढ़ा दिया जाता है। ये कटे हुए सिरे एक दूसरी रिंग से 90° पर होने चाहिए इस प्रकार की पैकिंग को रेडियल सील एवं अक्षीय सील दो प्रकार में विभाजित किय जा सकता है। त्रिज्यी (Radial) सील शाफ्ट की दिशा में दबाव डालती है एवं हाउसिं की ओर त्रिज्यी दिशा में फैलाती है। जबकि अक्षीय सील शाफ्ट के लम्बवत् चपटं सतह से लगी रहती है। O-रिंग, गोल अनुप्रस्थ काट की त्रिज्यी सील का उदाहरण जो कि द्रवीय निकायों एवं मशीन टूलों में काफी उपयोग में आती है।

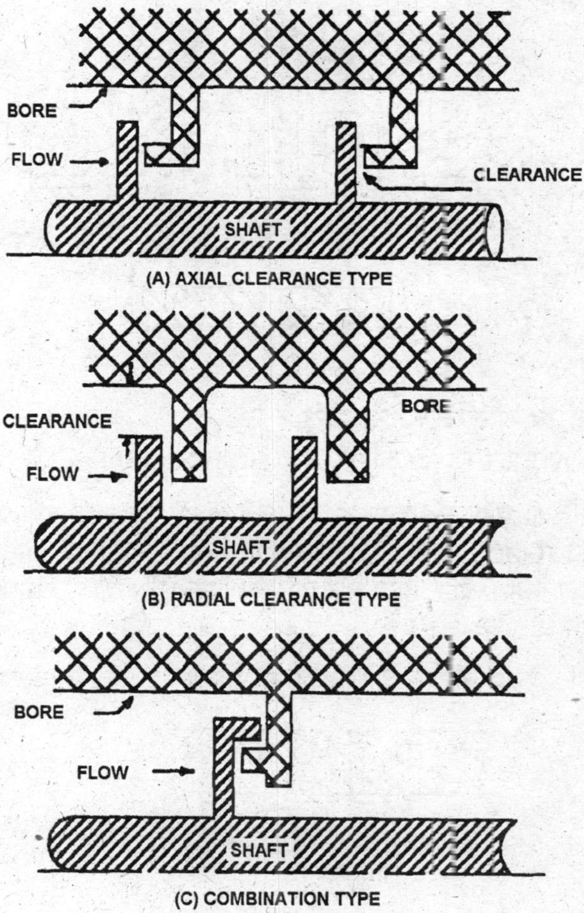

चित्र 8.5

8.3.1.5 डायफ्रॉम सील (Diaphragm seal)

ऐसी लचीली सील जो एक स्थैतिक एवं एक गतिज भाग के बीच द्रव के आदान प्रदान को रोकती है डायफ्रॉम सील कहलाती है। ये दो प्रकार की होती हैं।

(1) चपटा डायफ्रॉम (Flat Diaphragm)

(2) घूर्णी डायफ्रॉम (Rolling Diaphragm)

ये सील मुख्यतः फैब्रिक (Fabric) की बनी हुयी होती हैं। बेलनाकार आकृति का चपटा डायफ्रॉम वाल्व आदि में प्रयुक्त होता है जबकि चित्र 8.6 के अनुसार घूर्णी डायफ्रॉम हाइड्रॉलिक पिस्टनों (त्रिज्यी सील प्रकार के) में प्रयुक्त होते हैं।

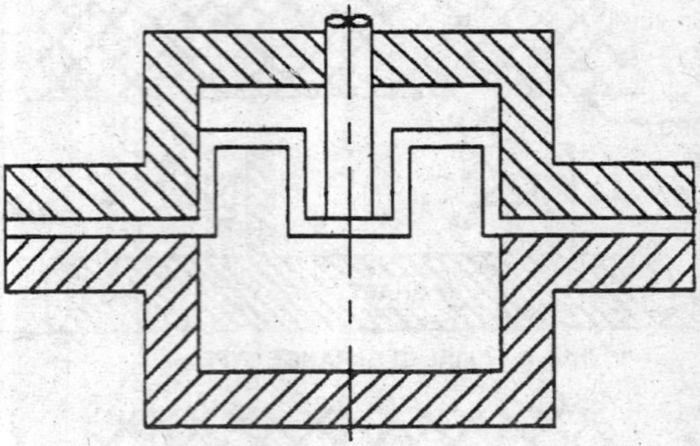

चित्र 8.6

8.3.2 लेबिरिन्थ और क्लियरेन्स सील (Labyrinth or Positive Clearance seal)

इन सीलों की बनावट इस प्रकार की होती है कि ये शाफ्ट तथा उसकी हाउसिंग के मध्य स्थान (Gap) के होने के उपरान्त भी उसमें रिसाव नहीं होने देती। ये सीले गतिज सीलें होती हैं। शाफ्ट तथा बोर के मध्य क्लियरेन्स के आधार पर ये सीलें तीन प्रकार की होती हैं (चित्र 8.5)

1. अक्षीय प्रकार की 2. त्रिज्यी प्रकार की 3. संयुक्त प्रकार की

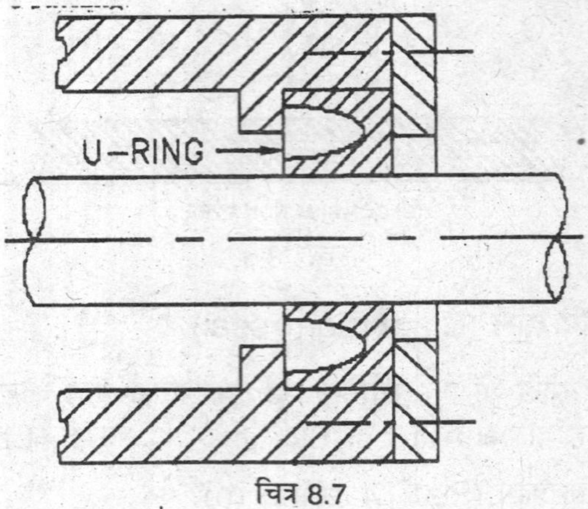

चित्र 8.7

ये सील ऐसे स्थानों पर प्रयुक्त की जाती हैं जहाँ हल्की मात्रा में तेल के रिसाव होने से किसी प्रकार की हानि की संभावना नहीं हो। इसके अतिरिक्त ऐसे स्थान जहाँ पर तापमान, दाब की अवस्था एवं शाफ्ट गति की परिस्थितियाँ सम्पर्क सीलों (Positive Contact Seals) के उपयोग की अनुमति प्रदान नहीं करती हो।

इस प्रकार की सीलों का उपयोग भारी औद्योगिक शक्ति मशीनों, वायुयानों, अभिकेन्द्रीय प्रशीतन संपीडित्रों एवं स्टीम टर्बाइनों में किया जाता है। इन्हें द्रवीय शक्ति तंत्रों (Fluid Power equipments) में उपयोग नहीं किया जाता।

8.4 **सीलों के पदार्थ** (Sealing Materials)

सीलों के पदार्थ, सील के प्रकार एवं उसके उपयोग पर निर्भर करते हैं। कुछ मुख्य प्रकार के सीलों के पदार्थ निम्न होते हैं।

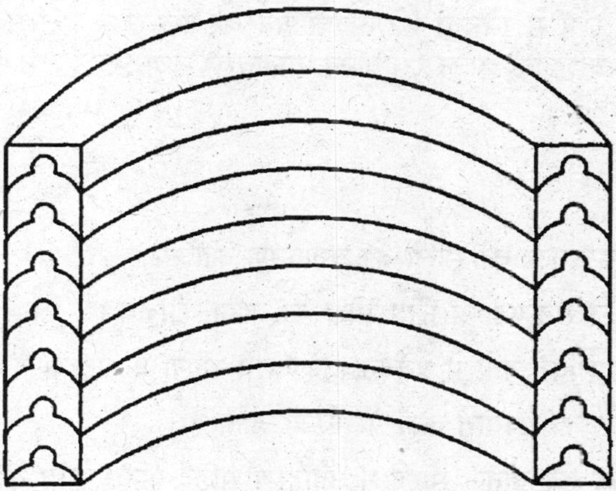

चित्र 8.8

8.4.1 **प्राकृतिक रबड़** (Natural Rubber)

सीलों एवं पैकिंग पदार्थों के रूप में प्रयुक्त होने वाले पदार्थों में यह सबसे अधिक प्रचलित पदार्थ है। साधारण प्राकृतिक रबड़ 80°C तक तापक्रम सहन कर सकता है जबकि नाइट्राइल रबड़ एवं सिलिकॉन रबड़ क्रमशः 120 तथा 200°C तक तापमान सहन कर सकते हैं। रबड़ अत्याधिक प्रत्यास्थ पदार्थ है इस कारण इसे बिना टूटे किसी आकृति में परिवर्तित किया जा सकता है। जब सीले ग्लिसरीन, एथीलीन अथवा ग्लाइकॉल जल के सम्पर्क में रहनी हों तो रबड़ सीलें अत्यन्त उपयोगी होती हैं। रबड़ सीलों को पेट्रोलियम पदार्थों के साथ प्रयुक्त नहीं किया जाता क्योंकि इनके साथ उच्च ताप पर रबड़ फूल जाता है एवं नरम पड़ जाता है।

8.4.2 **प्लास्टिक** (Plastics)

प्लास्टिक मुख्यतयाः दो प्रकार के होते हैं।

(i) थर्मोप्लास्टिक (ii) थर्मो सैटिंग प्लास्टिक । थर्मोसेटिंग प्लास्टिक जिसे तापदृढ़

प्लास्टिक भी कहा जाता है अत्यन्त कठोर होता है तथा इसकी बनी सीलों को मोड़ा नहीं जा सकता है। दूसरे प्रकार का प्लास्टिक तापनम्य प्लास्टिक होता है इसकी बनी हुयी सीलों को सामान्य ताप पर थोड़ा मोड़ा जा सकता है एवं उच्च ताप पर किसी भी आकृति में पूरी तरह विरुपित (Deformed) किया जा सकता है।

8.4.3 चमड़ा (Leather)

यह गतिज सीलों के लिये सबसे उपयोगी पदार्थ है। इसमें पर्याप्त सामर्थ्य (Strength) तथा चीमड़पन (toughness) होता है यह घिसाव प्रतिरोधी भी होता है। यह अपने रेशों में स्नेहकों को अवशोषित कर सकता है जिससे तेलों का रिसाव रुक जाता है। चमड़े की सील रसायनिक वातावरण तथा 95°C से उच्च तापमान पर उपयुक्त नहीं रहती।

प्रश्न

1. विभिन्न प्रकार की सीलों का वर्गीकरण कीजिये।
2. चित्र की सहायता से लिप सील का वर्णन कीजिये।
3. द्रवीय शक्ति तंत्रों में प्रयुक्त होने वाली सीलों के पदार्थों का वर्णन कीजिये।
4. गॉस्केट का उपयोग कहाँ पर किया जाता है।
5. स्थैतिक एवं गतिज सीलों में उदाहरण सहित अन्तर स्पष्ट कीजिए।

अध्याय - 9

पाइप एवं पाइप फिटिंग

किसी भी द्रवीय निकाय में तेलों को एक स्थान से दूसरे स्थान तक पाइप के द्वारा पहुँचाया जाता है। ये पाइप द्रव को निकाय के एक अवयव से दूसरे अवयव तक पहुँचाते हैं। किसी भी द्रवीय तंत्र की दक्षता मुख्यतः इन पाइपों पर निर्भर करती है, क्योंकि यदि इनमें कहीं पर रिसाव होता है तो द्रवीय तंत्र की कार्यकारी दक्षता काफी कम हो जाती है। अतः निकाय को बनाते समय पाइपों को ठीक प्रकार से लगाना एवं उचित प्रकार के पाइप का चयन अत्यन्त महत्त्वपूर्ण है, जिससे प्रत्येक अवयव को द्रव का पूरा दाब प्राप्त हो सकें।

द्रव चालकों को मुख्यतः तीन भागों में वर्गीकृत किया जा सकता है –

1. दृढ़ प्रकार (Rigid Type)
2. अर्धदृढ़ प्रकार (Semi Rigid Type)
3. लचीले प्रकार (Flexible Type)

9.1 **दृढ़ चालक (पाइप** (Rigid Conductor Pipe)

इस्पात के पाइपों को मुख्यतः दृढ़ चालक के रूप में काम में लिया जाता है। यद्यपि इन पाइपों की कीमत बहुत कम होती है, परन्तु इनकी फिटिंग बहुत महंगी पड़ती है एवं इन्हें फिट करने के लिए विशेष प्रकार की दक्षता की भी आवश्यकता होती है। इन पाइपों का उपयोग अधिक मात्रा में द्रव को अधिक दूरी तक भेजने के लिए किया जाता है। इसके अतिरिक्त जब फिटिंग स्थायी प्रकार की हो तथा उसे बार-बार खोलना नहीं हो तो भी ये पाइप उपयोगी रहते हैं। इन पाइपों के चयन का मुख्य आधार इनकी उच्च यांत्रिक सामर्थ्य होना है। स्टील पाइपों की सबसे बड़ी हानि इनका भारी होना एवं इसमें प्रयुक्त होने वाली फिटिंग की आवश्यकता पड़ना है।

स्टील पाइपों को अमेरिकन नेशनल स्टैण्डर्ड इंस्टीट्यूट (ANSI) द्वारा निर्धारित

मानकों के आधार पर विनिर्देशित (Specify) किया जाता है, जिसके अनुसार स्टील पाइप को उसके नोमिनल व्यास (Nominal Diameter) के आधार पर विनिर्देशित किया जाता है, जोकि उसके बाह्य व्यास एवं आंतरिक व्यास के मध्य होता है। पाइप की मोटाई पाइप अनुसूची के आधार पर होती है। पाइप अनुसूची (Pipe Schedule) चार प्रकार की होती है -

1. अनुसूचि 40 (मानक पाइप)
2. अनुसूचि 80 (भारी पाइप)
3. अनुसूचि 160 (अधिक भारी पाइप)
4. दुगना भारी पाइप (Double Extra Heavy Pipe)

किसी भी निश्चित नोमिनल व्यास के लिए सभी अनुसूचियों में पाइप का बाह्य व्यास समान रहता है, जबकि उसका आन्तरिक व्यास क्रमशः कम होता जाता है जिससे पाइप की दीवार की मोटाई (Wall thickness) बढ़ती जाती है। तथा मोटाई बढ़ने के साथ-साथ पाइप का कार्यकारी दाब (Working Pressure) भी बढ़ता जाता है जिसे सारणी 9.1 में दर्शाया गया है।

सारणी 9.1. Characteristics of Steel Pipe

Nominal		Schedule 40		Schedule 80		Schedule 160	
Size (in)	OD (in)	ID (in)	WP (psi)	ID (in)	WP (psi)	ID (in)	WP (psi)
$\frac{1}{5}$	0.405	0.269	590	0.215	2100	–	–
$\frac{1}{4}$	0.540	0.364	1250	0.302	2620	–	–
$\frac{3}{5}$	0.670	0.493	1090	0.423	2300	–	–
$\frac{1}{2}$	0.840	0.622	1350	0.546	2420	0.464	7380
$\frac{3}{4}$	1.050	0.824	1160	0:742	2080	0.614	6000
1	1.315	1.049	1260	0.975	2070	0.815	5720
$1\frac{1}{4}$	1.660	1.380	850	1.278	1550	1.160	4470
$1\frac{1}{2}$	1.900	1.610	800	1.500	1450	1.338	4100
2	2.375	2.067	720	1.939	1330	1.689	3580
$2\frac{1}{2}$	2.875	2.469	970	2.323	1550	2.125	3940
3	3.500	3.068	875	2.900	1400	2.624	3520

स्टील पाइपों को जोड़ने के लिए चूड़ी जोड़ तथा फ्लैंज जोड़ काम में लिया जाता है तथा जहाँ पर पाइपों को बिल्कुल नहीं खोलना हो वैलण्डन जोड़ भी काम में लिया जाता है। 50 मि.मी. व्यास से अधिक बड़े पाइपों के लिए फ्लैंज जोड़ ही काम में आता है। यद्यपि द्रवीय शक्ति निकायों में इतने बड़े पाइप काम में नहीं आते द्रवीय शक्ति निकायों हेतु स्क्रू जोड़ (Screw Joint) ही काम में आते हैं।

चूड़ी जोड़ में काम में आने वाली विभिन्न प्रकार की पाइप फिटिंग निम्न अनुसार होती है।

1. निप्पल (Nipple)- पाइपों के मध्य खाली स्थान को भरने के लिए निप्पल का उपयोग किया जाता है।
2. रिड्यूसर (Reducer) : दो अलग-अलग साइज के पाइपों को जोड़ने के लिए रिड्यूसर का उपयोग किया जाता है।
3. सॉकेट (Socket) : दो समान साइज के पाइपों को जोड़ने के लिए।
4. प्लग (Plug) : पाइप लाइन को बन्द करने के लिए।
5. एल्बो (Elbow) दो पाइपों को समकोण पर जोड़ने के लिए।
6. टी (Tee) तीन पाइपों को जोड़ने के लिए।
7. क्रॉस (Cross) चार पाइपों को जोड़ने के लिए।
8. यूनियन (Union) पाइप लाइन के अनुरक्षण हेतु उसे खोलने के लिए लाइन में विभिन्न स्थानों पर यूनियन लगायी जाता है। इसे प्रायः कन्ट्रोल वाल्व के नजदीक लगाते हैं।

9.2 **अर्ध दृढ़ चालक** (Semi Rigid Conductor or Tubes)

द्रवीय शक्ति निकायों में द्रव संचरण हेतु सर्वाधिक ट्यूबों का उपयोग किया जाता है, चूंकि ट्यूब को आसानी से किसी भी प्रकार मोड़ा जा सकता है, इसलिए इन्हें अर्ध दृढ़ चालक कहा जाता है। इनमें पाइप की अपेक्षा बहुत कम फिटिंग की आवश्यकता होती है। साथ ही जोड़ कम होने के कारण द्रव का रिसाव होने की संभावना भी कम हो जाती है।

स्टील पाइपों की अपेक्षा समान दाब के लिए स्टील ट्यूब वजन में हल्की होती है। ट्यूब का साइज उसके बाह्य व्यास एवं ट्यूब की मोटाई के आधार पर दिया जाता है। सारणी 9.2 में जोड़ रहित स्टील ट्यूब के साइज दर्शाये गए हैं, तथा चित्र 9.1 के द्वारा अलग अलग प्रवाह दर एवं प्रवाह गति के लिए ट्यूब साइज के चयन हेतु ग्राफ दर्शाया गया है।

सारणी 9.2.

Outer diameter x wall thickness (mm)	Approximate weight (kg/m)	Maximum working pressures (bar)		
		Safety factor 2.5:1	Safety factor 3.0:1	Safety factor 4.0:1
6 x 1.5	0.166	703	586	441
6 x 1.0	0.123	428	359	269
8 x 1.5	0.240	496	414	310
8 x 1.0	0.173	310	255	193
10 x 3.5	0.561	1089	903	676
10 x 2.0	0.395	531	441	331
10 x 1.5	0.314	386	317	241
10 x 1.0	0.222	241	200	152
12 x 2.5	0.586	552	462	345
12 x 1.5	0.388	310	262	193
14 x 2.5	0.709	324	282	217
14 x 1.5	0.462	262	221	166
15 x 2.5	0.771	428	352	262
15 x 1.5	0.499	241	207	152
16 x 3.0	0.962	490	407	303
16 x 2.5	0.832	393	331	248
16 x 2.0	0.691	310	255	193
16 x 1.5	0.536	228	186	145
18 x 1.5	0.610	200	166	124
20 x 4.0	1.58	531	441	331
20 x 3.0	1.26	379	317	234
20 x 2.5	1.08	303	255	193
20 x 2.0	0.888	241	200	152
20 x 1.5	0.684	179	152	110
22 x 3.0	1.41	338	283	214
22 x 2.0	1.07	221	179	138
22 x 1.5	0.758	159	138	103
25 x 4.0	2.072	394	263	210
25 x 3.0	1.63	297	248	186
25 x 2.0	1.13	193	159	117
28 x 4.0	2.37	359	297	221
28 x 3.5	2.11	310	255	193
28 x 2.5	1.57	214	179	131
28 x 2.0	1.28	166	138	103
28 x 1.0	0.666	83	69	52
30 x 4.0	2.56	332	276	207
30 x 3.0	2.00	241	200	152

35 x 3.0	2.367	242	161	121
38 x 5.0	4.07	324	269	228
38 x 4.0	3.35	255	214	159
38 x 3.0	2.59	186	159	117
40 x 6.0	5.03	379	317	234
40 x 5.0	4.32	310	255	193
42 x 3.0	2.885	201	133	101
48 x 6.0	6.21	310	255	193
65 x 8.0	11.24	303	255	186

ट्यूब मुख्यतः जोड़ रहित अथवा इलैक्ट्रिक वैल्डन की होती है। जोड़ रहित ट्यूब नरम स्टील को एक्स्ट्रजन (Extrusion) करके बनाई जाती है जबकि विद्युत वैल्डन स्टील ट्यूब स्टील की पत्ती को मोड़ कर उस पर वैल्डिंग करके बनाई जाती है।

9.2.1 ट्यूब फिटिंग

ट्यूब फिटिंग अनेक प्रकार की होती है परन्तु मुख्यतया इन्हें तीन श्रेणियों में विभाजित किया जा सकता है।

अ. अपसारी फिटिंग (Flared Fiting)

ब. अपसार रहित फिटिंग (Flare less fiting)

स. वैल्डेड फिटिंग (Welded fiting)

1. अपसारी फिटिंग (Flared fiting) - इस प्रकार की फिटिंग में ट्यूब का एक सिरा फ्लेयर ओजार की मदद से चौड़ाकर दिया जाता है। इस प्रकार की फिटिंग तीन अथवा दो भागों की बनी होती है। एक तीन भागों की बनी हुई फिटिंग चित्र 9.2 में दर्शायी गयी है। इसमें एक स्लीव (Sleeve) नट तथा वॉड़ी कनेक्टर (Body Connector) होता है। मुलायम ट्यूब को वॉडी कनेक्टर के शंकु आकार सतह पर दबा दिया जाता है तथा उस पर नट कस दिया जाता है, जिससे स्लीव नली के विरुद्ध आगे चढ़ जाती है। ट्यूब को सामान्यतः 37° से अपसारित किया जाता है। इसके अतिरिक्त ऑटो मोबाइल एवं प्रशीतन उपकरणों में 45° के अपसार वाली ट्यूब भी काम में आती है।

2. अपसार रहित फिटिंग (Flareless fiting) - इन्हें वाइट रिंग प्रकार की संपीडन फिटिंग (Bite-ring type compression fiting) भी कहा जाता है। जब ट्यूब की मोटाई अधिक होती है तो उसको अपसारित करना मुश्किल होता है। ऐसी स्थिति में वाइट रिंग प्रकार की अपसार रहित फिटिंग काम में ली जाती है। इस प्रकार की फिटिंग चित्र 9.3 में दर्शायी गयी है।

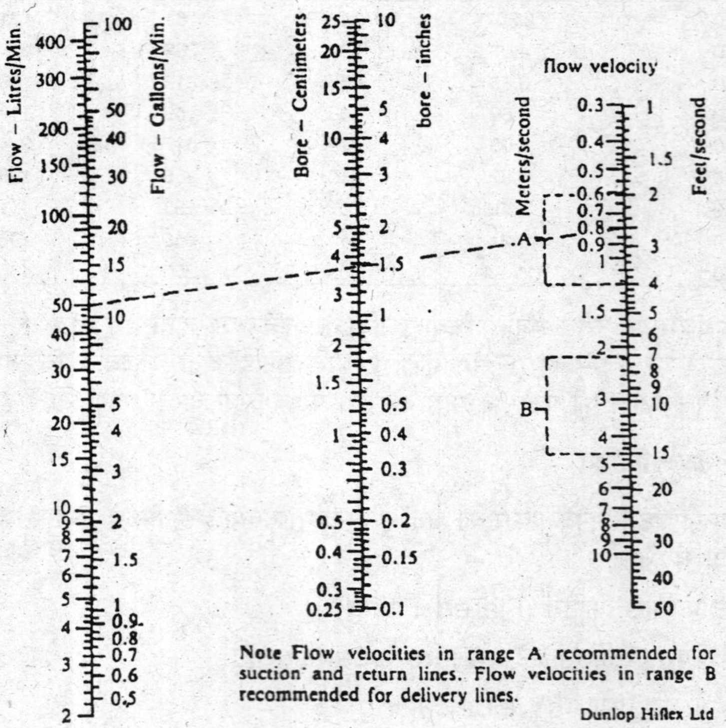
Flow – Litres/Min.
Flow – Gallons/Min.
Bore – Centimeters
bore – inches
flow velocity
Meters/second
Feet/second
A
B
Note Flow velocities in range A recommended for suction and return lines. Flow velocities in range B recommended for delivery lines.
Dunlop Hiflex Ltd

चित्र 9.1

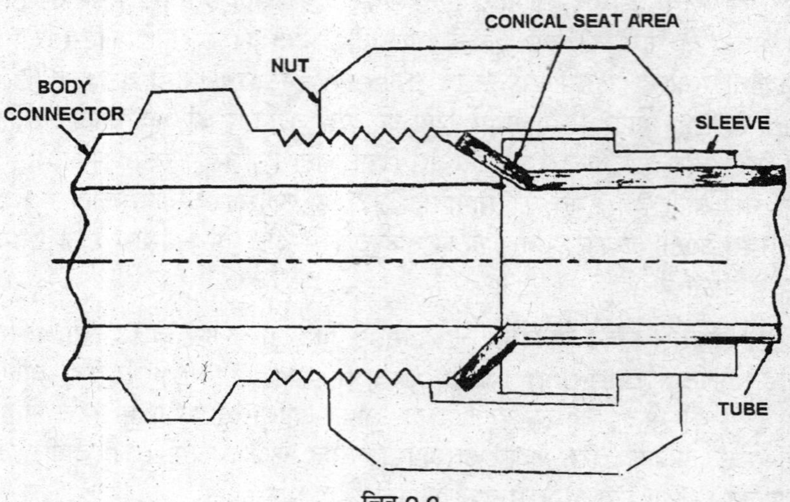
CONICAL SEAT AREA
NUT
BODY
CONNECTOR
SLEEVE
TUBE

चित्र 9.2

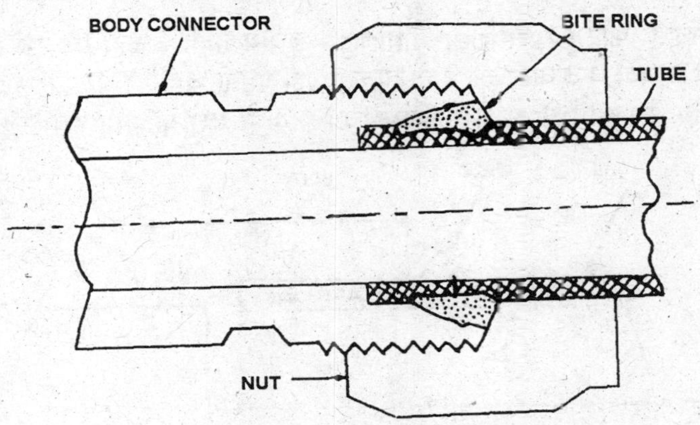

चित्र 9.3

इसमें एक वाइट रिंग होती है जोकि नली के विरुद्ध दबाई जाती है तथा उस पर नट कस दिया जाता है। यह वाइट-रिंग, नली एवं कनेक्टर वॉडी के मध्य सील का काम करती है। इस प्रकार की फिटिंग पतली दिवार वाली ट्यूब के लिए उपयोगी नहीं रहती। जहाँ पर कम्पन्न के कारण ट्यूब में श्रान्ति (fatigue failure) होने की संभावना होती है वहाँ इस प्रकार की फिटिंग उपयोगी रहती है।

अपसार एवं अपसाररहित फिटिंग में अन्तर

1. अपसार फिटिंग कम एवं मध्यम दाब के लिए उपयोगी है जबकि अपसार रहित फिटिंग उच्च दाब पर प्रयुक्त होती है।

2. अपसार फिटिंग मोटी ट्यूब के लिए उपयोगी नहीं होती जबकि अपसार रहित फिटिंग मोटी ट्यूब के लिए उपयोगी होती है।

3. अपसार फिटिंग के लिए ट्यूब की तन्यता (Ductility) पर्याप्त होनी चाहिए जबकि अपसाररहित में इसकी आवश्यकता नहीं होती।

4. अपसार रहित फिटिंग में वाइट रिंग ट्यूब पर लगातार दबाव डालती है, इसलिये इसकी सम्पीडन हूप सार्मथ्य (Compressive Hoop Strength) पर्याप्त होनी चाहिए जबकि अपसार में इसकी आवश्यकता नहीं होतो है।

5. अपसार रहित फिटिंग में रिसाव की संभावना बहुत कम होती है।

6. अपसार रहित फिटिंग में ट्यूब को अधिक टाइट अथवा ढीला करने से इसमें रिसाव हो सकता है।

7. अपसारित फिटिंग को बार-बार खोलने और बन्द करने से इसमें रिसाव की संभावना बन जाती है।

3. बैल्डन फिटिंग (Welded fitting)- द्रवीय तंत्रों में जहाँ पर ट्यूब को बार बार खोलने अथवा बन्द करने की आवश्यकता नहीं पड़ती, वहाँ पर बैल्डन अथवा व्रेजन प्रकार की फिटिंग काम में आती है, जिसे चित्र 9.4 में दर्शाया गया है।

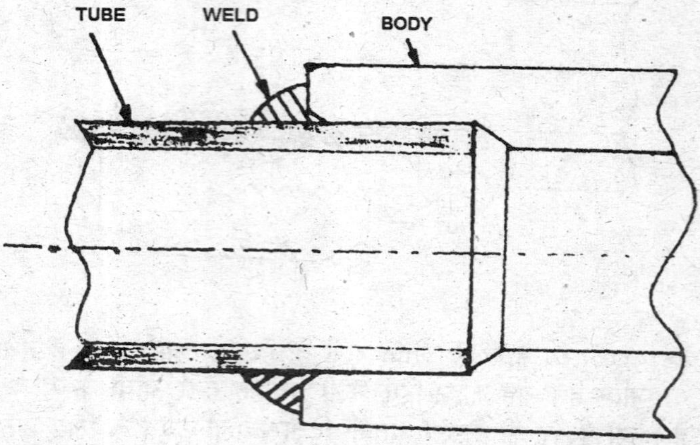

चित्र 9.4

इसके लिए पाइप अथवा ट्यूब को कनेक्टर बॉडी में डालकर उसकी वैल्डिंग कर दी जाती है। इस प्रकार की फिटिंग में किसी भी प्रकार के रिसाव की संभावना नहीं होती है परन्तु इसके लिए वैल्डिंग उपकरण की आवश्यकता पड़ती है।

9.2.2 ट्यूब एवं पाइप को मोड़ना

कम व्यास के धात्विक पाइप एवं ट्यूब को हाथ से मोडा जा सकता है, परन्तु इन्हें बहुत ध्यान से मोड़ा जाना चाहिए क्योंकि किसी भी प्रकार का विरुपण द्रव के प्रवाह में बाधा उत्पन्न करेगा। मोड़ की त्रिज्या सदैव ट्यूब के बाह्य व्यास के तीन गुणा से अधिक होनी चाहिए। पाइप एवं ट्यूब को हाथ से मोड़ने में आन्तरिक सहारा प्रदान करने के लिए फिलर (filler) का उपयोग भी किया जाता है। छोटे आकार के स्टील एवं तांबे के ट्यूबों को मोड़ने के लिए स्प्रिंग ट्यूब बैण्डर भी प्रयोग में लाये जाते हैं।

बड़े साइज के पाइप तथा ट्यूब एवं छोटे साइज के मुश्किल से मुड़ने वाले चालकों को मोडने के लिए निम्न विधियाँ काम में ली जाती है।

(अ) रॉलर बैन्डिग (Roller bending) : पहली दिवार की ट्यूब को मोड़ने के लिए इस विधि का प्रयोग किया जाता है। इसमें आफसेट खाँचे वाले रोलरों की एक श्रृंखला होती है जिसमें कुछ शक्ति चालित होते हैं एवं कुछ मुक्तक (Idlers) होते हैं। जब ट्यूब को रॉलर के मध्य से गुजरा जाता है तो वह रॉलर के आकार में मुड़ती चली जाती है। यह विधि ट्यूब की कॉइल (Coil) बनाने में सर्वाधिक प्रयुक्त होती है।

(ब) संपीडन बैंडिंग (Compression bending) : इस विधि में ट्यूब को लैम्प करके उसे सम्पीडित किया जाता है। यह विधि मोटी दिवार की ट्यूब को बड़ी ज्या में मोड़ने के लिए प्रयुक्त होती है। इस विधि में प्रक्रिया काफी तेज होती है एवं शीन की संरचना सरल होती है।

.2.3 ट्यूब कर्तन (Tube cutting)

ट्यूब कर्तन के लिए ट्यूब कटर (Tube cutter) का उपयोग किया जाता है यूब कर्तन में विशेष सावधानी की आवश्यकता होती है क्योंकि इसमें किनारों के मुड़ने ा भय होता है। ट्यूब कर्तन निम्न प्रकार किया जाता है।

ट्यूब रोल को सीधी सतह पर सीधा खड़ा कर दिया जाता है। ट्यूब के सिरे को कसी वाइस में दबा कर ट्यूब रोल को धीरे-धीरे घुमाया जाता है जिससे ट्यूब सीधी ोती जाती है। ट्यूब सिरे पर से बाह्य पदार्थ के कणों के प्रवेश को रोकने के पश्चात् ट्यूब कटर को ट्यूब के चारों ओर घुमाया जाता है और धीरे-धीरे दाब बढ़ाते जाते हैं ाब तक कि ट्यूब दो भागों में विभाजित न हो जायें।

9.3 लचीले चालक अथवा हॉज पाइप (Flexible Conductcrs or Hages)

द्रवीय शक्ति निकायों में बहुत सारे चालित अवयव होने के कारण इन्हें दृढ़ पाइप से जोड़ना मुश्किल होता है। उसके लिए लचीले पाइप जिन्हें हॉज पाइप भी कहा जाता है, का उपयोग किया जाता है। इसके अतिरिक्त इनके निम्न लाभ भी है -

1. ये कम्पन्न को अवशोषित कर लेते हैं।

2. पाइप एवं ट्यूब काम में लेने पर थोड़ी सी लम्बाई का अन्तर समायोजित करना मुश्किल होता है जबकि हॉज पाइप में लम्बाई का समायोजन आसानी से किया जा सकता है।

3. हॉज द्रवीय झटकों को सहन कर सकते हैं।

9.3.1 हॉज की संरचना

हॉज कई प्रकार के होते है परन्तु इनकी सामान्य संरचना एक जैसी ही होती है। इनके मुख्य भाग निम्न प्रकार के होते हैं।

1. आन्तरिक खोल (Inner Liner) : ये हॉज का अन्दर का भाग होता है। इनका कार्य द्रव को घर्षण रहित सतह प्रदान करना एवं द्रव का ट्यूब में रिसाव रोकना है। यह भाग कृत्रिम रबड़ जैसे नियोप्रेन रबड़ एवं ब्यूना-एन-रबड़ का बना होता है।

2. बाह्य खोल यह हॉज का बाह्य कवर होता है तथा हॉज को उच्च ताप ठंडक एवं घर्षण से बचाता है तथा यह भी रबड़ का बना होता है।

3. आन्तरिक प्रबलिकरण (Inter-mediate Reinforcement) : किसी भी हॉज की सामर्थ्य उसके प्रबलिकरण पर निर्भर करती है। यह तार ब्रेड (Wire Braid) फेब्रिक ब्रेड अथवा रेयन की होती है। सामर्थ्य की आवश्यकता के आधार पर प्रबलिकरण एक से अधिक सतहों पर भी किया जा सकता है।

हॉज की विनिर्देशन ट्यूब का व्यास एवं प्रबलिकरण की संख्याओं (Layers) से किया जाता है।

9.3.2 **हॉजों का वर्गीकरण** (Classification of Hases)

हॉज पाइपों का वर्गीकरण उनके द्वारा सहन किए जा सकने वाले दाब के आधार पर किया जाता है। हॉज की दाब सहन करने की क्षमता उसके अन्दर किए गए प्रबलिकरण (Reinforcement) पर निर्भर करती है। इसके अतिरिक्त नॉमिनल साइज बड़ा होने पर भी दाब सहन करने की क्षमता घट जाती है। इसलिए अधिक दाब के लिए एक बड़ा हॉज पाइप उपयोग में लेने की अपेक्षा दो छोटे व्यास के हॉज पाइप अधिक उपयुक्त रहते हैं। उन्हें मुख्यतः दो श्रेणियों में बांटा जा सकता है।

(अ) कम दाब हॉज ये मुख्यतया फेब्रिक के बने होते हैं। इनमें अन्दर की ट्यूब कृत्रिम रबड़ की तथा बाह्य कबर सूत अथवा रबड़ का होता है। इनका अधिकतम कार्यकारी दाब 3 न्यूटन/वर्ग मिमी होता है। ये मुख्यतः पानी, हवा एवं स्नेहक तेलों को ले जाने के काम में आते हैं। ये द्रवीय शक्ति निकायों के लिये उपयोगी नहीं होते।

(ब) उच्च दाब हॉज - इस प्रकार की हॉज में अन्दर एवं बाहर की ट्यूब रबड़ अथवा थर्मोप्लास्टिक की बनी होती है तथा बीच में स्टील अथवा फेब्रिक का तार होता है। चित्र 9.5 में एक उच्च दाब हॉज दर्शाया गया है।

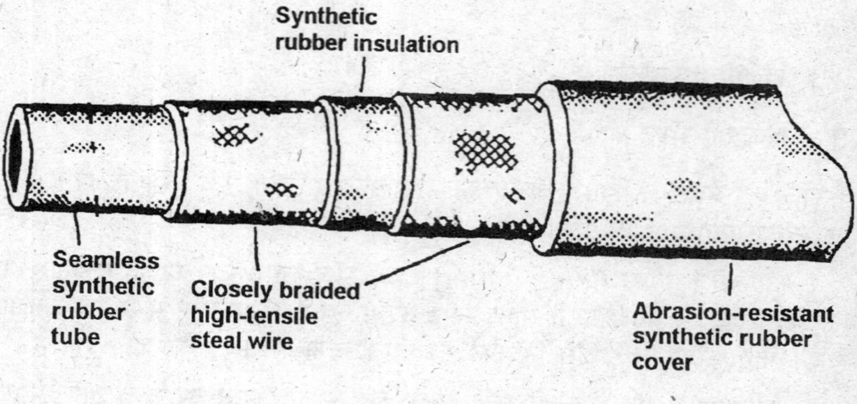

चित्र 9.5

बहुत अधिक कार्यकारी दाब के लिए बहु सर्पीलाकार (Mu ti Spiral) हॉज काम में लिए जाते हैं। इसमें 4-6 सर्पीलाकार बुनी हुई उच्च तनाव के तार की परते होती है जोकि रबड़ से एक दूसरे से अलग रहती है। इस प्रकार की हॉज 40° - 93° तापमान के बीच काम में ली जाती है। निम्न सारणी में पैट्रोलियम एवं अन्य द्रवों के लिए प्रयुक्त होने वाली हॉजों का SAE वर्गीकरण दर्शाया गया है।

SAE 100 R1 - एकल स्टील तार एवं कृत्रिम रबर ट्यूब

SAE 100 R2 - दोहरा तार एक कृत्रिम रबर ट्यूब

SAE 100 R3 - दोहरी फेब्रिक तार एवं कृत्रिम रबर ट्यूब

SAE 100 R4 - फेब्रिक एवं स्टील तार एवं कृत्रिम रबर ट्यूब

SAE 100 R5 - 2 फेब्रिक एवं 1 स्टील तार एवं कृत्रिम रबर ट्यूब

SAE 100 R6 - एकल फेब्रिक एवं कृत्रिम रबर ट्यूब

SAE 100 R7 - फेब्रिक ब्रेड एवं थर्मोप्लास्टिक आन्तरिक ट्यूब

SAE 100 R8 - फेब्रिक ब्रेड एवं थर्मोप्लास्टिक बाह्य ट्यूब

SAE 100 R9 - चार सर्पीलाकार स्टील तार एवं कृत्रिम रबर ट्यूब

SAE 100 R10 - चार भारी सर्पिलाकार स्टील तार एवं कृत्रिम रबर ट्यूब

SAE 100 R11 - छः सर्पिलाकार स्टील तार एवं कृत्रिम रबर ट्यूब।

विभिन्न साइजों के हॉज हेतु कार्यकारी दाब चित्र 9.6 में दर्शाया गया है।

9.3.3 हॉज फिटिंग

द्रवीय हॉज की फिटिंग को मुख्यतः दो भागों में विभाजित किया जा सकता है।

(अ) स्थाइ फिटिंग - इस प्रकार की फिटिंग को हॉज बनाते समय ही होज के एक सिरे पर फिट कर दिया जाता है।

(ब) अस्थाई फिटिंग - इस प्रकार की फिटिंग आवश्यक्तानुसार समय - समय पर परिवर्तित कर काम में ली जा सकती है। ये मुख्यतः निम्न प्रकार होती है।

(i) मेल (Male) अपसार रहित प्रकार

(ii) फिमेल (Female) अपसार रहित प्रकार

(iii) मेल शुष्क सील पाइप चूड़ी हॉज फिटिंग

(iv) मेल सीधी चूड़ी ओ-रिंग हॉज फिटिंग

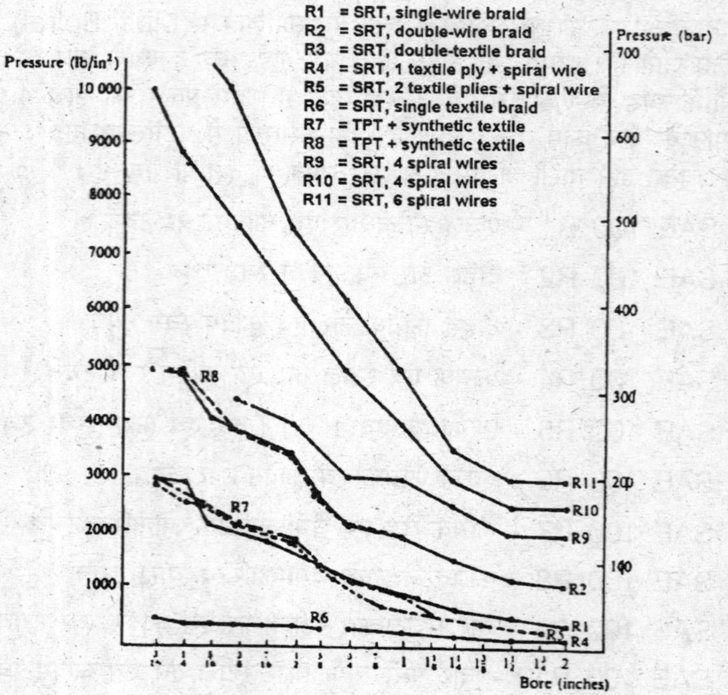

चित्र 9.6

(v) मेल 37° अथवा 45° अपसारित (Flared) सीधी चूड़ी हॉज फिटिंग
(vi) फीमेल 37° अथवा 45° अपसारित (Flared) सीधी चूड़ी हॉज फिटिंग
(vii) चार बोल्ट की फ्लेन्ज प्रकार की हॉज फिटिंग
(viii) एडाप्टर यूनियन।

प्रश्न

1. द्रव चालकों का वर्गीकरण कीजिये एवं ट्यूब का वर्णन कीजिये।
2. अपसार एवं अपसाररहित फिटिंग का वर्णन कीजिये।
3. हॉजों की संरचना चित्र बनाकर समझाइये।
4. द्रवीय शक्ति निकायों हेतु सबसे उपयुक्त द्रव चालक कौन से होते हैं।

भाग - 2

वायुवीय प्रणाली

अध्याय - 1

वायु संपीडित्र

(AIR COMPRESSORS)

द्रवीय गतिकी की भांति वह विज्ञान जो वायुमण्डलीय दाब के नीचे या उपर गैस या हवा के गुण धर्मों एवं उपयोगों को बताती है, वायुवीय विज्ञान (Pneumatic) कहलाती हैं। वह शक्ति जिसमें उच्च दाब की वायु अथवा गैस से विभिन्न युक्तियाँ जैसे - मोटर, सिलेण्डर आदि चलाए जाते हैं वायुवीय शक्ति कहलाती है। जिस प्रकार विद्युत धारा से विद्युत मोटर चलती है, उसी प्रकार उच्च दाब की वायु से वायुवीय मोटर आदि उपयकरण चलाए जाते हैं। ये उपकरण काफी हल्के होते हैं एवं इनकी चाल भी उच्च होती है।

1.1 द्रवीय शक्ति एवं वायुवीय प्रणाली की तुलना

(अ) द्रवीय शक्ति में, शक्ति पारेषण के लिए तेलों का उपयोग किया जाता है, जबकि वायुवीय शक्ति पारेषण में दाबित हवा काम में ली जाती है।

(ब) द्रवीय शक्ति तंत्र के मुख्य अवयव पम्प, सिलैण्डर एवं द्रवीय मोटर होते हैं जबकि वायुवीय प्रणाली में संपीडित्र एवं वायुवीय सिलैण्डर एवं मोटर काम में आते हैं।

(स) द्रवीय शक्ति तंत्र वहाँ पर प्रयुक्त होते हैं जहाँ पर गति कम हो एवं चाल का नियंत्रण महत्त्वपूर्ण हो जबकि वायुवीय तंत्र उच्च चाल हेतु प्रयुक्त होते हैं। वायुवीय मोटरें 20 हजार चक्कर/मि. तक की चाल से चल सकती है एवं वायुवीय सिलैण्डर 100 मी./मिनट तक की गति से चल सकते हैं।

(द) द्रवीय शक्ति तंत्रों में सहायक उपकरणों के रूप में द्रव संग्राहक फिल्टर, हॉज पाइप, उष्मा विनिमयक तथा शक्ति संचायक आदि होते हैं जबकि वायुवीय प्रणाली में सहायक उपकरणों के रूप में वायु फिल्टर, आर्द्रता वियोजक (Moisture separator), स्नेहक, वायु संग्राहक उष्मा विनिमयक आदि होते हैं।

(य) द्रवीय शक्ति तंत्र उच्च प्रणोदक (Heavy Thrusts) के उपकरण जैसे पावर प्रैस एवं मशीन टूल आदि हेतु प्रयुक्त होता है जबकि वायुवीय तंत्र क्लैम्पिंग फिक्सचर (Clamping fixtures), डाई कुशन (Die Cushion) एवं ड्राइंग प्रैस (Drawing Press) आदि हल्के कार्यों हेतु प्रयुक्त होती है।

1.2 संपीडित्र (Compressors)

वायुवीय प्रणाली में वायु को शक्ति पारेषण द्रव के रूप में काम में लिया जाता है इसके लिए उच्च दाब की वायु की आवश्यकता होती है। उच्च दाब की वायु प्राप्त करने के लिए संपीडित्र का उपयोग किया जाता है। संपीडित्र मुख्यतः दो प्रकार के होते हैं।

1. निश्चित विस्थापन संपीडित्र (Positive Displacement compresser)
2. टर्बो संपीडित्र (Turbo Compressor): ये संपीडित्र कम दाब पर अधिक वायु की आवश्यकता होने पर प्रयुक्त होते हैं। 500 मी^{3}/मिनट से कम प्रवाह दर होने पर ये उपयुक्त (Uneconomical) नहीं रहते हैं, इसलिए वायुवीय प्रणाली जिसमें उच्च दाब पर कम वायु की आवश्यकता हो ये उपयुक्त नहीं रहते।

1.3 निश्चित विस्थापन संपीडित्र (Positive Displacement compressors)

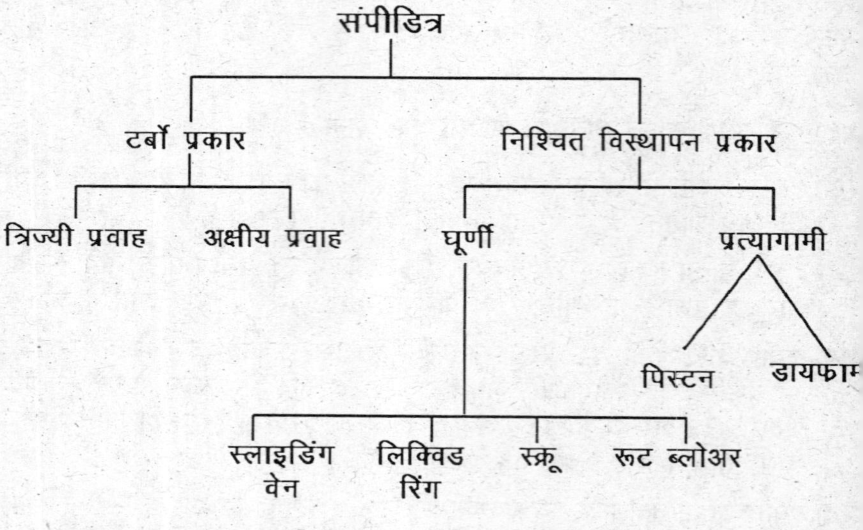

ये संपीडित्र वायुवीय प्रणाली हेतु अत्यन्त उपयोगी हैं। ये दो प्रकार के होते हैं - प्रत्यागामी एवं घूर्णी।

1.3.1 प्रत्यागामी संपीडित्र (Reciprocating Compressors)

ये संपीडित्रों सिलैण्डर एवं पिस्टन व्यवस्था पर आधारित होते हैं। इसमें एक प्रघात (Stroke) में वायु सिलैण्डर के अन्दर जाती है तथा दूसरे प्रघात में संपीडित वायु

बाहर निकलती है। बहुत अधिक दाब प्राप्त करने के लिए बहु-पद (Multi-stage) संपीडित्रों का उपयोग किया जाता है।

एकल पद संपीडित्र दस बार दाब पर 90 घन मी./मिनट तक की वायु प्रदान कर सकता है। ये संपीडित्र ऐसे स्थैतिक उपकरण जिनमें मध्य दाब पर प्रवाह की आवश्यकता होती है, के लिए अत्यन्त उपयोगी है।

वायुवीय प्रणाली में डायफ्राम प्रकार के संपीडित्र भी उपयोग में लिए जाते हैं। इसमें पिस्टन एवं पिस्टन रॉड के साथ एक डायफ्रॉम लगा रहता है। संपीडित होने वाली वायु सदैव डायफ्रॉम के एक ओर रहती है। डायफ्रॉम पिस्टन की प्रत्यागामी गति के कारण ऊपर नीचे होता रहता है, जिससे वायु संपीडित होकर बाहर निकलती रहती है, इसमें वायु सीधी पिस्टन के सम्पर्क में न आने से अपने साथ तेल के अवशोषित नहीं कर पाती। चित्र 1.1 में डायफ्रॉम संपीडित्र की कार्यप्रणाली दर्शायी गयी है।

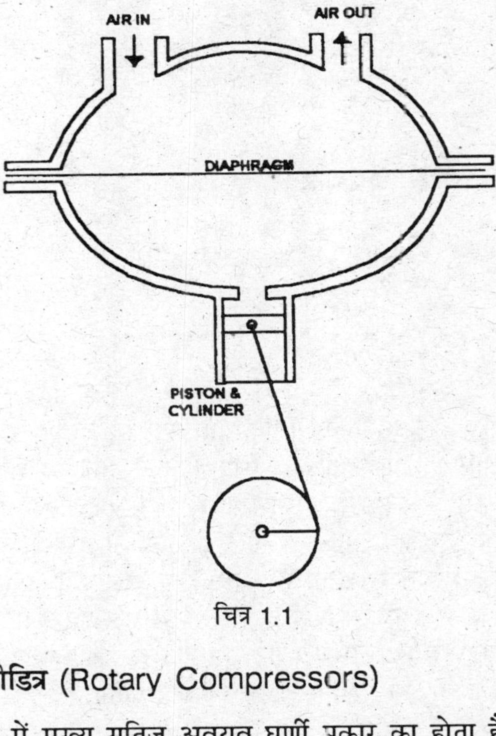

चित्र 1.1

1.3.2 घूर्णी संपीडित्र (Rotary Compressors)

इन संपीडित्रों में मुख्य गतिज अवयव घूर्णी प्रकार का होता है। ये मुख्यतः चार प्रकार के होते हैं।

1. वेन प्रकार 2. स्क्रू प्रकार 3. लिक्विड रिंग एवं 4. रुट ब्लोयर।

(क) रोटेरी वेन प्रकार - इस प्रकार के संपीडित्रों की संरचना वेन पम्प की तरह होती है। इसमें बेलनाकार खोल में अकेन्द्रीय (Eccentric) स्थिति में एक रोटर लगा होता है। इस रोटर के त्रिज्यी खाँचों में बहुत सारी पत्तियाँ लगी होती है, जो कि अन्दर एवं बाहर गति करती है। जब रोटर तेजी से धुमता है तो अपकेन्द्रीय बल के कारण पत्तियाँ हाऊसिंग से चिपक जाती है। रोटर स्लाइडिंग वेन एवं हाऊसिंग के बीच का खाली स्थान रोटर के घूमने के कारण परिवर्तित होता रहता है। जब यह स्थान न्यूनतम स्थिति से बढ़ना प्रारम्भ होता है, तो वायु संपीडित में खींच जाती है तथा जब यह स्थान अधिकतम से घटना शुरु होता है, तो वायु संपीडित होकर बाहर निकल जाती है। चित्र 1.2 में इस प्रकार के संपीडित्र की संरचना समझाई गई हैं।

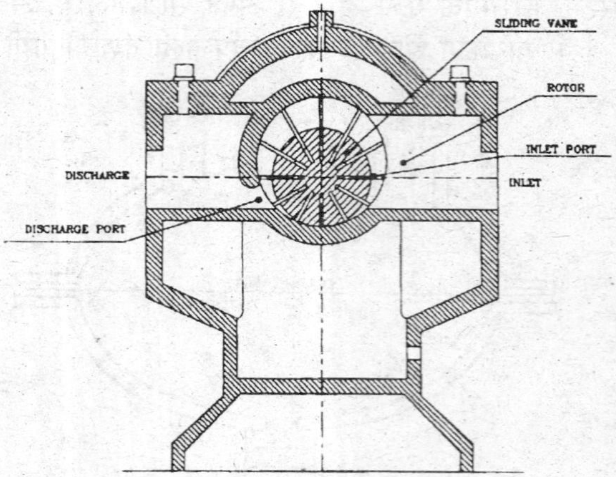

चित्र 1.2

(ख) स्क्रू प्रकार - स्क्रू संपीडित्र में एक घूमते हुए स्क्रू के अन्दर हवा आगे की दिशा में बढ़ती हुई संपीडित होती जाती है। चित्र 1.3 के अनुसार इसमें दो रोटर होते हैं तथा इन दोनों रोटरों में एक सिरे से दूसरे सिरे तक सर्पीलाकार स्क्रू चूड़ी कटी होती है। जब दोनों एक दूसरे में मिलते हैं तो एक रोटर अभिसारी लॉब एव दूसरा रोटर अपसारी लॉव की तरह कार्य करता है। वायु पम्प के एक सिरे से प्रवेश करके रोटर की चूड़ियों के मध्य से होती हुई पम्प के दूसरे सिरे तक पहुँच जाती है तथा जैसे-जैसे यह आगे बढ़ती है, चूड़ियों के मध्य स्थान कम होते जाने के कारण संपीडित होती जाती है। यह संपीडित्र उच्च दाब पर निरन्तर वायु प्रवाह प्रदान करता है।

1.4 **संपीडित्रों का संस्थापन** (Installation of compressors)

एक संपीडित्र की संस्थापन हेतु एक मोटर, वायु चूषण तंत्र, आर्द्रतावियोजक, फिल्टर, निःस्सरण (Discharge) पाइप, वायु संग्राहक, वायु अभिग्राही आदि की आवश्यकता

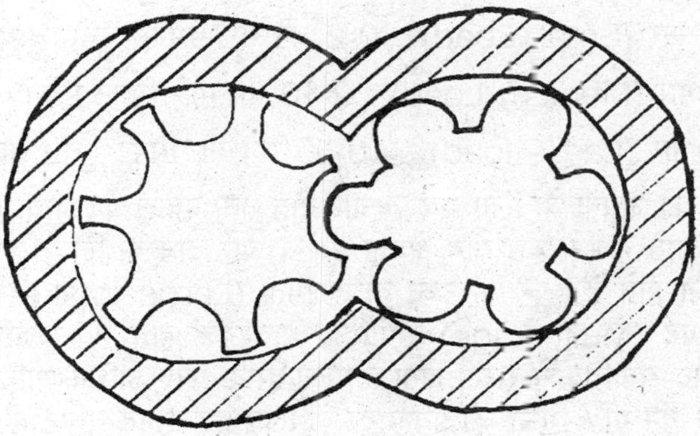

चित्र 1.3

होती है। वायु अभिग्राही (Air Receiver) को संपीडित्र से कुछ दूरी पर ठंडे स्थान पर रखना चाहिए, जिससे वायु ठण्डी रह सकें। यद्यपि इन दोनों के बीच में दूरी बहुत अधिक नहीं होनी चाहिए।

संपीडित्र को ऐसे स्थान पर रखना चाहिए जहाँ से उसे स्वच्छ एवं शुष्क वायु उपलब्ध हो सकें। संपीडित्र के चलते समय शोर होने के कारण ऐसे स्थान पर रखना चाहिए जहाँ से अन्य व्यक्तियों को शोर की परेशानी नहीं हो। इसके लिए प्रायः एक अलग कक्ष बना दिया जाता है। तथा वायु चूषण पाइप बिल्डिंग के बाहर निकाल दिया जाता है।

वायु चूषण पाइप में उचित साइज के फिल्टर एवं आर्द्रता वियोजक लगाये जाने चाहिए तथा आवाज को कम करने वाले उपकरण भी लगाये जा सकते हैं।

1.5 संपीडित्र का चुनाव

किसी भी संयंत्र हेतु संपीडित्र लगाने से पूर्व यह निर्धारित किया जाना आवश्यक है कि कितने दाब पर कितनी मात्रा में हवा की आवश्यकता है। तथा यह ज्ञात करने के लिए संयंत्र में लगाये गए सभी वायुवीय प्रणाली उपकरणों जैसे - विभिन्न गतिप्रदायक, हॉइस्ट (Hoist), फुहार पेन्टिंग गन आदि समस्त उपकरणों हेतु आवश्यक वायु की मात्रा ज्ञात की जाती है। इस प्रकार संपीडित्र हेतु पूरा भार (Load) ज्ञात करके ही संपीडित्र का चयन किया जाता है। कुल आवश्यक भार में 15% अनुपयोगी भार भी जोड़ना आवश्यक होता है।

जब कुल आवश्यक मात्रा में समय-समय पर बहुत अधिक परिवर्तन होता हो तो आधी से अधिक क्षमता के दो संपीडित्र लाये जाने अधिक उपयोगी होते हैं, जिससे एक संपीडित्र को सदैव चलाया जा सकता है तथा लोड़ बढ़ने पर दूसरा चलाया जा सकता है। वायु की आवश्यकता को तीन भागों में बांटा जा सकता है।

1. निम्न भार (Small Load) : 0-2 घन मी./ मिनट मुक्त वायु डिलीवरी
2. मध्य भार (Medium Load) : 2-10 घन मी./ मिनट मुक्त वायु डिलीवरी
3. उच्च भार (Large load) : 10-50 घन मी./मिनट मुक्त वायु डिलीवरी

कम हवा की क्षमता के लिए एवं 7 बार दाब तक एकल पद प्रत्यागामी संपीडित्र काम में लाये जाते हैं। मध्यम वायु क्षमता एवं 4 बार दाब के लिए द्विपद प्रत्यागामी संपीडित्र प्रयुक्त होते हैं। जबकि उच्च वायु क्षमता (Large intake capacity) के लिए बहु पद (Multi-stage) संपीडित्र आवश्यक होते हैं। यद्यपि एकल पद संपीडित्र बहु पद संपीडित्र से सस्ता होता है परन्तु इसके लिए अधिक शक्ति व्यय होती है। फिर भी 9 घन मी./ मिनट की प्रवाह दर के लिए एकल पद यूनिट ही सस्ती पड़ती है।

उच्च प्रवाह क्षमता के लिए अपकेन्द्री संपीडित्र काम में लाये जाते हैं ये 2800-3500 घन मी./ मिनट तक की दर से हवा भेज सकते हैं। यद्यपि 170 घन मी./ मिनट से नीचे इनकी दक्षता कम होती है। उच्च क्षमता के लिए अक्षीय प्रवाह संपीडित्र भी काम में लाये जाते हैं। परन्तु अपकेन्द्री संपीडित्र की तुलना में इनकी दाब सीमा सीमित ही होती है। ये 280 घन मी./ मिनट से अधिक प्रवाह दर के लिए प्रयुक्त होते हैं।

वेन प्रकार के संपीडित्र 4 बार दाब से 10 बार दाब तक के लिए काम में लाये जाते हैं। वेन प्रकार के संपीडित्र की आयु (life) एवं कीमत एकल पद प्रत्यागामी संपीडित्र की अपेक्षा कुछ अच्छी होती है।

घूर्णी स्क्रू संपीडित्र वेन एवं पिस्टन प्रकार के संपीडित्र से महंगे होते हैं परन्तु इनकी संरचना अत्याधिक सरल, अनुरक्षण बहुत कम एवं आयु अधिक होती है। घूर्णी मशीनों में शक्ति व्यय अधिक होने के कारण इनकी कार्यकारी लागत (Runing cost) पिस्टन टाइप मशीनों की अपेक्षा अधिक होती है। सारणी 1.1 में विभिन्न प्रकार के संपीडित्रों की वायु क्षमता एवं दाब सीमाएँ दर्शायी गई है।

सारणी 1.1. विभिन्न संपीडित्रों की दाब एवं क्षमता

संपीडित्र का प्रकार	क्षमता घन मी./ मिनट	अधिकतम एकल पद दाब (बार में)	अधिकतम बहुपद दाब (बार में)
प्रत्यागामी	0.05 to 285.0	10.50	700.0
स्लाइडिंग वेन	1.5 to 555.0	4.0	10.0
लिक्विड रिंग	1.5 to 140.0	2.0	7.0
रुट ब्लोअर	1.5 to 1400	1.05	2.0
डायफ्रॉम	0.05 to 2.0	14.0	2100.0
अक्षीय प्रवाह	above 280	0.45	7.00
अपकेन्द्री	170-2800	0.45	10.5

1.6 वायु अभिग्राही (Air Receiver)

वायु अभिग्राही एक प्रकार की टंकी होती है जोकि संपीडित्र वायु का संग्रह करती है। यह संपीडित्र के बाद लगायी जाती है। इसके अतिरिक्त इसके निम्न कार्य भी होते हैं।

1. यह सप्लाइ लाइन में दाब के उतार-चढ़ाव को स्थिर रखता है।
2. यह संपीडित्र वायु को ठंडा करने का अच्छा माध्यम है।
3. वायु की समस्त अशुद्धियाँ टंकी में धीरे-धीरे नीचे बैठ जाती है, जिन्हें बाद में साफ किया जा सकता है। एवं तंत्र को स्वच्छ वायु मिलती है।
4. जिस समय संपीडित्र नहीं चल रहा हो उस समय भी इससे कुछ समय के लिए वायु प्राप्त की जा सकती है।

वायु अभिग्राही की क्षमता एक निश्चित दाब पर उससे प्राप्त की जा सकने वाली वायु के आयतन से मापी जाती है। अतः वायु अभिग्राही की संग्राहक क्षमता जिस निकाय के लिए उसे प्रयुक्त किया जाना है उसके आधार पर तय की जाती है।

1.7 वायुवीय प्रणाली के औद्योगिक उपयोग

वायुवीय प्रणाली के कुछ औद्योगिक उपयोग निम्न प्रकार होते हैं।

(i) सामान्य उपयोग पैकेजिंग, फीडिंग, द्वार नियंत्रक, अवयवों का चयन, मशीन अवयवों की स्टैम्पिग एवं एम्बोसिंग।

(ii) सामान प्रहस्तन में

(iii) मशीन टूल में ड्रिलिंग, टरनिंग, मिलिंग, कर्तन, गुणवत्ता नियंत्रण में।

प्रश्न -

1. द्रव शक्ति एवं वायुवीय प्रणाली में अन्तर बताइये।
2. स्वच्छ चित्र की सहायता से एक रोटेरी वेन प्रकार के संपीडित्र का वर्णन कीजिए।
3. निम्न पर टिप्पणियाँ लिखिए।

    (अ) संपीडित्रों का स्थापन।

    (ब) संपीडित्र का चयन

    (स) वायु अभिग्राही।

अध्याय - 2

वायु छनित्र, रेगुलेटर एवं स्नेहक
(AIR FILTER, REGULATOR & LUBRICATOR)

किसी भी वायवीय प्रणाली के सही प्रकार कार्य करने के लिए उसमें तीन अवयव होने आवश्यक हैं। ये तीन अवयव वायु छनित्र, रेगुलेटर एवं स्नेहक होते हैं। इन तीनों अवयवों को अलग-अलग अथवा संयुक्त रूप (Combined form) में प्रणाली में लगाया जा सकता है। जब ये सभी अवयव संयुक्त रूप से एक ही यूनिट में लगे होते हैं तो इसे R-F-L यूनिट कहते हैं। यह यूनिट वायुमण्डल से वायु को ग्रहण कर उसे छानकर, आवश्यकता अनुसार दाब नियंत्रित कर एवं उसका स्नेहन कर वाल्व एवं सिलेन्डर को भेजती है जिससे इनकी दक्षता बढ़ जाती है (चित्र 2.1)।

2.1 वायु छनित्र (Air filter)

यह एक अत्यन्त प्रचलित नाम है तथा ऑटोमोबाइल आदि में जहाँ भी वायु का उपयोग होता इसे काम में लिया जाता है। किसी भी वायवीय प्रणाली में यह अत्यन्त महत्त्वपूर्ण भूमिका अदा करता है। ये वायु से धूल, मिट्टी एवं अन्य गंदगी के कणों को हटा कर अलग कर देते हैं और साफ एवँ शुष्क वायु को तंत्र में भेजते हैं।

ये प्रायः सूक्ष्म जाली के कपड़े अथवा सिंथेटिक पदार्थों के बने होते हैं। चित्र 2.2 में एक सिंथेटिक ऐलिमेन्ट प्रकार का फिल्टर दर्शाया गया है। इसका ऐलिमेन्ट फिनोलिक संसिक्त सैलुलोज (Phenolic impregnated cellulose) जिसे विद्युतकिय फ्यूज (Electrically fused) किया होता है। परतों को चिपकाने के लिए इनका बहुलीकरण (Polymerized) कर दिया जाता है जिसे कोई भी द्रव अथवा गैस इसमें से आसानी से नहीं पार हो पाती। इस प्रकार से बने हुए पदार्थ के रिबन से फिल्टर ऐलिमेन्ट बनाये जाते हैं। ये कोर छनाई (Edge Filteration) के सिद्धान्त पर आधारित होते हैं।

चित्र 2.2 में दर्शाये गये फिल्टर में वायु इसके ऊपरी सिरे से प्रवेश करती है एवं फिल्टर ऐलिमेन्ट से होती हुई बाह्य कक्ष से आन्तरिक कक्ष में प्रवेश कर जाती है जहाँ

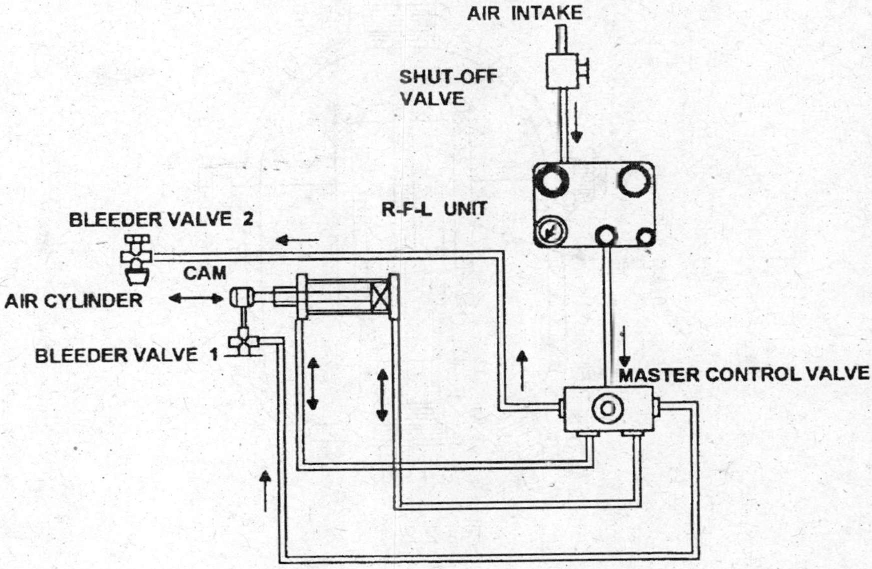

चित्र 2.1

से यह पुनः बाहर निकल जाती है। वायु की समस्त गंदगी फिल्टर ऐलिमेन्ट के बाहर चिपक जाती है जिसे विपरीत दिशा में वायु प्रवाहित कर साफ कर दिया जाता है। इस प्रकार का फिल्टर वायु के अत्यन्त सूक्ष्म कणों को भी दूर कर देता है।

2.2 दाब नियामक (Pressure Regulator)

वायुवीय प्रणाली में दाब नियामक का कार्य पूरे निकाय हेतु वायु के दाब को आवश्यकतानुसार कम व ज्यादा करना होता है। इसका सहायता से वायु दाब को 0 से अधिकतम अर्थात् फुल लाइन दाब तक परिवर्तित किया जा सकता है। दाब नियामक मुख्यतः डायफ्रॉम प्रकार एवं पिस्टन प्रकार के होते हैं।

एक डायफ्रॉम प्रकार का दाब नियामक चित्र 2.3 में दर्शाया गया है इसमें कांस्य (Bronze) का बना एक डायफ्रॉम होता है, जो वाल्व को अपनी स्थिति में रखता है। डायफ्रॉम की उपरी सतह में एक स्प्रिंग लगी होती है जोकि निर्गत वायु के (Discharged Air) अर्धमुखी बल (Upward force) को संतुलित करती है।

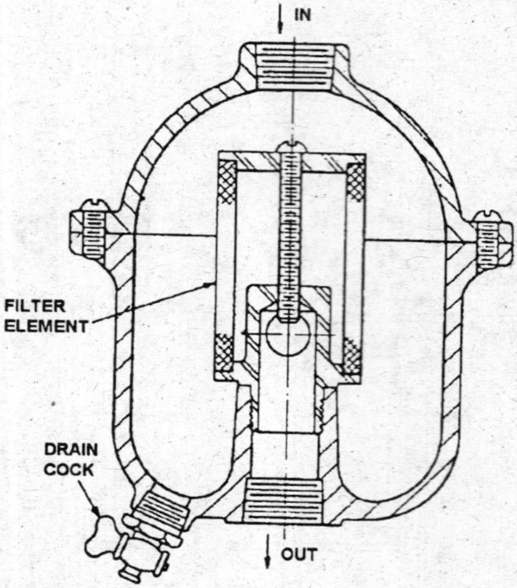

चित्र 2.2

स्प्रिंग के तनाव को समायोजक स्क्रू की सहायता से परिवर्तित किया जा सकता है। जब निर्गत साइड में दाब बढ़ जाता है तो डायफ्रॉम स्प्रिंग बल के विरुद्ध उपर उठ जाता है। और वाल्व का मुँह छोटा हो जाता है अर्थात् वाल्व थोड़ा सा बंद हो जाता है,

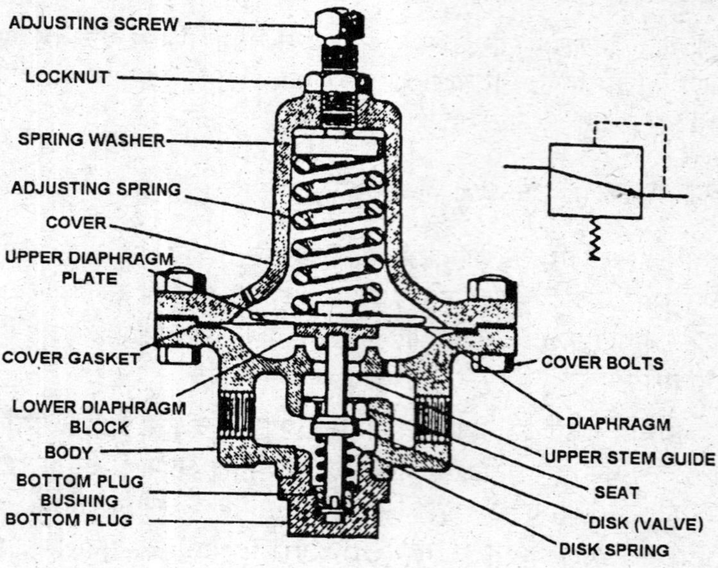

चित्र 2.3

जिससे निर्गत दाब कम हो जाता है। इस प्रकार किसी भी एक निर्धारित सैटिंग के लिए निर्गत दाब (Outlet pressure) सदैव स्थिर बना रहता है।

2.3 स्नेहक

वायुवीय प्रणाली में वायु सभी गतिशील अवयवों को गति प्रदान करती है। अतः सभी गतिशील अवयवों जैसे - सिलैण्डर, मोटर, वाल्व आदि के रिसाव एवं कटाव को रोकने के लिए वायु के साथ स्नेहक की आवश्यकता होती है इसके लिए वायु प्रवाहित होने वाली नलियों में प्रारम्भ में ही एक तेल स्नेहक लगा दिया जाता है, जिससे तेल वायु के साथ मिलकर सभी गतिशील पुर्जों तक पहुँच जाता है। ये तेल स्नेहक तेल फुहार प्रकार (Oil mist type) एवं तेल बत्ती प्रकार (Oil Wick type) के होते हैं।

तेल फुहार प्रकार के स्नेहक में एक पारदर्शी कटोरी स्नेहक की बॉडी में लगी रहती है तथा स्नेहक के प्रवेश एवं निकास के मध्य एक वेन्चुरी (Venturi) बनी होती है। यह वेन्चुरी वायु की लाइन से जुड़ी रहती है। इस वेन्चुरी का मध्य भाग (Throat) एक ट्यूब की सहायता से तेल से जुड़ा रहता है। जब बाँयी ओर से वायु वेन्चुरी में प्रवेश करती है तो मध्य भाग में दाब कम हो जाने के कारण तेल कटोरी से खिंच कर फुहार के रूप में वायु के साथ मिल जाता है। स्नेहक में लगा एक चेक वाल्व सदैव फीड़ ट्यूब में तेल का स्तर निर्धारित बनाये रखता है। इस प्रकार तेल फुहार के रूप में वायु के साथ सभी अवयवों तक पहुँच जाता है।

तेल बत्ती प्रकार के स्नेहक में एक बत्ती तेल की कटोरी में डूबी रहती है, तथा इससे कटोरी का तेल वायु के साथ मिलकर वायु की धारा में प्रवाहित होता रहता है। वायु धारा में तेल की मात्रा परिवर्तित करने के लिए बत्ती की लम्बाई परिवर्तित कर दी जाती है। इस विधि से स्नेहन के लिए वायु में पर्याप्त वेग होना आवश्यक है।

उपरोक्त वायु लाइन स्नेहकों में स्पिडल ऑयल काम में लिया जाता है।

2.4 संयुक्त प्रकार का छनित्र नियामक एवं स्नेहक (Combined R-F-L Unit)

किसी भी वायुवीय प्रणाली में अलग-अलग छनित्र, नियामक एवं स्नेहक लगाने की अपेक्षा एक संयुक्त प्रकार की यूनिट अधिक उपयोगी होती है। इसमें तीनों युक्तियों एक ही यूनिट में लगी रहती है। इसे R-F-L Unit कहते हैं। चित्र 2.4 में इस प्रकार की एक यूनिट दर्शायी गई है जोकि निकाय को स्वच्छ एवं स्नेहित वायु निर्धारित दाब पर प्रदान करती है।

इस यूनिट में सर्वप्रथम वायु लॉवर्स (Louvers) से होती हुई छनित्र में पहुँच जाती है। ये लॉवर्स हवा को घुमाने का कार्य करते हैं जिससे हवा उपस्थित ठोस धूल-मिट्टी के कण नीचे बैठ जाते हैं। शेष अशुद्धियाँ वायु के छनित्र अवयव (Filter Element) में से गुजरने पर दूर हो जाती है।

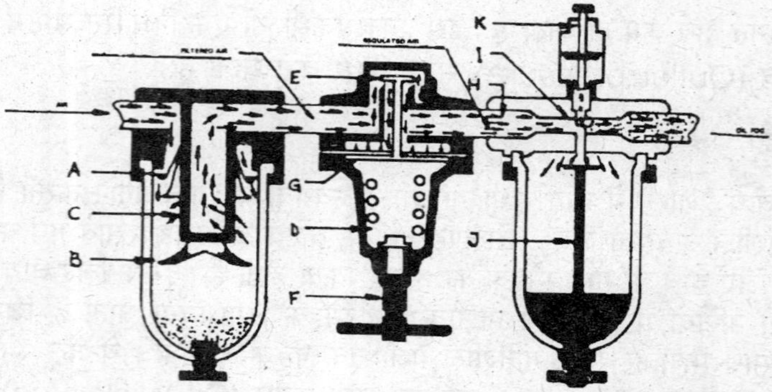

A = LOUVERS B = BAFFLE C = FILTER ELEMENT
D = ADJUSTING SPRING E = REGULATOR VALVE
F = ADJUSTING SCREEN G = FLEXIBLE DIAPHRAGM
H= LUBRICATOR I = VENTURITUBE J = SIPHON TUBE
K = NEEDLE VALVE

चित्र 2.4

छनित्र के बाद वायु दाब नियामक में से गुजरती है जहाँ इसका दाब नियंत्रित किया जाता है। इसके लिए इसमें दाब समायोजन स्क्रू लगा होता है। जब इस स्क्रू को कसा जाता है तो स्प्रिंग पर दाब पड़ता है जिससे डायफ्रॉम ऊपर की तरफ उठता है एवं वाल्व खुल जाता है। इस प्रकार डायफ्रॉम एक तरफ से वायु दाब से तथा दूसरी ओर से स्प्रिंग दाब के कारण सदैव सन्तुलित बना रहता है।

इसके पश्चात् वायु स्नेहक में प्रवेश करती है। जिसमें एक वेन्चुरी ट्यूब लगी होती है। वायु जब वेन्चुरी ट्यूब के मध्य भाग से गुजरती है, तो इसका दाब घट जाता है जिससे नीचे कटोरी में भरा हुआ तेल साइफन ट्यूब एवं निडल वाल्व (Needle Valve) सहायता से वेन्चुरी में आ जाता है, एवं वाष्पीकृत होकर वायु के साथ मिल जाता है तथा परिपथ के सभी अवयवों तक पहुँच जाता है।

प्रश्न

1. किसी भी वायुवीय प्रणाली में वायु छनित्र की क्या उपयोगिता है? किसी एक वायु छनित्र का चित्र बना कर वर्णन कीजिए।
2. संपीडित वायु के दाब को नियंत्रित करने के लिए काम में आने वाले दाब नियामक का चित्र बनाकर वर्णन कीजिये।
3. वायुवीय प्रणाली में काम में आने वाली संयुक्त प्रकार के छनित्र, नियामक एवं स्नेहक का चित्र बनाकर वर्णन कीजिए।
4. वायुवीय परिपथ में भेजने से पहले वायु का स्नेहन क्यों आवश्यक हैं?

अध्याय - 3

वायुवीय अवयव

(PNEUMATIC ELEMENT)

किसी भी वायुवीय प्रणाली में निम्न अवयव होते हैं।

(1) संपीडित्र (Compressor) (2) छनित्र, नियामक एवं स्नेहक यूनिट

(3) वायुवीय वाल्व (Pneumatic valve) (4) गति प्रदायक (Actuator)

उपरोक्त में से प्रथम दो अवयवों का वर्णन पिछले अध्यायों में किया जा चुका है। शेष दोनों अवयवों को इस अध्याय में वर्णित किया गया है।

3.1 वायवीय वाल्व (Pneumatic valve)

वायवीय प्रणाली में द्रवीय प्रणाली की भाँति अलग-अलग कार्यों हेतु अलग-अलग प्रकार के वाल्वों का उपयोग किया जाता है जैसे दिशा निर्धारण वाल्व, दाब नियंत्रण वाल्व, पायलट वाल्व आदि।

(अ) दिशा निर्धारण वाल्व (Direction Control Valve)

इस वाल्व को मास्टर कन्ट्रोल वाल्व भी कहा जाता है, क्योंकि यह वाल्व पूरे तंत्र को नियन्त्रित करता है। ये प्रायः रोटेरी प्रकार के होते हैं। इनमें दो या तीन द्वार (Port) होते हैं। तीन पोर्ट वाला वाल्व एकल क्रिया सिलेन्डर में प्रयुक्त होता है जबकि चार पोर्ट वाला वाल्व द्वि क्रिया सिलेन्डर (Double Acting) सिलेन्डर में काम आता है। चित्र 3.1 एवं 3.2 के दो पोर्ट वायु के प्रवेश एवं निकास हेतु प्रयुक्त होते हैं एवं शेष पोर्ट (1 अथवा 2) सिलेन्डर से जोडे जाते हैं। चतुःद्वार वाल्व में जब प्रवेश वाल्व सिलेन्डर के एक साइड से जुड़ता है तो निकास वाल्व सिलेन्डर की दूसरी साइड से जुड़ जाता है अर्थात् सिलेन्डर में एक ओर से वायु प्रवेश करती हैं एवं दूसरी ओर से बाहर निकलती है।

इस प्रकार के वाल्व हस्तचालित, यंत्र चालित एवं विद्युत चालित हो सकते हैं। हस्त चालित वाल्व में प्रचालन हेतु हैंडल अथवा फुटपैडल लगा होता है। यंत्र चालित वाल्व

में एक कैम रोलर अथवा टोगल स्विच लगा होता जो मशीन के किसी गतिज अवय (Moving Element) से संचालित होता रहता है। विद्युत चालित वाल्वों में सॉलनाइ लगे होते हैं जिनमे विद्युत प्रवाह करने पर वे वाल्व स्पूल को आगे या पीछे (Pus or Pull) की ओर गति प्रदान करते हैं। दिशा निर्धारण वाल्व द्वि-स्थिति अथवा त्र स्थिति (Two Position or Three Position) के हो सकते हैं। चित्र 3.1 ए 3.2 में दर्शाये वाल्व द्वि स्थिति वाल्व हैं अर्थात् सिलेन्डर हर समय या तो वायु प्रवेश द्वार से जुड़ा रहेगा अथवा निकास द्वार से जुड़ा रहेगा।

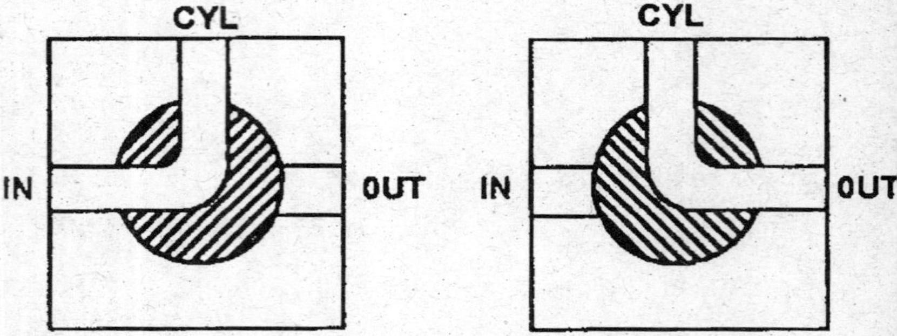

चित्र 3.1

त्रय-स्थिति वाल्व में एक मध्य स्थिति भी होती है जिसमें वाल्व, प्रवेश अथव निकास किसी से भी नहीं जुड़ा होता तथा सभी द्वार बन्द रहते हैं। सभी द्वार बन्द हो वाली मध्य स्थिति का वाल्व भार उठाने हेतु अथवा थोड़ा-थोड़ा चलाने हेतु (Inching application) प्रयुक्त होते हैं। जबकि केवल प्रवेश द्वार बन्द होने वाली मध्य स्थिति का वाल्व (निकास द्वार खुला हुआ) ऐसे कार्यों हेतु प्रयुक्त होता है जहाँ स्ट्रॉक का एव हिस्सा वायु के दाब से पूरा होना हो तथा शेष गति किसी अन्य साधन से मिलती है ऐसे में प्रवेश द्वार बन्द हो जाता है एवं निर्गत द्वार खुला रहता है तथा सिलेन्डर के दोन पोर्ट/ द्वार खुले रहते हैं।

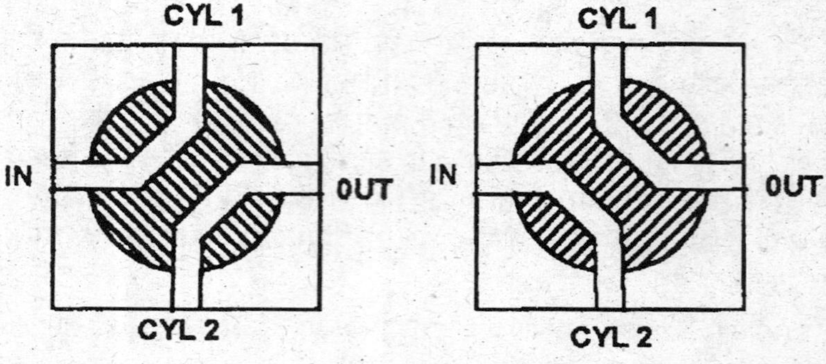

चित्र 3.2

(ब) दाब नियंत्रण वाल्व (PRESSURE CONTROL VALVE)

वायुवीय प्रणाली में दाब नियंत्रण हेतु दाब नियामकों का उपयोग होता है तथा इसे परिपथ के प्रारम्भ में छनित्र एवं स्नेहक के साथ ही लगाया जाता है। यह वायु के उपलब्ध दाब को शून्य तक कम कर सकता है। इनका वर्णन पिछले अध्याय में किया जा चुका है।

(स) प्रवाह नियंत्रण वाल्व (FLOW CONTROL VALVE)

वायवीय परिपथ में वायु के प्रवाह को नियंत्रित करने के लिए प्रवाह नियंत्रण वाल्व का उपयोग किया जाता है गति प्रदायक की चाल (Speed) सीधी वायु के प्रवाह पर निर्भर करती है। प्रवाह बढ़ने पर गति बढ़ जाती है एवं प्रवाह कम करने पर गति कम हो जाती है। वायु का प्रवाह, प्रति सैकेन्ड बहने वाली वायु की मात्रा से मापा जाता है।

प्रवाह नियंत्रण वाल्व के साथ सदैव चैक वाल्व लगाना आवश्यक होता है। जिससे अतिरिक्त वायु चैक वाल्व से बाहर निकलती रहे।

(द) पायलेट वाल्व एवं पायलेट संचालित वाल्व (PILOT VALVE AND PILOT OPERATED VALVE)

ये दोनों कपाट कार्य के आधार पर बिल्कुल अलग-अलग होते हैं। जब किसी वाल्व को पायलेट सिग्नल से संचालित कर उसके स्पूल को गति प्रदान की जाती है तो वह पायलेट संचालित वाल्व कहलाता है।

जबकि पायलेट वाल्व एक सामान्य दिशा निर्धारण वाल्व की तरह होता है। यह किसी अन्य वाल्व को संचालित करने के लिये प्रयुक्त होता है। दिशा निर्धारण वाल्व की तरह यह भी हस्तचालित, यंत्र चालित अथवा विद्युत चालित हो सकता है।

पायलेट वाल्व को उसके द्वारा चलाये जाने वाल्व के नजदीक लगाया जाना चाहिए जिससे प्रतिउत्तर (Response) शीघ्र प्राप्त हो सके। पायलेट वाल्व के द्वार (Port), पायलेट संचालित वाल्व की अपेक्षा छोटे होते हैं।

3.2 गति प्रदायक (PNEUMATIC ACTUATOR)

वायवीय गति प्रदायक भी द्रवीय गति प्रदायको की तरह दो प्रकार के होते हैं, प्रत्यागामी एवं घूर्णी प्रकार।

(अ) प्रत्यागामी गति प्रदायक (Reciprocating Actuator)

इन्हें सामान्यतः वायु सिलेन्डर के नाम से भी जाना जाता है ये संपीडित वायु से चलते हैं। इनमें पिस्टन, सिलेन्डर, पिस्टन रॉड, वायु द्वार (Ports) एवं पिस्टन पैकिंग

आदि अवयव होते हैं। जब संपीडित वायु पिस्टन पर दबाव डालती है तो पिस्टन एवं पिस्टन रॉड गति करते हैं जिससे इनसे जुड़ी प्रणाली प्रत्यागामी करने लगती है।

द्रवीय सिलेन्डरों की तरह वायु सिलेन्डर भी एकल क्रिया सिलेन्डर एवं उभय क्रिया सिलेन्डर होते हैं। उभय क्रिया सिलेन्डर (Double acting cylinder) में पिस्टन के दोनों ओर वायु का आदान प्रदान होता है।

प्रत्यागामी वायु सिलेन्डर घूर्णी एवं अघूर्णी प्रकार के होते हैं। घूर्णी प्रकार में सिलेन्डर बॉडी किसी घूर्णन करने वाले मशीन अवयव के साथ जुड़ी होने के कारण घूमती रहती है तथा पिस्टन प्रत्यागामी गति करता है। इस प्रकार की व्यवस्था लेथ आदि मशीन में प्रयुक्त होती है जिससे चक को घूर्णी सिलेन्डर से संचालित किया जाता है अघूर्णी प्रकार के सिलेन्डर में केवल पिस्टन प्रत्यागामी गति करता है एवं कोई भी घूमने वाला अवयव नहीं होता।

ग्रेड एवं साइज के आधार पर वायु सिलेन्डरों को निम्न प्रकार भी वर्गीकृत किया जाता है।

(1) हल्के सिलेन्डर (Light Duty Cylinder)

(2) मध्यम ड्यूटी सिलेन्डर (Medium duty Cylinder)

(3) भारी सिलेन्डर (Heavy Duty Cylinder)

(ब) घूर्णी गति प्रदायक (Rotary Actuator)

घूर्णी गति प्रदायकों को वायुवीय मोटर भी कहते हैं। 20 किलोवाट से कम शक्ति के उपयोगों हेतु वायुवीय मोटरे विद्युत मोटरों से अधिक अच्छी सेवायें प्रदान करती हैं ये 300 चक्र प्रति मिनट से 25000 चक्र प्रति मिनट तक की गति से चल सकती हैं। विद्युत मोटरों की तुलना में वायुवीय मोटरों के निम्न लाभ हैं।

(1) इनकी कार्यकारी लागत कम आती है।

(2) वायुवीय मोटरों में विद्युत मोटरों की अपेक्षा कम रखरखाव करना पड़ता है इसलिये ये अधिक विश्वसनीय होती है।

(3) प्रवाह नियंत्रण वाल्व की सहायता से इन्हें किसी भी चाल पर चलाया जा सकता है।

(4) इनका शक्ति एवं भार का अनुपात उच्च होता है।

(5) विस्फोटक क्षेत्रों/परिसरों में ये अत्यन्त सुरक्षित हैं।

(6) इन्हें किसी भी दिशा में आसानी से घुमाया जा सकता है।

वायुवीय मोटरें विभिन्न प्रकार की होती हैं जैसे वेन प्रकार, अक्षीय पिस्टन प्रकार, रेडियल पिस्टन प्रकार आदि।

वेन मोटर (Vane Type Air Motor)

इस प्रकार की मोटर में एक बेलनाकार घूर्णक (Cylindrical Rotor) होता है जिसमें त्रिज्यी खाँचे कटे होते हैं। इन खाँचों में ब्लेड (Vane) लगी होती है। मोटर के खोल में वेन लगे हुये रोटर को अकेन्द्रीय (eccentrically) स्थिति में फिट कर दिया जाता है। चित्र 3.3 के अनुसार रोटर शाफ्ट को बियरिंग एवं शाफ्ट सील के साथ सिरा प्लेट में लगा दिया जाता है। जब संपीडित वायु प्रवेश द्वार से मोटर में प्रवेश करती है तो वेन पर बल लगता है जिससे रोटर घूमने लगता है।

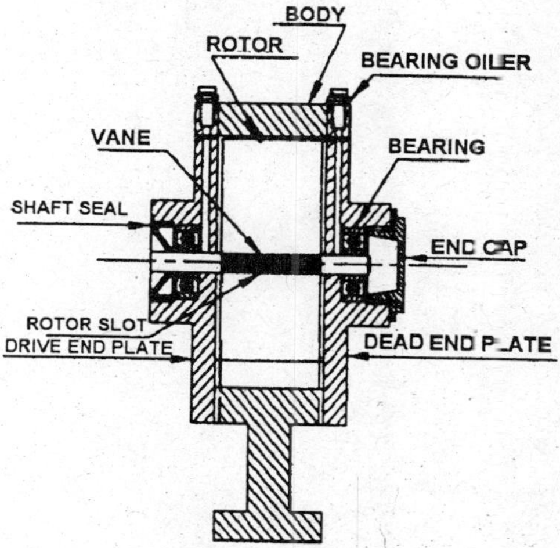

चित्र 3.3

रोटर में लगने वाली ब्लेड़ों की संख्या मोटर के लिए आवश्यक प्रारम्भिक आघूर्ण (Starting torque) पर निर्भर करती है। ये 3 से 10 तक होती है। प्रारम्भिक आघूर्ण को वायु दाब बढ़ाकर अथवा रोटर केन्द्र एवं मोटर केन्द्र की मध्य दूरी (Eccentricity) को बढ़ाकर भी बढ़ाया जा सकता है।

संपीडित वायु की सरल उपलब्धता के कारण वायु मोटर का प्रचलन काफी बढ़ा है ये बैन्च गाइन्डर, हैण्ड ड्रिल, स्क्रू कसने की मशीन, बैल्ट कन्वेयर (Belt conveyors) आदि में प्रयुक्त होती है।

प्रश्न

1. वायुवीय प्रणाली के विभिन्न अवयवों का वर्णन कीजिये।
2. वायुवीय प्रणाली में काम आने वाले विभिन्न कपाटों का वर्णन कीजिये।

3. पायलेट वाल्व एवं पायलेट संचालित वाल्व में क्या अन्तर है।
4. घूर्णी वाल्व से आप क्या समझते हैं इनकी कार्यप्रणाली समझाइये।
5. विद्युत मोटर की अपेक्षा वायुवीय मोटर के क्या-क्या लाभ है।
6. चित्र की सहायता से एक वेन प्रकार की मोटर का वर्णन कीजिये।

अध्याय - 4

वायुवीय औजार एवं उपकरण

(PNEUMATIC TOOLS & EQUIPMENT)

संपीडित वायु की शक्ति से चलने वाले औजार एवं उपकरण वायुवीय युक्तियाँ (Pneumatic Devices) कहलाते हैं। ये वजन में हल्के होने के कारण इनको एक स्थान से दूसरे स्थान पर आसानी से ले जाया जा सकता है इसलिये हस्त उपकरणों हेतु ये अत्यन्त उपयोगी होते हैं। ये उपकरण उद्योगों में काम आते हैं तो संपीडित वायु के लिये संपीडित्र स्थिर रहता है जबकि, जब ये निर्माण कार्य हेतु प्रयुक्त होते हैं तो संपीडित्र को भी एक स्थान से दूसरे स्थान पर ले जाया जाता है अर्थात् संपीडित्र भी चल (Portable) होता है। इन युक्तियों में स्वच्छ संपीडित्र वायु के लिए R-F-L यूनिट आवश्यक होती है।

वायवीय औजारों को तीन प्रकार से वर्गीकृत किया जाता है —

(1) घूर्णन प्रकार (Rotary Type)

(2) पिस्टन प्रकार (Piston Type)

(3) प्रघात प्रकार (Hammer Type)

4.1 घूर्णन प्रकार के वायुवीय औजार

इस प्रकार के औजारों में एक वेन प्रकार की वायु मोटर होती है। जब संपीडित्र वायु इस मोटर के प्रवेश द्वार से प्रवेश करती है तो ब्लेडों पर धक्का लगता है एवं रोटर घूमने लगता है तथा वायु निर्गत द्वार से बाहर निकलती रहती है। इसमें वायु के प्रवेश को प्रारम्भ करने एवं रोकने के लिए इसके हैंडल में एक हस्त चालित दिशा निर्धारण वाल्व लगा होता है। ये औजार 20000 चक्र प्रति मिनट तक की गति पर 2.5 किलोवाट तक की शक्ति से कार्य कर सकते हैं। इनमें ड्रिल, ग्राइन्डर, रीमर आदि को पकड़ने के लिए इसकी आउटपुट शाफ्ट में चक (Chuck) आदि पकड़ने वाली युक्तियाँ लगा दी जाती है।

4.1.1 **वायुचालित ड्रिल** (Pneumatic Drill)

यह घूर्णन प्रकार का औजार है इसके कार्यकारी सिद्धान्त का उपर वर्णन किया गया है। ये दो प्रकार की होती है। उत्क्रमणीय (Reversible) एवं अनुत्क्रमणीय (Irreversible)। उत्क्रमणीय प्रकार के ड्रिल आन्तरिक चूड़ी कर्तन एवं अनुत्क्रमणीय प्रकार के ड्रिल छिद्रण एवं रीमिंग (Drilling and Reaming) करने हेतु प्रयुक्त होते हैं। वायुवीय ड्रिल को केवल ड्रिल बिट परिवर्तित कर चुड़ी आदि कसने हेतु प्रयुक्त किया जा सकता है।

छोटे वायवीय ड्रिल केवल 0.5 किग्रा तक के होते हैं एवं ये 15000 चक प्रति मिन्ट की गति से 3 मिमी. तक के ड्रिल कर सकती है। बड़े वायुवीय ड्रिल 70 किग्रा. तक होते हैं एवं ये 75 से 125 चक्र प्रति मिनट की गति से 75 मिमी. तक के ड्रिल कर सकते हैं।

वजन में हल्के होने के कारण एवं उच्च शक्ति एवं भार अनुपात होने के कारण छोटे वायुवीय ड्रिल अन्य सभी प्रकार की ड्रिल मशीनों से अच्छे होते हैं क्योंकि इनका प्रहस्तन (Handling) एवं अनुरक्षण अत्यन्त सरल हैं।

भारी ड्यूटी वायुवीय ड्रिल मशीनों में बड़े साइज के ड्रिल बिट पकडने के लिए मोर्सटेपर सॉकेट चक्र लगा होता है तथा ड्रिल को बाहर निकालने के लिए इंजेक्टर पिन लगी होती है। इनमें स्वःभरण (Self-feeding) हेतु भी व्यवस्था होती है।

4.1.2 **वायुचलित ग्राइन्डर** (Pneumatic Grinder)

यह भी वेन प्रकार की वायवीय मोटर से संचालित होता है। इसमें बढ़ी हुई शाफ्ट के सिरे पर ग्राइन्डिग व्हील लगा होता है। इसकी चाल परिवर्तित करने के लिए इसमें गीयर भी लगे होते हैं। इसी मशीन में बफिंग व्हील लगाने पर यह बफिंग मशीन बन जाती है। इस प्रकार यह एक बहुउपयोगी अपघर्षण औजार है। आवश्यकता के आधार पर इसे बैंच आधारित अथवा पोर्टेबल बनाया जा सकता है।

ग्राइन्डर का साइज 50 मिमी के व्हील एवं 16000 चक्र प्रति मिनट से 200 मिमी. के व्हील व्यास एवं 4000 चक्र प्रति मिनट तक हो सकता है।

ग्राइन्डर की चाल उसके पहिये में प्रयुक्त बंधक (Bonding Material) पर निर्भर करती है। विट्रीफाइड बंधक पहियों में घर्षण चाल 30 मी. प्रति सैकेंड तक हो सकती है जबकि रेजिन बंधक पहियों की घर्षण चाल 50 से 200 मी. प्रति सैकेण्ड तक हो सकती है।

4.2 पिस्टन प्रकार के वायवीय औजार (Piston Type Pneumatic Tools)

यद्यपि ये औजार भी घूर्णन प्रकार के होते हैं परन्तु इनमें घुमाने के लिए वेन मोटर के स्थान पर रेडियल पिस्टन मोटर लगी होती हैं। रेडियल पिस्टन मोटर में एक बेलनाकार रोटर में त्रिज्यी दिशा में चारों ओर सिलेन्डर बने होते हैं और उनमें पिस्टन लगे होते हैं तथा मध्य में एक रोटेरी कन्ट्रोल वाल्व लगा होता है। जब सिलेन्डर में संपीडित वायु प्रवेश करती है तो पिस्टन प्रत्यागामी गति करते हैं जिससे प्रत्येक पिस्टन रोटर को घूमने के लिए आघूर्ण (Torque) प्रदान करता है।

इस प्रकार के उपकरण उच्च शक्ति एवं कम चाल हेतु प्रयुक्त होते हैं जैसे - भारी कार्य ड्रिल मशीन, पट्टा वाहक (Belt Conveyors) आदि।

4.3 प्रघात प्रकार के वायवीय औजार (Hammer Type Pneumatic Tools)

इस प्रकार के औजारों में एक सिलेन्डर पिस्टन व्यवस्था होती है जो वायु के दाब से संचालित होता है। पिस्टन का जड़त्व प्रघात (Hammer blow or Impact) उत्पन्न करता है जिससे किसी भी वस्तु पर चोट मारने का कार्य किया जाता है।

4.3.1 वायुचलित हथौड़ा (Pneumatic Hammer)

स्मिथी शाप में प्रयुक्त विद्युत हथौड़ा एवं हाइड्रॉलिक हथोड़े की भाँति हथौड़े को वायुवीय प्रणाली से भी चलाया जा सकता है। इसमें एक पिस्टन होता है जो कि हथोड़ा शीर्ष के सिरे से लगातार एनविल (Anvil) पर चोट मारता है।

ये हथोड़े वाल्व आधारित एवं वाल्व रहित दोनों प्रकार की श्रेणियों में होते हैं। वाल्व आधारित हथोड़े में पिस्टन के दोनों ओर वायु के प्रवाह को वाल्व से नियंत्रित किया जाता है जबकि वाल्व रहित प्रकार में सिलेन्डर में पोर्ट बने होते हैं जो पिस्टन की प्रत्यागामी गति के कारण खुलते एवं बन्द होते रहते है।

वायुचलित हथोड़े वैल्डिंग शाप में चिपिंग के लिए, फाउन्ड्री शॉप में मिट्टी कूटने (Sand Ramming) के लिए भी काम में आते हैं।

इन्हें शक्ति के आधार पर हल्के, मध्यम एवं भारी शक्ति के हथोड़ों में विभाजित किया जा सकता है। हल्के भार के हथोड़े की वायु खपत 0.3 से 0.4 घनमीटर प्रति मिनट होती है जबकि मध्यम शक्ति की वायु खपत 0.5 से 0.6 घन मी. प्रति मिनट तथा भारी शक्ति (Heavy duty) के हथोड़े की शक्ति 0.7 से 0.8 घन मी. प्रति मिनट तक होती है। हल्के हथोड़े एक मिनट में 4000 से 4500 तक प्रघात करते हैं जबकि भारी हथोड़े एक मिनट में 1500 से 2000 तक ही प्रघात (No. of Blows) करते हैं।

प्रश्न

1. वायुचलित औजारों को किस प्रकार वर्गीकृत किया जाता है।
2. वायुचलित ड्रिल का वर्णन कीजिये।
3. वायुचलित ग्राइन्डर की कार्यप्रणाली समझाइये।
4. पिस्टन प्रकार के वायवीय औजार कहाँ प्रयुक्त होते हैं।
5. वायुचालित हथोड़े का वर्णन कीजिये।

अध्याय - 5

वायु एवं तेल के संयुक्त तंत्र

(COMBINED AIR & OIL SYSTEM)

वायुवीय निकायों में वायु को माध्यम के रूप में चुना जाता है एवं इस प्रकार के तंत्र से उच्च गति (High Speeds) प्राप्त होती है इनका प्रतिउत्तर (Response) अत्यन्त तीव्र (Fast) होता है। इसी प्रकार द्रवीय निकायों में जहाँ खनिज तेलों को माध्यम के रूप में चुना जाता तो उनके अपने अलग लाभ हैं जैसे उच्च दाब पर अथवा अधिक शक्ति के कार्य किया जा सकते हैं। अतः यदि किसी निकाय में हम दोनों माध्यमों (वायु एवं तेल) का उपयोग करें तो हमें दोनों के लाभ प्राप्त हो सकते हैं साथ ही निकाय की दक्षता भी बढ़ जायेगी। दोनों को संयुक्त रूप से उपयोग करने का तात्पर्य दोनों को मिलाने से कदापि नहीं है बल्कि इस प्रकार के संयुक्त सिलेन्डर (Combination Cylinder) अथवा परिपथ प्रयुक्त करने से है जिनका कुछ हिस्सा वायु से गति प्राप्त करता है एवं कुछ भाग तेल से गति प्राप्त करता है। इस अध्याय में हम विभिन्न प्रकार के संयुक्त निकायों का अध्ययन करेंगे।

5.1 संयुक्त निकायों के लाभ

(अ) इन निकायों से उच्च एवं कंपन रहित गति (High and Smooth Speed) प्राप्त की जा सकती है।

(ब) उच्च दाब के अनुप्रयोगों में भी प्रतिउत्तर शीघ्र प्राप्त होना है।

(स) केवल वायवीय तंत्र की अपेक्षा स्थान बहुत कम घेरते हैं।

(द) निकायों की अनुरक्षण लागत कम होती है।

(य) निकायों की दक्षता बढ़ जाती है।

(र) संयुक्त निकायों में वायु को सिग्नल भेजने एवं द्रव को मुख्य गति प्रदायक को चलाने हेतु प्रयुक्त किया जाता है इसलिये भरण (Feed) द्रवीय निकायों जैसी अच्छी प्राप्त होती है एवं प्रतिउत्तर (Response) वायवीय निकायों जैसा शीघ्र प्राप्त होता है।

5.2 संयुक्त निकायों के अनुप्रयोग

(अ) जहाँ पर विद्युत का उपयोग वर्जित हो वहाँ पर ये तंत्र अत्यन्त उपयोगी है क्योंकि शक्ति संपीडित वायु से प्राप्त होती है जैसे विस्फोटक वातावरण में।

(ब) मिलिंग एवं ड्रिलिंग मशीन हेतु अत्यन्त उपयोगी हैं।

(स) इन्डक्शन तापन उपकरणों में प्रयोग किया जाता है।

(द) इनके अतिरिक्त अन्य इस प्रकार के अनुप्रयोगों हेतु जहाँ पर संपीडित वायु के रूप में शक्ति उपलब्ध हो, हल्के निर्गत बल (Output force) एवं दृढ़ भरण (Rigid Feed) की जरूरत हो।

5.3 संयुक्त सिलेन्डर युक्त संयुक्त तंत्र (Combination System using Combination Cylinder)

इस प्रकार के संयुक्त सिलेन्डर को वायु-द्रव सिलेन्डर भी कहते हैं इसमें दो सिलेन्डर एक लाइन में लगे होते हैं तथा दोनों के पिस्टन अलग-अलग होते हैं परन्तु पिस्टन रॉड कॉमन होती है। चित्र 5.1 में दर्शाये अनुसार वायु सिलेन्डर के पिस्टन में केवल एक ओर पिस्टन रॉड होती है जबकि द्रव सिलेन्डर के पिस्टन के दोनों ओर पिस्टन रॉड होती है जिससे पिस्टन के दोनों ओर द्रव का दाब समान बना रहता है।

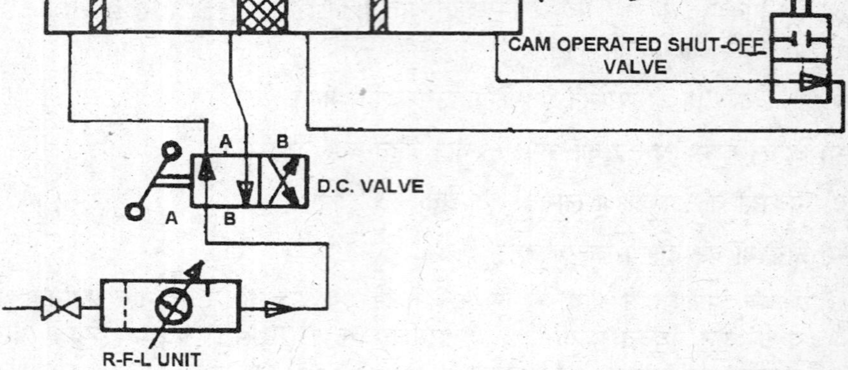

चित्र 5.1

चित्र 5.1 में एक ड्रिलिंग मशीन में प्रयुक्त होने वाला परिपथ बताया गया है। इस परिपथ की सहायता से तेज गति (traversing motion) एवं भरण गति (Feed motion) दोनों प्राप्त किये जा सकते हैं। जब दिशा निर्धारण वाल्व को A स्थिति में रखा जाता है तो वायु, वायुवीय सिलेन्डर के बिना पिस्टन रॉड वाले भाग में प्रवेश करती है एवं पिस्टन को धक्का देती है जिससे द्रव सिलेन्डर के दाँये भागे से तेल कैम चालित शँट-ऑफ वाल्व से होता हुआ तेज गति से बाँये भाग में पहुँचता रहता है इस प्रकार पिस्टन रॉड तेज गति से चलती है यह मशीन की तेज गति (traversing motion) कहलाती है।

जब पिस्टन रॉड से कैम चालित शट-ऑफ वाल्व बन्द हो जाता है तो द्रव प्रवाह नियंत्रण वाल्व से अत्यन्त धीमी गति से प्रवाहित होता है यह मशीन की भरण गति (Feed motion) कहलाता है। विपरीत दिशा में तेज गति से ही वापिस आने के लिए प्रवाह नियंत्रण वाल्व को साथ एक चैक वाल्व लगा होता है।

इस प्रकार संयुक्त सिलेन्डर का उपयोग कर सभी प्रकार की गति प्राप्त की जा सकती है। इस परिपथ में पॉवर पैक यूनिट की आवश्यकता नहीं पड़ती।

5.4 **वायुचालित द्रवीय वाल्व** (Pneumatically operated Hydraulic Valve)

किसी भी द्रवीय वाल्व को अत्यन्त शीघ्र गति से संचालित करने के लिये वायु चालित पायलेट वाल्व का उपयोग किया जाता है। चित्र 5.2 में एक वायु पायलेट चालित हाइड्रॉलिक वाल्व दर्शाया गया है। इसमें एक कैम चालित पायलेट वाल्व लगा होता है। जब कैम को दबाया जाता है तो पायलेट वाल्व खुल जाता है एवं वायु पायलेट वाल्व से होते हुए पायलेट चालित हाइड्रॉलिक वाल्व की साइड तक पहुँच जाती है। तथा वाल्व आपरेट हो जाता है एवं द्रव सिलेन्डर में पहुँचने लगता है जब कैम को छोड़ दिया जाता है तो पुनः वायु हाइड्रॉलिक वाल्व के x साइड में पहुंचती है एवं वाल्व सिलेन्डर में द्रव के प्रवाह को परिवर्तित कर देता है।

इस प्रकार के परिपथ ऐसे स्थान पर प्रयुक्त होते हैं जहाँ पर चक्र समय (Cycle Time) बहुत कम होता है एवं वाल्व को तेजी से बार-बार संचालित करना होता है।

5.5 **द्रवीय निकायों में वायु गद्दी** (Air as a cushion for Hydraulic System)

जब हाइड्रॉलिक प्रेस से किसी युक्ति पर आराम से (Smoothly) दाब लगाना हो तो कार्य खण्ड (Workpiece) के ऊपर-नीचे वायु सिलेन्डर की सहायता से वायु की गद्दी बना दी जाती है। इस प्रकार हाइड्रॉलिक प्रैस में कार्य खण्ड को वायु सिलेन्डर की कैम के प्लेटफार्म पर रखा जाता है जिससे वह झटकों (Impact) को अवशोषित कर लेता है।

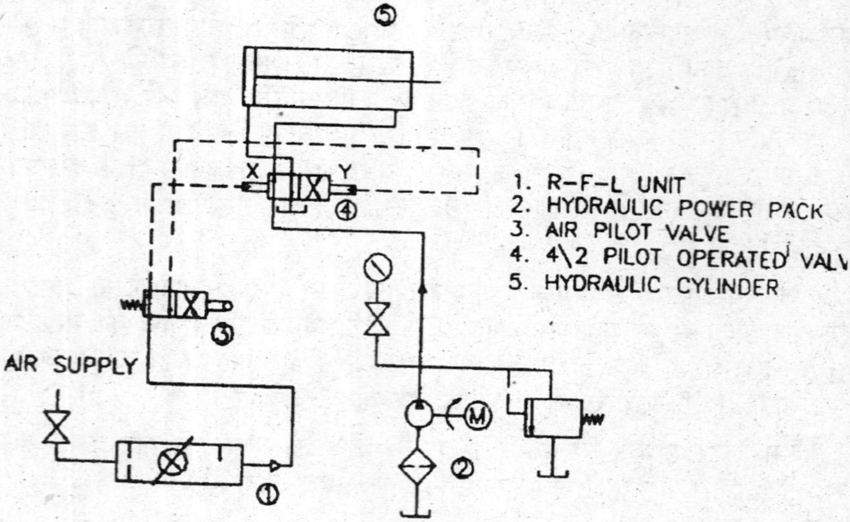

चित्र 5.2

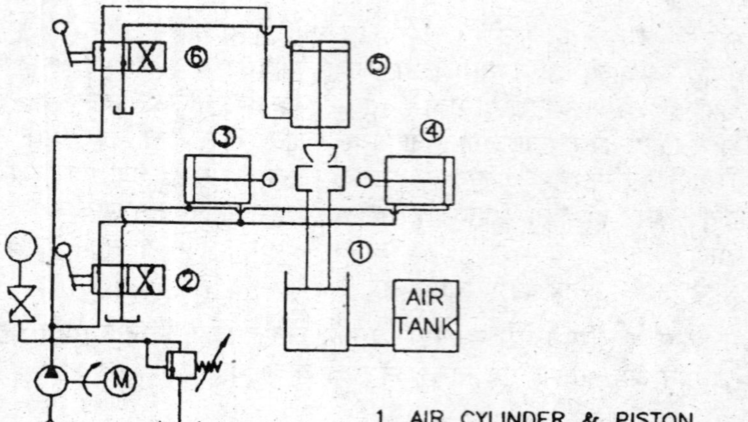

चित्र 5.3

इस प्रकार का एक परिपथ चित्र 5.3 में दर्शाया गया है इसमें दो सिलेन्डर (3 एवं 4) कार्यखण्ड की क्लैम्पिग करते हैं तथा कार्यखण्ड वायु सिलेन्डर (1) कैम के प्लेटफार्म पर टिका हुआ है। सामान्य स्थिति में वायु सिलेन्डर की पिस्टन रॉड वायु दाब के कारण बाहर निकली हुई होती है तथा कार्य खण्ड इस पर टिका रहता है।

जब दिशा निर्धारण वाल्व (2) को ऑपरेट किया जाता है तो सिलेन्डर 3 तथा 4 जॉब की क्लैम्पिग कर देते हैं तथा इसके पश्चात् वाल्व (6) को संचालित किया जाता है जिससे हाइड्रॉलिक रैम (5) नीचे की ओर गति करती हैं हाइड्रॉलिक रैम से जॉब पर पड़ने वाले झटकों को वायु-सिलेन्डर (1) के द्वारा अवशोषित कर लिया जाता है।

5.6 द्रव नियंत्रित वायु वाल्व (OIL CONTROLLED AIR VALVES)

वायुवीय वाल्व एवं अन्य वायवीय युक्तियों को भी द्रव (Oil) की सहायता से नियंत्रित किया जा सकता है चित्र 5.4 में एक परिपथ दर्शाया गया है जिसमें वायुवीय सिलेन्डर को हाइड्रॉलिक परिपथ से संचालित किया गया है जिससे अधिक गति परास (Wide Range of Speed) प्राप्त की जा सकती है। इसमें मुख्य निम्न अवयव है।

- द्रवीय पॉवर पैक यूनिट
- द्रवीय सिलेन्डर
- चैक वाल्व के साथ प्रवाह नियंत्रण वाल्व
- लिमिट स्विच (Limit Switch)
- कैम चालित स्प्रिंग भारित 2/2 वायवीय वाल्व
- 2/4 पायलेट चालित वायुवीय वाल्व
- वायुवीय सिलेन्डर
- संपीडित्र
- रेगुलेटर, फिल्टर, स्नेहक यूनिट

जब पम्प चलता है तो द्रव सॉलनाइड चलित दिशा निर्धारण वाल्व (8) एवं प्रवाह नियंत्रण वाल्व से होता हुआ द्रव सिलेन्डर (6) तक पहुंचता है। इस सिलेन्डर की पिस्टन रॉड के सिरे पर एक कैम लगी होती है जो कि लिमिट स्विच एवं कैम चलित स्प्रिंग भारित 2/2 वायवीय वाल्व को आपरेट करती है। जब सॉलनायड S1 को उर्जित किया जाता है तो द्रव दिशा निर्धारण वाल्व (8) से होता हुआ सिलेन्डर (6) के दाँयी ओर वाले सिरे की तरफ से प्रवेश करता है। इससे पिस्टन रॉड बाहर की ओर गति करती है तथा इसकी कैम वायवीय वाल्व (1) को संचालित करती है। इस वाल्व के आपरेट होने से इसके माध्यम से वायु बाहर निकलने लगती है एवं वायवीय दिशा निर्धारण वाल्व (3) दाँयी ओर से संचालित हो जाता है एवं वायवीय पिस्टन बाहर की ओर गति करने लगता है।जैसे-जैसे द्रव सिलेन्डर की पिस्टन रॉड और आगे गति करती है दूसरा वायवीय वाल्व (2) संचालित हो जाता है एवं दिशा निर्धारण वाल्व बाँयी ओर से संचालित हो जाता है एवं वायवीय पिस्टन (4) अन्दर की ओर गति करने

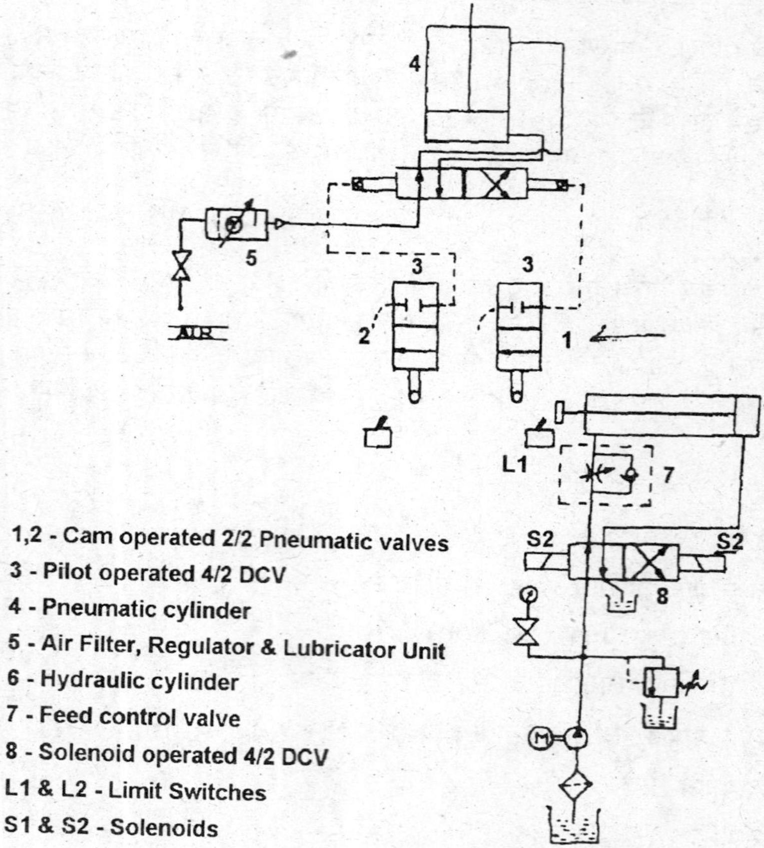

चित्र 5.4

लगता है। द्रव सिलेन्डर की पिस्टन रॉड और आगे बढ़ने पर लिमिट स्विच L2 को संचालित कर देती है जोकि सॉलनाइड S2 को उर्जित (Energised) कर देता है एवं दिशा निर्धारण वाल्व (8) बाँयी ओर से संचालित हो जाती जिससे प्रवाह की दिशा बदल जाती है एवं द्रव सिलेन्डर की पिस्टन रॉड अन्दर की ओर गति करने लगती है। वापिस जाते समय द्रव पिस्टन तेज गति से वापिस जाता है क्योंकि अब द्रव प्रवाह नियंत्रण वाल्व की बजाय चैक वाल्व से सीधा निकल जाता है।

द्रव सिलेन्डर की पिस्टन रॉड की कैम इस प्रकार बनी होती है कि यह वापिस आते समय वायवीय वाल्व को संचालित नहीं करती। पश्च स्ट्रॉक (Return Stroke) के अन्त में कैम लिमिट स्विच L1 को आपरेट करती है जिससे पुनः सॉलनाइड S1 उर्जित हो जाता है।

प्रश्न

1. वायु एवं द्रव के संयुक्त सिस्टम के क्या-क्या लाभ हैं।
2. वायु - द्रव संयुक्त निकाय कहाँ-कहाँ प्रयुक्त किया जाता है।
3. एक वायुवीय चालित द्रवीय वाल्व की कार्यप्रणाली समझाइये।
4. द्रवीय निकायों में वायु किस प्रकार गद्दी का कार्य करती है।
5. एक परिपथ की सहायता से द्रव नियंत्रित वायु वाल्व का वर्णन कीजिये।

भाग - 3

स्नेहक एवं स्नेहन

अध्याय - 1

स्नेहन सिद्धान्त

जब एक सतह किसी दुसरी सतह पर फिसलती है तो दोनों सतहों के मध्य गति का प्रतिरोध होता है यह प्रतिरोधी बल (Resisting Force) घर्णण (Friction) कहलाता है। जब घर्षण कम होता है तो दोनों सतह एक दूसरे पर आसानी से गति करती है अथवा फिसलती है परन्तु जब घर्षण अधिक होता है तो सतहों के मध्य सापेक्ष गति कठिन होती है।

इस प्रकार घर्षण को कम कर गति को बढ़ाया जा सकता है। परन्तु कुछ स्थानों पर घर्षण शक्ति अथवा गति पारेषण (transmission) के भी काम आता है जैसे गाड़ियों के क्लच में।

1.1. घिसाव (WEAR)

दो सतहों के मध्य गति के समय दोनों सतहों पर से कुछ धातु उतरती रहती है जिसे धातु का घिसाव कहते हैं। धातु एवं ऊर्जा संरक्षण हेतु घिसाव का नियंत्रण अत्यंत आवश्यक है।

यदि मशीन की हुयी सतही को भी माइक्रोस्कॉप से देखा जाये तो वह काफी खुरदरी दिखाई देगी। चित्र 1.1 के अनुसार दोनों सतह पूरी तरह से एक दूसरे पर न टिक कर कुछ उच्च बिन्दुओं पर टिकी होती है। इन उच्च बिन्दुओं को एस्पेरिटिज (Asperities) कहा जाता है। अतः दोनों सतह का सम्पर्क क्षेत्रफल (contact Area) इन एस्पेरिटिज के क्षेत्रफल के बराबर होता है तथा सारा भार इन्हीं के द्वारा सहन किया जाता है।

अधिक भार के कारण ये उच्च बिन्दु या तो भार आते ही टूट जाते हैं या स्थाई विरुपण (Plastic deformation) होने के कारण एक सतह के उच्च बिन्दु दूसरी सतह के उच्च बिन्दुओं के साथ जुड़ (weld) जाते हैं तथा जब सतह एक दूसरे के सापेक्ष गति करती है तो ये उच्च बिन्दु टूट जाते हैं इस प्रकार सतहों का निरन्तर घिसाव

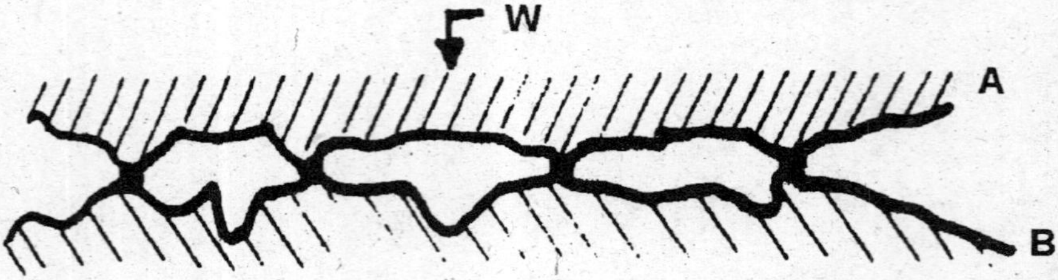

चित्र 1.1

होता रहता है। सतह जितनी कम खुरदरी होंगी अर्थात् जितनी अधिक चिकनी होंगी सम्पर्क क्षेत्रफल (Contact Area) उतना ही अधिक बढ़ जायेगा तथा प्रत्येक उच्च बिन्दु पर भार कम हो जायेगा जिससे वे टूटेंगे नहीं। तथा सतह का घिसाव कम होगा।

1.2 **घर्षण** (Friction)

जब एक सतह दूसरी सतह पर गति करती है तो दोनों सतहों के मध्य घर्षण न्यूटन के घर्षण नियम पर आधारित होता है जो कि निम्न अनुसार है —

1. दो सतहों के मध्य घर्षण सतह के क्षेत्रफल (Surface Area) पर आधारित नहीं होता।
2. घर्षण बल (F) एक सतह पर दूसरी सतह द्वारा डाले गये भार के समानुपाती होता है। अर्थात्

$$F \alpha W$$
$$\text{or } F = \mu \times W$$
$$\text{or } \frac{F}{W} = \mu$$

यहाँ μ घर्षण गुणांक है। घर्षण गुणांक मुख्यतयाः सतह एवं सतह को धातु पर निर्भर करता है। तथा इसका मान 0.3 से 3 तक रहता है।

घर्षण गुणांक दोनों सतहों के मध्य की सापेक्ष गति पर भी निर्भर करता है स्थैतिक घर्षण सदैव गतिज घर्षण से अधिक होता है। किसी स्थिर वस्तु को चलायमान करने में लगने वाला बल स्थैतिक घर्षण बल कहलाता है जबकि गतिज घर्षण बल (Dynamic friction) किसी गतिशील वस्तु को गतिशील बनाये रखने में लगने वाला बल होता है।

1.3 **स्नेहन** (Lubrication)

जब एक सतह किसी दूसरी सतह पर गति करती है तो उनके मध्य घर्षण को कम

करने वाले पदार्थ स्नेहक कहलाते हैं तथा यह प्रक्रिया स्नेहन कहलाती है। स्नेहक ठोस, अर्ध-ठोस अथवा द्रव अवस्था में होते हैं।

जब एक सतह किसी दूसरी सतह पर गति करती है तो स्नेहक निम्न कार्य करते हैं।

1. यह दोनों सतहों के मध्य घर्षण को कम कर देने के कारण गति के लिये आवश्यक बल को कम कर देता है अर्थात् कम शक्ति (Power) व्यय होती है।
2. यह दोनों संतहों के घिसाव को कम करता है।
3. यह दोनों सतहों को गरम होने से रोकता है।
4. यह सतह पर जंग लगने से रोकता है।

1.4 **शुष्क स्नेहन** (DRY LUBRICATION)

शुष्क स्नेहन में ठोस स्नेहक (Solid Lubricant) प्रयोग में लाये जाते हैं इसलिए इसे ठोस स्नेहन भी कहा जाता है। ठोस स्नेहक वे पदार्थ होते हैं जिन्हें यदि दो गतिशील सतहों के मध्य रख दिया जावे तो दोनों सतह आसानी से फिसलने लगती हैं। शुष्क स्नेहन में घर्षण गुणांक (μ), कर्तन बल (shear force) तथा भार (Bearing load) के अनुपात के बराबर होता है।

एक अच्छे ठोस स्नेहक में उच्च रसायनिक स्थिरता तथा सतह पर रुकने की क्षमता होनी चाहिए। ग्रेफाइट, मोलिब्डेनम डाई सल्फाइड तथा टेफलॉन अच्छे ठोस स्नेहक हैं।

1.5 **द्रव स्नेहन** (LIQUID LUBRICATION)

जब स्नेहन के लिए तेलों का उपयोग किया जाता है तो ऐसा स्नेहन द्रव स्नेहन कहलाता है। किसी घुमती हुयी शाफ्ट के बीयरिंग में प्रायः द्रव स्नेहकों का उपयोग किया जाता है।

द्रव स्नेहन मुख्यतया: दो प्रकार का होता है।

(i) मोटी परत स्नेहन (Thick film lubrication)

(ii) पतली परत स्नेहन (Thin film lubrication)

जब दो सतह जिनके मध्य सापेक्ष गति हो, एक द्रव की परत से पूर्णतया अलग-अलग रहे अर्थात् दोनों सतहों के मध्य द्रव की एक परत बन जावे तो इस प्रकार के स्नेहन को मोटी परत स्नेहन कहते हैं। चूंकि दोनों सतह एक दूसरे को सम्पर्क में नहीं आती अतः सतह का खुरदरापन गति पर कोई प्रभाव नहीं डालता। परन्तु गति, उपयोग में

लिये गये द्रव (तेल) से अवश्य प्रभावित होती है। मोटी परत स्नेहन हाइड्रोडॉयनामिक तथा हाइड्रोस्टेटिक प्रकार का होता है।

पतली परत स्नेहन में दोनों सतहों के मध्य में तेल की एक अत्यन्त सूक्ष्म परत होती है तथा दोनों सतह आंशिक रूप से सम्पर्क में होती है। इस प्रकार के स्नेहन को सीमान्त स्नेहन (Boundary lubrication) भी कहते हैं।

1.6 हाइड्रोडायनिक स्नेहक (HYDRODYNAMIC LUBRICATION)

स्नेहन की वह विधि जिसमें दो सतहों के मध्य सापेक्ष गति से एक द्रव झिल्ली (Fluid film) का निर्माण होता है तथा यह द्रव झिल्ली एक सतह से दूसरी सतह को पूर्णतया अलग कर देती है। हाइड्रोडायनामिक स्नेहन को जर्नल बीयरिंग में स्नेहन के द्वारा आसानी से समझा जा सकता है।

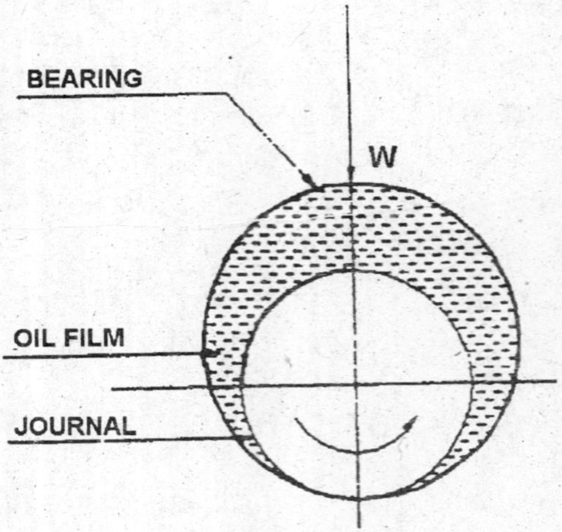

चित्र 1.2

चित्र 1.2 (A) के अनुसार प्रारम्भ में शाफ्ट W भार के कारण बीयरिंग के पैंदे में टिकी हुयी है शाफ्ट की सतह तथा बीयरिंग की सतह एक दूसरे को छू रही हैं। जैसे ही शाफ्ट घूमना प्रारम्भ करती है चित्र 1.2 (B) के अनुसार शाफ्ट, बीयरिंग में ऊपर उठ जाती है। जैसे-जैसे शाफ्ट की घूर्णन गति बढ़ती जाती है, चित्र 1.2 (C) के अनुसार तेल, शाफ्ट और जर्नल के मध्य पम्प होता जाता है तथा सम्पूर्ण भार (W) इस ऑइल द्रव द्वारा वहन कर लिया जाता है जिसे हाइड्रोडायनामिक दाब कहते हैं। इस प्रकार शाफ्ट तथा बीयरिंग का सम्पर्क टूट जाता है जिससे दोनों का पारस्परिक घर्षण अत्यन्त न्यून हो जाता है। दोनों सतहों के मध्य बनने वाली फिल्म शाफ्ट की गति, आइल की श्यानता तथा भार (P) पर निर्भर करती है।

किसी भी फिल्म स्नेहन विधि में घर्षण गुणांक (μ) आइल फिल्म की मोटाई पर निर्भर करता है जो कि पुनः शाफ्ट की गति (ν), आइल की श्यानता (η) तथा भार (p) पर निर्भर करती है। विभिन्न प्रकार के फिल्म स्नेहनों को स्ट्राबैक ग्राफ से प्रदर्शित किया जाता है। जो कि घर्षण गुणांक तथा $\frac{\eta \nu}{P}$ के मध्य खींचा जाता है। चित्र 1.3 (स्ट्राइबैक वक्र) के अनुसार हाइड्रोडायनामिक स्नेहन Zone 3 के द्वारा प्रदर्शित किया जाता है। बिन्दु Q पर घर्षण गुणांक सबसे कम है। हाइड्रोडायनामिक स्नेहन में इस बिन्दु पर फिल्म की मोटाई सबसे न्यून होती है। इससे कम फिल्म मोटाई होने पर दोनों सतहों के उच्च बिन्दु कहीं-कहीं स्पर्श करने लगते जिससे घर्षण गुणांक बढ़ जाता है। बिन्दु Q से यदि आइल की श्यानता बढ़ा दी जावे अथवा शाफ्ट की गति बढ़ जावे तो दोनों ही परिस्थितियों में आइल फिल्म की मोटाई बढ़ जावेगी तथा जिससे घर्षण गुणांक बढ़ जावेगा।

इस प्रकार स्नेहन में घर्षण गुणांक को न्यूनतम रखने के लिए एक निर्धारित मोटाई की ऑइल फिल्म होना आवश्यक है।

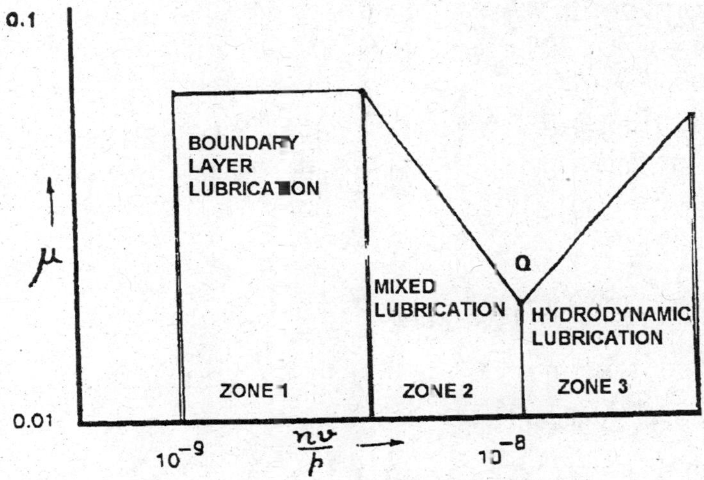

चित्र 1.3

1.7 हाइड्रोस्टेटिक स्नेहन (HYDROSTATIC LUBRICATION)

मोटी फिल्म स्नेहन की दूसरी विधि हाइड्रोस्टेटिक स्नेहन विधि है। जिससे भार को वहन करने वाली द्रव फिल्म किसी बाह्य स्रोत पम्प आदि के द्वारा सतहों के मध्य पर्याप्त द्रव दाब भेज कर उत्पन्न की जाती है। क्योंकि इस विधि में स्नेहक को बाह्य स्रोत द्वारा उच्च दाब पर भेजा जाता है अतः इस प्रकार के बीयरिंग को बाह्य दाबित बीयरिंग (Externally pressurised bearing) भी कहा जाता है।

इस विधि में भार को उठाने के लिए अर्थात् जर्नल को बीयरिंग की सतह से अलग करने के लिए उच्च दाब पर आइल भेजा जाता है आइल के लिए आवश्यक दाब का मान निम्न प्रकार ज्ञात किया जाता है।

$$P = W/A$$

जहाँ W - भार तथा A - क्षेत्रफल है।

यह विधि उर्ध्व टर्बोजनित्र तथा बॉल मिल में प्रयोग होती है।

1.8 बाउन्ड्री स्नेहन (BOUNDARY LUBRICATION)

इस विधि में निर्मित द्रव फिल्म अत्यन्त सूक्ष्म अथवा पतली होती है। चित्र 1.3 (स्ट्राइबैंक वक्र) में जब हम बिन्दु Q से बांयी तरफ बढ़ते हैं तो द्रव फिल्म की मोटाई धीरे-धीरे कम होती जाती है तथा घर्षण गुणांक बढ़ता जाता है। Zone-1 में आकर घर्षण गुणांक स्थिर हो जाता है इस अवस्था में यद्यपि दोनों सतहों के उच्च बिन्दु (asperities) एक दूसरे के सम्पर्क में होते हैं परन्तु सतहों द्वारा तेल के अधिशोषण (adsorption) हो जाने के कारण तेल के अणुओं की तह प्रत्येक सतह पर बन जाती है तथा दोनों सतह सम्पर्क में होने पर भी जकड़ (seize) नहीं पाती तथा आसानी से फिसल जाती हैं।

ऐसी स्थिति में तेल की श्यानता अत्यन्त न्यून होने पर अथवा गति कम होने पर अथवा भार अधिक होने पर ही आती है जबकि पूरी द्रव फिल्म का निर्माण नहीं हो पाता।

प्रश्न

1. घर्षण के आधारभूत नियम क्या है?
2. घिसाव से क्या तात्पर्य है? यह क्यों होता है?
3. निम्न लघु टिप्पणियाँ लिखिये।

   (अ) शुष्क स्नेहन (ब) द्रव स्नेहन (स) गैसीय स्नेहन
4. निम्न स्नेहन सिद्धान्तों को समझाइये।

   (अ) हाइड्रोडायनामिक स्नेहन (ब) बाउन्ड्री स्नेहन
5. हाइड्रोस्टेटिक स्नेहन का वर्णन कीजिये।
6. स्ट्राइबैंक वक्र के द्वारा विभिन्न स्नेहन विधियों का वर्णन कीजिये।

अध्याय 2

स्नेहक तेलों के गुणधर्म

स्नेहक तेलों की विभिन्न परिस्थितियों में उपयोगिता निर्धारित करने के लिए उनके विभिन्न गुणों की जानकारी आवश्यक है इस अध्याय में स्नेहक तेलों के विभिन्न गुणों का अध्ययन किया गया है।

2.1 श्यानता (VISCOSITY)

द्रव को जिस बर्तन में डाला जाता है वह उसी के आकार के अनुसार बहने लग जाता है इस प्रकार अत्यन्त न्यून अपरूपण प्रतिबल (shear stress) लगने पर भी यह निरन्तर विकृत (Deform) होता रहता है। किसी भी न्यूटोनियन द्रव के लिए लगाया गया अपरुपण प्रतिबल द्रव की विकृति की दर के समानुपाती होता है।

अर्थात् अपरुपण प्रतिबल $(\tau) = \mu \frac{du}{dx}$

जहाँ μ श्यानता गुणांक कहलाता है।

तथा $\frac{du}{dx}$ = वेग ग्रेडियेन्ट (Velocity Gradient)

एक आदर्श द्रव अथवा न्यूटोनियन द्रव के बहाव में किसी प्रकार का प्रतिरोध नहीं होता जबकि अन्य सभी द्रवों में कुछ न कुछ बहाव का विरोध करने की प्रवृत्ति होती है जिसे श्यानता कहते हैं। तथा μ का मान 1 से अधिक होता है। अतः श्यानता द्रव का वह गुण है जो कि उसके बहने की प्रवृत्ति का विरोध करता है।

यह श्यानता निरपेक्ष श्यानता भी कहलाती है। इसे प्रायः पॉइस अथवा सेन्टीपॉइस में व्यक्त किया जाता है। S.I. पद्धति में इसकी यूनिट न्यूटन सैकेन्ड प्रति वर्ग मी. अथवा पास्कल सैकेन्ड होती है।

1 पॉइस (Poise) = 10^{-1} NS/m^2

1 CP = 10^{-3} Newton Sec/$metre^2$

जल के लिये $\mu = 1.14 \times 10^{-3}$ kg/m.sec

वायु के लिये $\mu = 1.78 \times 10^{-5}$ kg/m.sec

यह श्यानता बीयरिंग अभिकल्पन (Design) के लिए अत्यन्त उपयोगी है।

गतिज श्यानता (Kinematic Viscosity), निरपेक्ष श्यानता (μ) तथा द्रव के घनत्व (ρ) का अनुपात होती है। स्नेहक निर्माताओं द्वारा अधिकांशतयाः इसी श्यानता को प्रदर्शित किया जाता है। इसका मापन विभिन्न प्रकार की कैपीलरी ट्यूबों (Capillary tubes) जिनमें तेल गुरुत्व अथवा भार के कारण नीचे गिरता है, के द्वारा किया जाता है। इसे स्टॉक (Stokes) में व्यक्त किया जाता है।

$$\nu = \frac{\mu}{\rho} = \frac{\text{kg/m.sec}}{\text{kg/m}^3} = \text{m}^2/\text{sec}$$

$$1 \text{ centistock} = 1 \text{ mm}^2/\text{sec.}$$

20° तापक्रम पर जल की निरपेक्ष श्यानता 1 cp के बराबर होती है तथा चूंकि इस तापक्रम पर पानी का घनत्व भी लगभग 1 होता है अतः गतिज श्यानता 1 cSt के बराबर होती है।

Table 2.1. 8 तेलों का SAE के अनुसार वर्गीकरण

SAE No.	−18° (0°F) पर श्यानता (cp)	100°C पर श्यानता (cSt)	
	अधिकतम	न्यूनतम	अधिकतम
इंजन क्रेक केस आयल			
5 W	1250	–	
10 W	2500	–	
20 W	10,000	–	
20	–	5.6	<9.3
30	–	9.3	<12.5
40	–	12.5	<16.3
50	–	16.3	<21.9
गीयर आयल			
75	3250		
80	21600		
90	–	14	<25
140	–	25	<43
250	–	43	

गतिज श्यानता को रैडवुड (Redwood) श्यानता, सेबोल्ट (Saybolt) श्यानता तथा एन्लर (Engler) श्यानता के रूप में भी मापा जाता है। सोशायटी ऑफ अमेरिकन

इंजीनियर्स (SAE) ने विभिन्न इंजिन ऑइल तथा शक्ति पारेषण तेलों को श्यानता के आधार पर निम्न अनुसार वर्गीकृत किया है।

स्नेहक तेल जो एक ही तापक्रम पर कार्य कर सकते है सिंगल ग्रेड ऑइल कहलाते हैं जैसे SAE 20 W (W for Winter) अथवा SAE 90, स्नेहक जो - 18°C से 100°C तक दोनों तापक्रमों की आवश्यकता पूर्ति कर सकते हैं मल्टीग्रेड ऑइल कहलाते हैं जैसे SAE 20W/50

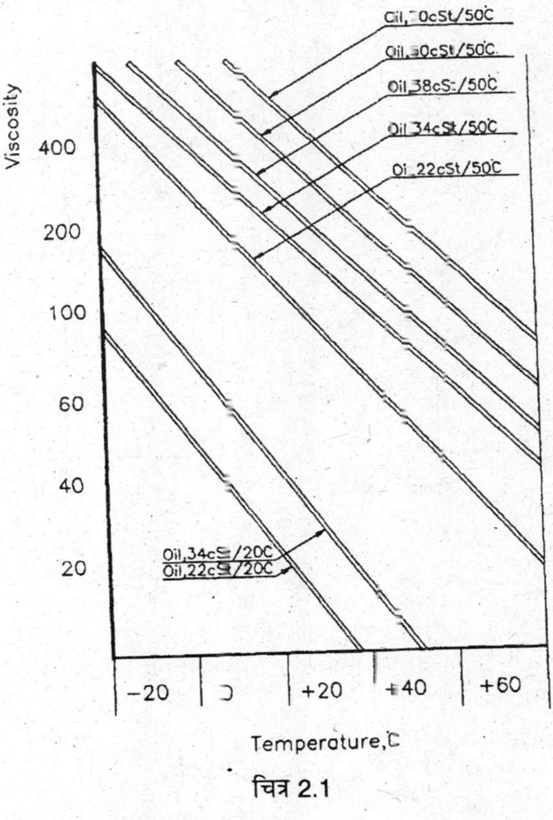

चित्र 2.1

2.1.1 श्यानता पर दाब का प्रभाव

स्नेहक तेल की श्यानता उस पर लगने वाले दाब के बढ़ने के साथ बढ़ जाती है। स्नेहक पर बहुत अधिक दाब बढ़ने पर उसके गुणों में भी अत्यधिक परिवर्तन होता है तथा स्नेहक ठोस की तरह हो जाता है। श्यानता का दाब के परिवर्तन के साथ परिवर्तन हाइड्रालिक आइल के लिए अत्यन्त महत्त्वपूर्ण है, क्योंकि द्रवचालित मशीनों में तेल अति उच्च दाब पर कार्य करते हैं। इनमें दाब 90 से 1000 बार तक हो जाता है।

2.1.2 श्यानता पर ताप का प्रभाव

श्यान प्रतिरोध अथवा स्नेहकों की श्यानता उसके अणुओं के मध्य लगने वाले आकर्षण बल के कारण होती है। जैसे-जैसे ऑइल के ताप में वृद्धि होती है ऑइल प्रसारित होता है तथा अन्तराअणुक बल (Intermolecular force) में कमी होती जाती है। अतः ताप में वृद्धि से स्नेहकों की श्यानता में कमी होती आती है। चित्र 2.1 तथा 2.2 में तापक्रम का श्यानता एवं श्यानता सूचकांक के साथ सम्बन्ध दर्शाया गया है।

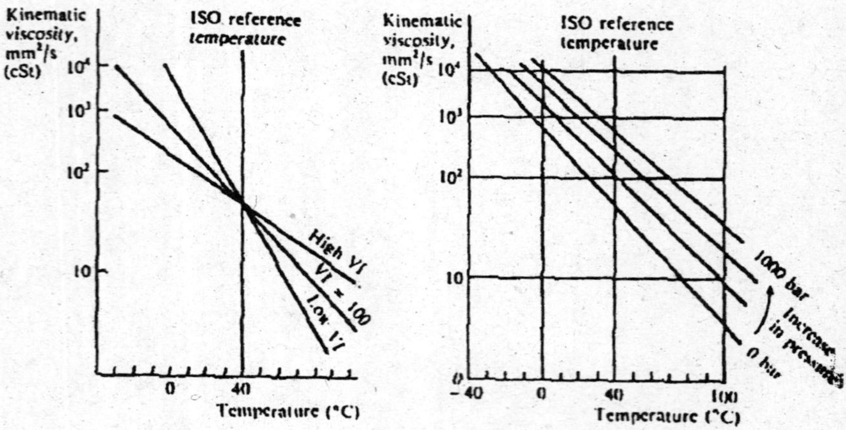

(a) (b)

चित्र 2.2

तापक्रम तथा श्यानता के मध्य सम्बन्ध निम्न समीकरण के द्वारा भी प्रदर्शित किया जाता है।

$$\text{Log}\,\mu = A + \frac{B}{T}$$

जहाँ A तथा B नियतांक है तथा T निरपेक्ष तापक्रम है। किसी भी विशिष्ट परिस्थिति में स्नेहन तेल के चुनाव में श्यानता-तापक्रम सम्बन्ध का अत्यधिक महत्त्व है। यदि किसी मशीन अथवा इंजिन के प्रारम्भ करने के समय के तापक्रम तथा पश्चातवर्ती तापक्रम में अधिक अन्तर हो तो इस प्रकार के स्नेहन तेल का चुनाव आवश्यक है जो दोनों परिस्थितियों में कार्य कर सके। तथा ऐसी स्थिति स्नेहन तेल की श्यानता तापक्रम परिवर्तित होने के साथ अधिक परिवर्तित नहीं होनी चाहिए। श्यानता के तापक्रम के साथ कम या अधिक परिवर्तन को श्यानता सूचकांक के द्वारा प्रदर्शित किया जाता है।

2.2 श्यानता सूचकांक

तापक्रम परिवर्तन के साथ तेलों की श्यानता कितनी परिवर्तन होती है यह मापने के लिये श्यानता सूचकांक का उपयोग किया जाता है। जैसा कि पूर्व में बताया गया है कि जहाँ मशीन का प्रारम्भिक तापक्रम तथा सामान्य कार्यकारी तापक्रम में अधिक अन्तर होता है, तेल के श्यानता सूचकांक का अध्ययन अत्यन्त आवश्यक है।

जिन तेलों का श्यानता सूचकांक अधिक है वे तेल तापक्रम बढ़ने पर कम पतले पड़ते हैं अर्थात् तापक्रम बढ़ने से उनकी श्यानता में कमी, अधिक नहीं होती इसी प्रकार जिन तेलों का श्यानता सूचकांक कम होता है वे तापक्रम बढ़ने पर पानी की तरह पतले हो जाते हैं। अर्थात् उनकी श्यानता बहुत कम हो जाती है।

श्यानता सूचकांक का मान निम्न सूत्र से ज्ञात किया जा सकता है।

$$VI = \frac{100\,(L - U)}{(L - H)}$$

जहाँ U, सैम्पल तेल की 40°C पर श्यानता है। L, 40°C पर शून्य श्यानता सूचकांक वाले ऐसे तेल की श्यानता है जिनकी 100°C पर श्यानता परीक्षण तेल की श्यानता के बराबर है। इसी प्रकार H, 40°C पर 100 श्यानता सूचकांक वाले ऐसे तेल की श्यानता है जिसकी 100°C पर श्यानता परीक्षण तेल की श्यानता के बराबर हो।

श्यानता सूचकांक सामान्यतया 0 से 100 तक परिवर्तित होता है। यदि किसी तेल का श्यानता सूचकांक 0 है तो इस तेल की श्यानता तापक्रम में परिवर्तन होने पर तेजी से परिवर्तित होगी इसी प्रकार यदि किसी तेल का श्यानता सूचकांक 100 है तो इस तेल की श्यानता तापक्रम में परिवर्तन होने पर बहुत कम परिवर्तित होगी।

नेफ्थेनिक खनिज तेलों का श्यानता सूचकांक पैराफिनिक खनिज तेलों की अपेक्षा कम होता है। 80 अथवा उसके अधिक श्यानता सूचकांक वाले तेल उच्च श्यानता सूचकांक (HVI) की श्रेणी में आते हैं इसी प्रकार 30 अथवा उससे कम सूचकांक वाले तेल निम्न श्यानता सूचकांक (LVI) की श्रेणी में आते हैं। शेष को MVI तेल कहा जाता है।

2.3 स्फुरांक बिन्दु एवं अग्नि बिन्दु (Flash point & Fire point)

वह न्यूनतम तापक्रम जिस पर स्नेहक तेल में अग्नि के सम्पर्क में आने पर ज्वलनशील वाष्प उत्पन्न हो जाती है तथा अग्नि का सम्पर्क हटा देने पर ज्वलनशील वाष्प अथवा स्फूरांक (Flash) समाप्त हो जाता है उस स्नेहक तेल का स्फूराँक बिन्दु (Flash point) कहलाता है।

इसी प्रकार वह न्यूनतम तापक्रम जिस पर स्नेहक को एक बार अग्नि के सम्पर्क लाने पर वह कम से 5 सैकेन्ड तक स्वतः ही जलता रहता है उस स्नेहक का अग्नि बिन्दु (Fire point) कहलाता है।

अग्नि बिन्दु सदैव स्फूरांक बिन्दु से उच्च तापक्रम पर होता है। किसी भी अच्छे स्नेहक के उक्त दोनों तापक्रम बिन्दु उसके कार्यकारी तापक्रम (working temperature) से काफी अधिक होने चाहिए।

2.4 चिकनापन

स्नेहक का चिकनापन स्नेहन कार्य के लिए सबसे मुख्य गुण है यह गुण यह प्रदर्शित करता है कि स्नेहक तेल में भारी दाब की स्थिति में मशीन अवयव के सतह पर चिपकने की क्षमता कितनी है।

जब कम चिकनेपन वाले तेल पर भारी दाब लगता है तो वह मशीन अवयव की सतह पर से हट जाता (squeezed out) है जिसके कारण सतह का स्नेहन रूक जाता है। इसके विपरीत जब अधिक चिकनेपन वाले तेल पर भारी दाब पड़ता है तो भी वह सतह पर बना रहता है तथा स्नेहन निरन्तर होता रहता है।

2.5. मेघ एवं बहाव बिन्दु (Cloud and Pour Point)

जब तेल को धीरे-धीरे ठण्डा किया जाता है तो वह तापक्रम जिस पर तेल में हल्के तथा भारी धब्बे (spots) दिखाई देने लगे अर्थात् तेल धुंधला हो जावे उस तेल का मेघ बिन्दु कहलाता है।

तेल को जब और अधिक ठण्डा किया जाता है अर्थात् उसका तापक्रम कम किया जाता तो जिस तापक्रम पर तेल बहना बन्द कर दें अथवा जमें हुआ तेल जिस तापक्रम पर पुनः बहना प्रारम्भ हो जावे बहाव बिन्दु (Pour point) कहलाता है। जिस तेल को कम तापक्रम पर कार्य में लेना हो उस तेल के मेघ बिन्दु एवं बहाव बिन्दु उस कार्यकारी तापक्रम से कम होने चाहिए।

2.6 पायसीकरण (Emulsification)

स्नेहक तेल का वह गुण जिसके कारण तेल, पानी के साथ मिलकर मिश्रण बना लेता है, पायसीकरण कहलाता है। तथा इस मिश्रण को पायस (Emulsion) कहते हैं। जिसको तेज गति से बहा करके मशीनों में स्नेहन किया जाता है।

इस मिश्रण में स्नेहन के साथ-साथ छोटे-छोटे धूल, मिट्टी एवं मशीन अवयव के घिसे हुए बुरादे (burr) को अपने साथ बहा ले जाने का गुण होता है जो अन्यथा स्नेहन वाली सतह को घिसाव करता है।

धातु कर्तन में प्रयोग में लिए जाने वाले स्नेहक में यह गुण आवश्यक होता है।

2.7 वाष्पशीलता (Volatility)

जब स्नेहक तेल को भारी मशीनों जो कि उच्च ताप पर कार्य करती हैं के मध्य काम में लिया जाता है तो उसका एक अंश वाष्पित हो जाता तथा अवशेष तेल (Residual oil) शेष रह जाता जिससे सतह का उचित स्नेहन नहीं हो पाता। अतः एक अच्छे स्नेहक तेल में वाष्पशीलता का गुण कम होना चाहिए।

2.8 कार्बन अवशेष (carbon Residue)

स्नेहक तेलों में कार्बन का उच्च प्रतिशत पाया जाता है। जब तेलों को उच्च ताप पर उपयोग में लिया जाता है तो तेल विघटित होकर सतह पर कार्बन के अवशेष छोड़ देते हैं यह कार्बन सतह पर जमता रहता है जिससे सतह का घर्षण बढ़ जाता है। अर्न्तदहन इंजिन तथा वायु संपीडित्र में ऐसा काफी देखने में आता है।

अतः एक अच्छे स्नेहक तेल में उच्च ताप पर सतह पर कार्बन छोड़ने की प्रवृत्ति कम होनी चाहिए।

2.9 आपेक्षिक घनत्व (specific Gravity)

स्नेहक तेल पानी से कितना भारी है यह जानने के लिए आपेक्षित घनत्व का मापन किया जाता है तेल के घनत्व तथा पानी के घनत्व का अनुपात आपेक्षित घनत्व के बराबर होता है। अर्थात्

$$\text{आपेक्षिक घनत्व (S.G.)} = \frac{\text{स्नेहक तेल का घनत्व}}{\text{पानी का घनत्व}}$$

स्नेहक तेल की पहचाने करने के लिए तथा यह जानने के लिए कि स्नेहक तेल किस कच्चे तेल (Crude Oil) से बनाया गया है, आपेक्षिक घनत्व अत्यन्त उपयोगी है।

अमेरिकन पेट्रोलियम संस्थान (American Petroleum Institute) द्वारा आपेक्षिक घनत्व को API degrees में परिभाषित किया गया है।

A.P.I. gravity = 141.5/60°F पर आपेक्षिक घनत्व - 131.5

2.10 भस्म अंश (Ash Content)

भस्म अंश ज्ञात करने के लिए स्नेहक तेल की निश्चित मात्रा को हवा की उपस्थिति

में एक निश्चित दर से एक कुठाली (crucible) में गरम किया जाता है। उपयोग में लिए हुए स्नेहक तेल में भस्म अंश का प्रतिशत, ऐसे धातु जो अपघर्षण (Abrasion) तथा घिसाव उत्पन्न करते हैं, को ज्ञात करने के लिए बहुत उपयोगी है।

2.11 **स्नेहक संयोज्य** (LUBRICANT ADDITIVES)

स्नेहक तेलों की गुणवत्ता बढ़ाने तथा उन्हें विभिन्न परिस्थितियों में कार्य करने योग्य बनाने के लिए इनमें विभिन्न रासायनिक पदार्थ मिलाये जाते हैं जिन्हें स्नेहक संयोज्य कहते हैं।

स्नेहक संयोज्यों को मुख्यतयाः निम्न तीन श्रेणियों में विभाजित किया जा सकता है।

(i) संयोज्य जो स्नेहक को खराब होने से रोकते हैं।

(ii) संयोज्य जो मशीन को इंधन अथवा स्नेहक के दुष्प्रभावों से रक्षा करते हैं।

(iii) संयोज्य जो स्नेहकों में नये गुणों का विकास करते हैं।

संयोज्यों को उनके विभिन्न गुणों के आधार पर निम्नलिखित वर्गों में विभाजित किया जा सकता है -

2.11.1 **आक्सीकरण-रोधी** (Anti-oxidants)

स्नेहक तेलों में उपस्थित विभिन्न रसायन, आक्सीजन के साथ क्रिया कर आक्सीकृत हो जाते हैं जिससे तेल का विघटन होकर तेल खराब हो जाता है।

आक्सीकरण - रोधी संयोज्य से तेलों का आक्सीकरण के प्रति प्रतिरोध बढ़ जाता है और उनका विघटन नहीं होता। इस प्रकार ये संयोज्य तेल तथा मशीन दोनों के कार्यकाल (Service Life) में वृद्धि कर धातु की सतह पर तेलों की वार्निश तथा आपंक (Sludge) बनने से रोकते हैं।

फिनॉल्स (Phenols) तथा एमाइन (Amines), आक्सीकरण रोधी संयोज्य के रूप में तेलों में मिलाये जाते हैं

2.11.2 **संक्षारण निरोधी संयोज्य** (Corrosion Inhibitor)

शुद्ध खनिज तेल प्रायः संक्षारण युक्त होते हैं तथा सतह की वायुमण्डलीय नमी, आक्सीकरण उत्पाद, एवं जल के संक्षारण से रक्षा करते हैं। तेलों में उपस्थित कुछ संयोज्य स्टील तथा बीयरिंग धातु जैसे कॉपर, कांस्य, टिन एवं एल्यूमीनियम आदि पर संक्षारण करते हैं।

संक्षारण निरोधी संयोज्य सतह की इस संक्षारण से रक्षा करते हैं ये संयोज्य गंधक तथा फास्फोरस के यौगिकों से बने होते हैं।

जिंक डाइ ईथाईल डाई थायो फॉस्फेट, ट्राई एल्काइल फॉस्फाइट, गंधक युक्त तारपीन, तथा कैल्शीयम एवं बेरियम सल्फोनेट आदि संक्षारण निरोधी संयोज्य के रूप में प्रयुक्त होते हैं।

2.11.3 घिसाव-रोधी संयोज्य (Anti Wear Additives)

जब दो मिलने वाले पुर्जे का सीमांत स्नेहन विधि द्वारा स्नेहन किया जा रहा हो तो उनके घिसाव को रोकने के लिए तेल में घिसाव रोधी संयोज्य आवश्यक हो जाते हैं क्योंकि दोनों की सतह एक दूसरे के सम्पर्क में रहती हैं। इसी प्रकार कैम, टैपेट, ऑईल पम्प, छोटे गियर, एवं पिस्टन रिंग आदि में भी घिसाव के कम करने के लिए स्नेहक तेलों में घिसाव रोधी संयोज्य का उपयोग किया जाता है।

जिंक डाई थायो फॉस्फेट संक्षारण निरोधी संयोज्य के साथ घिसाव-रोधी संयोज्य का कार्य भी करता है।

2.11.4 अपमार्जक - परिक्षेपक संयोज्य (Detergent-Dispersant Additive)

अपमार्जक-परिक्षेपक संयोज्य, स्नेहन की हुयी सतह की सफाई कर जले हुए तथा आक्सीकरण के अघुलनशील उत्पादों को सतह पर चिपकने से रोकते हैं।

उद्योगों में काम में आने वाली विभिन्न मशीन जो धूल-मिट्टी के कणों आच्छादित होती रहती हैं, में इस संयोज्य से युक्त तेल अत्यन्त उपयोगी है।

कैल्शियम तथा बेरियम के पेट्रोलियम सल्फोनिक अम्ल द्वारा बने साबुन तथा फिनोलिक साल्ट इस संयोज्य के रूप में काम आते हैं।

2.11.5 अति दाब संयोज्य (Extreme Pressure Additives)

ऐसे संयोज्य जो उच्च भार एवं उच्च ताप पर, धातु से धातु के संपर्क को समाप्त कर धातु का वैल्डन तथा अवक्षारण (Scoring) रोकते हैं अति दाब संयोज्य कहलाते हैं।

ये संयोज्य सम्पर्क में आने वाली धातुओं के मध्य एक मोटी परत उत्पन्न कर देते हैं।

सीटाइल क्लोराइड, क्लोरीनेटेड वैक्स, सल्फ्यूराइज्ड ऑलिक अम्ल, मोलिब्डेनम डाई सल्फाइड आदि को अति दाब संयोज्य के रूप में प्रयुक्त किया जाता है।

ये संयोज्य कई बार सतह पर संक्षारण उत्पन्न कर देते हैं, इसलिए इन्हें जहाँ आवश्यकता हो वहीं पर प्रयुक्त करना चाहिए।

2.11.6 पायसीकरण संयोज्य (Emulsification Additive)

स्नेहकों में प्रायः पायसीकरण संयोज्य की आवश्यकता नहीं होती परन्तु जहाँ पर स्नेहक को पानी के साथ मिलाकर स्नेहन करना हो पायसीकरण संयोज्य स्नेहक तेलों में मिलाये जाते हैं।

जब स्नेहक तेल को धातु कर्तन द्रव के रूप में अथवा शीतलक के रूप में प्रयुक्त किया जाता है तो पायसीकारक मिले हुए तेलों का उपयोग किया जाता है।

वसा अम्लों के साबुन अथवा सोडियम सल्फोनेट इस प्रयोजन हेतु काम में लाये जाते हैं।

2.11.7 प्रगाढ़क (Thickenning Agent)

जब स्नेहक तेलों से ग्रीस का निर्माण किया जाना हो तो प्रगाढ़क का उपयोग किया जाता है।

एल्यूमिनियम, बेरियम, कैल्शीयम, लिथियम, सोडियम आदि के साबुन ग्रीस निर्माण में प्रगाढ़क के रूप में प्रयुक्त होते हैं।

2.11.8 झाग-रोधी संयोज्य (Anti-foaming Agent)

जब तेल में छोटे-छोटे बुलबुले बहुत अधिक हो जाते हैं तो ये झाग के रूप में एकत्र होकर तेल के प्रवाह में बाधा डालते हैं। झाग के कारण बीयरिंग आदि पार्ट जहाँ पम्प से तेल पहुँचता है, में पूरा स्नेहन हेतु तेल नहीं पहुँचता क्योंकि पम्प तेल के स्थान पर हवा के झाग (Air foam) को फेंकता रहेगा झाग होने के कारण तेल संपीड्य (Compressible) हो जायेगा जिसे परिसंचारित (Circulate) करना संभव नहीं होता।

झाग रोधी संयोज्य के रूप में तेलों में सिलिकन पॉलीमर मिलाये जाते हैं। जिनसे फिल्म सामर्थ्य कम हुए बिना पृष्ठ तनाव कम हो जाता है तथा तेलों में झाग नहीं बनते।

2.11.9 जंग-रोधी संयोज्य (Anti-Rust Additives)

किसी भी परिसंचारी स्नेहक में मशीन की स्थिति के अनुसार कुछ न कुछ नमी अवश्य होती है जंग रोधी संयोज्य तेल में उपस्थित नमी अथवा जलांश को धातु की सतह सम्पर्क में नहीं आने देता तथा तेल, धातु की सतह पर मोटी फिल्म बना लेता है। ये तेल में उपस्थित अम्लों को भी उदासीन कर देते हैं। इससे धातु की सतह की जंग से रक्षा हो जाती है।

जंग रोधी संयोज्य पानी में अघुलनशील पोलर यौगिक होते हैं। जैसे वसा अम्लों से व्युत्पन्न पदार्थ (Derivatives), धात्विक फास्फेट, थायोसल्फेट, कार्बनिक सल्फाइड और नाइट्रोजन युक्त अन्य यौगिक।

2.11.10 **श्यानता सूचकांक वर्धक संयोज्य** (V.I. Improver Additive)

तेलों का श्यानता सूचकांक, उनकी श्यानता के ताप के साथ परिवर्तन पर आधारित होता है जितना अधिक श्यानता सूचकांक होता है। उतनी तापक्रम में परिवर्तन होने पर श्यानता कम परिवर्तित होती है। अतः किसी भी स्नेहक तेल का श्यानता सूचकांक उच्च होना चाहिए जिससे तेल ठण्डी तथा गरम दोनों परिस्थितियो में अच्छी प्रकार कार्य कर सके।

अतः तेलों की श्यानता को तापक्रम के परिवर्तन के बावजूद भी स्थिर बनाये रखने के लिए कुछ बहुलीकृत पदार्थ मिलाये जाते हैं जैसे आइसो ब्यूटीलीन पॉलीमर तथा एक्रीलेट कोपॉलीमर आदि।

प्रश्न

1. श्यानता से आप क्या समझते हैं? यह स्नेहन में किस प्रकार उपयोगी है?
2. ताप एवं दाब परिवर्तन श्यानता को किस प्रकार प्रभावित करते हैं।
3. स्फुरांक बिन्दु एवं अग्नि बिन्दु को परिभाषित कीजिए स्नेहक के चयन में इनका क्या महत्त्व है।
4. स्नेहकों के निम्न गुणों को समझाइये।

    (अ) स्नेहकता

    (ब) चिकनापन

    (स) मेघ एवं बहाव बिन्दु
5. निरपेक्ष श्यानता एवं गतिज श्यानता में अन्तर स्पष्ट कीजिए।
6. स्नेहकों में संयोजकों के क्या कार्य हैं विभिन्न प्रकार के संयोजकों का वर्णन कीजिए।
7. श्यानता सूचकांक से आप क्या समझते हैं। तथा श्यानता सूचकांकवर्धक संयोज्य का क्या कार्य है।
8. पायसीकारक संयोज्य एवं अतिदाब संयोज्य स्नेहकों को किस प्रकार प्रभावित करते हैं। तथा ये कौन-कौनसे होते हैं।

अध्याय 3

स्नेहकों के प्रकार

(TYPES OF LUBRICANT)

स्नेहकों की अवस्था, संरचना, उत्पत्ति स्रोत आदि के आधार पर विभिन्न प्रकार से वर्गीकरण किया जा सकता है। अवस्था के आधार पर स्नेहकों को मुख्यतयाः तीन भागों में विभाजित किया जा सकता है।

(i) द्रव स्नेहक (Liquid Lubricants)

(ii) अर्ध ठोस स्नेहक (Semi-solid Lubricants)

(iii) ठोस स्नेहक (Solid Lubricants)

3.1 **द्रव स्नेहक** (Lubrication oils)

द्रव स्नेहक, तेलों को कहा जाता है। ये जटिल हाइड्रोकार्बनों (Complex hydrocarbons) पर आधारित होते हैं। स्नेहक तेल दो प्रकार के होते हैं पहले कार्बनिक तेल (organic oils) एवं दूसरे खनिज तेल (mineral oils)।

3.1.1 **कार्बनिक तेल** (Organic oils)

खनिज तेलों के आविष्कार से पूर्व जंतुओं एवं वनस्पति पदार्थों से तेल प्राप्त किया जाता था जिसे कार्बनिक तेल कहा जाता है। यद्यपि इन तेलों में सतह पर चिपकने की प्रवृत्ति अर्थात् चिकनापन (Oiliness) काफी अधिक होता है तथापि अधिक कीमत होने के कारण इन्हें स्नेहन में अधिक उपयोग नहीं किया जाता। ये तेल जब वायुमंडलीय नमी के सम्पर्क में आते हैं तो इनका जल-अपघटन (Hydrolysis) हो जाता है साथ ही इनका आक्सीकरण भी आसानी से हो जाता है। ये तेल आक्सीकृत होकर गाढ़े हो जाते हैं तथा गोंद की तरह चिपचिपे हो जाते हैं। विभिन्न प्रकार के कार्बनिक तेल निम्न प्रकार के होते हैं।

जांतव तेल (Animal Oils)

1. व्हेल तेल - यह तेल व्हेल मछली के विभिन्न अंगों के आसवन (distillation) से प्राप्त होता है। यह हवा के सम्पर्क में आने पर स्पर्म वैक्स (मोम) बना लेता है। यह हल्की मशीनों के स्नेहन में काम आता है।

2. द्विशफपाद तेल (Neatsfoot oil) - यह तेल द्विशफ के पंजों को पानी में उबालकर प्राप्त किया जाता है। यह सिलाई मशीन, बन्दूक, घड़ी एवं अन्य छोटे एवं हल्के उपकरणों के स्नेहन में काम आता है।

3. शूकरवसा तेल (Lard oil) - यह तेल शूअर की चर्बी, आँते आदि से प्राप्त किया जाता है। यह साधारण मशीनों के स्नेहन के काम आता है।

4. पशुवसा तेल (Tallow oil) - यह तेल पशु वसा को उच्च दाब पर संपीड़ित कर प्राप्त किया जाता है। यह ऐसी मशीनें जो उच्च दाब एवं कम गति पर कार्य करती हैं, में उपयोग लिया जाता है।

वनस्पति तेल (Vegetable oils)

1. जैतून का तेल (Olive oil) - यह जैतून के पेड़ से प्राप्त किया जाता है। यह कम दाब एवं उच्च गति पर चलने वाली मशीनों की बीयरिंग के स्नेहन के काम आता है।

2. ताड़ का तेल (Palm oil) - यह पीले रंग का होता है तथा ताड़ के फल की गुठली से प्राप्त किया जाता है। यह विभिन्न सूक्ष्म उपकरण जैसे घड़ी आदि के स्नेहन में काम आता है।

3. अरेंडी का तेल (Castor oil) - यह अरंडी के बीज से प्राप्त होता है इसमें चिकनापन काफी अधिक होता है तथा यह खनिज तेलों में अघुलनशील होता है। यह भी कम दाब एवं उच्च गति से चलने वाली मशीनों के स्नेहन में काम आता है।

4. पिंघल का तेल (Hazel Nut Oil) - यह पिंघल के फल से प्राप्त होता है। यह घड़ियों, तालों आदि में काम आता है।

3.1.2 **खनिज तेल** (Mineral or Petroleum Oils)

खनिज तेल पेट्रोलियम पदार्थों के आसवन से प्राप्त होते हैं। ये सभी तेल हाइड्रोकार्बनिक यौगिक होते हैं। इन तेलों की हाइड्रोकार्बन श्रृंखला में 12 से 50 तक कार्बन परमाणु जुड़े होते हैं। छोटी कार्बन श्रृंखला वाले तेल की श्यानता लम्बी कार्बन श्रृंखला वाले तेल की अपेक्षा कम होती है। ये तेल सस्ते एवं प्रचुर मात्रा में उपलब्ध

होने के कारण अधिकांशतयाः इन्हीं तेलों का उपयोग किया जाता है। इन तेलों का कार्यस्थल पर स्थायित्व (stability) भी अधिक होता है। इन्हें पैराफिनिक (Paraffinic) और नैप्थेनिक (naphthenic) दो श्रेणियों में बांटा जा सकता है।

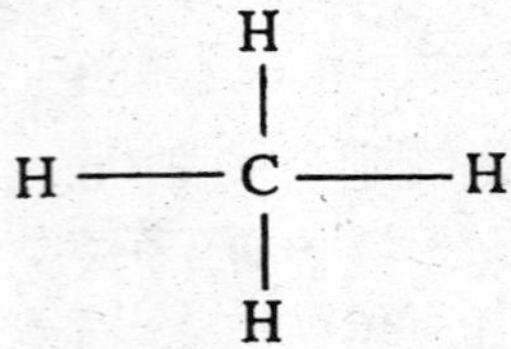

पैराफिनिक तेल - यह पैराफिन्स CnH2n+2 की श्रृंखला पर आधारित होते हैं। यह उच्च तापमान पर स्थायी होते हैं। इनमें घुला मोम अधिक मात्रा में होता है। पैराफिनिक श्रेणी में सबसे छोटी श्रृंखला मीथेन होती है जिसका विन्यास निम्न प्रकार होता है।

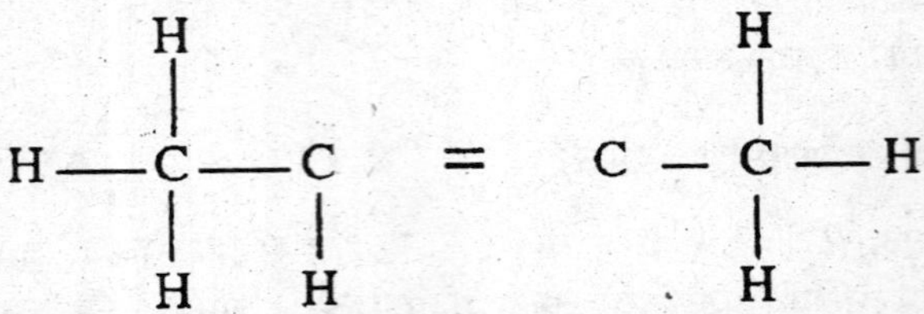

नैप्थेनिक तेल - ये असंतृप्त हाइड्रोकार्बनों से बने होते हैं तथा CnH2n श्रृंखला पर आधारित होते हैं। इनमे ऐसफाल्ट (Asphalt) की मात्रा अधिक होती है। इनमें मोम नहीं होता अतः निम्न ताप पर भी द्रव अवस्था में रहते हैं परन्तु उच्च तापमान पर इनकी स्थायिता कम होती है। पैराफिनिक तेलों की अपेक्षा इनकी श्यानता तापमान परिवर्तन के साथ अधिक बदलती है। इनका विन्यास निम्न प्रकार होता है।

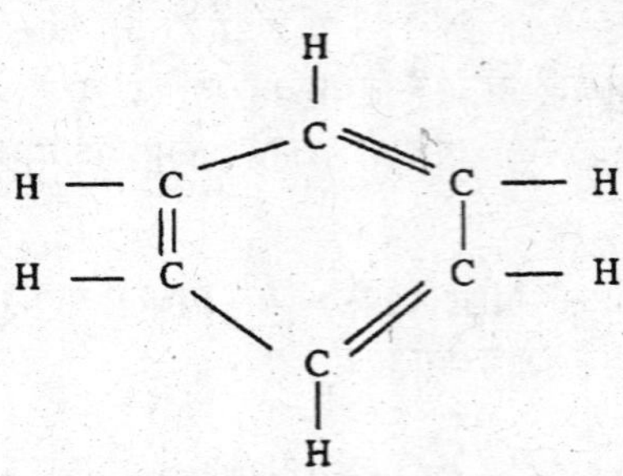

3.1.3 **कृत्रिम स्नेहक तेल** (Synthetic lubricating oil)

कुछ विशिष्ट परिस्थितियों में विशिष्ट प्रकार के गुणों वाले स्नेहकों की आवश्यकता होती है। जैसे वेल्डन, डाइ कास्टिंग आदि में अग्नि-रोधी स्नेहको की आवश्यकता होती है ये विशिष्ट गुण प्राकृतिक तेलों में नहीं पाये जाते अतः कृत्रिम स्नेहक तेलों की

आवश्यकता होती है। फॉस्फेट ईस्टर, मिथाइल सिलिकॉन, फिनाइल-मिथाइल सिलिकॉन, पॉलीग्लाइकॉल आदि कृत्रिम स्नेहक के रूप में काम आते हैं।

Table 3.1 कुछ प्रचलित कृत्रिम स्नेहकों के गुण

प्रकार	स्नेहन क्षमता	आक्सीकरण प्रतिरोध	तापीय स्थिरता	श्यानता सूचकांक
सिलिकॉन	न्यून	अच्छा	बहुत अच्छी	180 +
पॉलीग्लाइकॉल	अच्छी	न्यून	साधारण	150 तक
डाई-ईस्टर	अच्छी	साधारण	बहुत अच्छी	170 तक
फ्लोरोकार्बन	अच्छी	बहुत अच्छा	उत्कृष्ट	कम

3.2 अर्ध-ठोस स्नेहक

तेलों को साबुनीकरण की क्रिया के द्वारा अर्ध-ठोस में रूपान्तरित कर स्नेहन किया जाता है जिन्हें ग्रीसों के नाम से जाना जाता है। तेल किसी भी प्रकार के हो सकते हैं जैसे खनिज तेल अथवा स्नेहक तेल। अध्याय 5 में ग्रीसों का विस्तार से वर्णन किया जावेगा।

3.3 ठोस स्नेहक

जब विभिन्न प्रकार के पाउडर अथवा लेपों (coatings) के द्वारा स्नेहन किया जाता है तो इसे ठोस स्नेहन कहते हैं तथा इन स्नेहकों को ठोस स्नेहक कहा जाता है। ठोस स्नेहक निम्न परिस्थितियों में अत्यन्त उपयोगी हैं।

(i) जहाँ तेलों अथवा ग्रीसों के द्वारा स्नेहन फिल्म को बनाये रखना मुश्किल हो।

(ii) जहाँ कार्यकारी तापमान अथवा भार काफी अधिक हो। जैसे धातु कर्तन आदि में।

(iii) जहाँ तेलों अथवा ग्रीसों का रेत के द्वारा संदूषण (Contamination by dirt) स्वीकार्य नहीं हो। जैसे विद्युत जनित्र में कम्यूटेटर के बुशों में।

(iv) जहाँ ज्वलनशील स्नेहकों का उपयोग वर्जित हो।

ग्रेफाइट, मॉलीब्डेनम डाई सल्फाइड, पी.टी.एफ.ई. आदि को ठोस स्नेहक के रूप में लेपन कर काम में लिया जाता है।

ग्रेफाइट

ठोस स्नेहकों में ग्रेफाइट सबसे अधिक काम आता है। यह कार्बन का क्रिस्टलीय रूप है। यह कोक (Coke) अथवा कठोर कोयले से प्राप्त किया जाता है। इसका खनन भी होता है। यह साबुन जैसा चिकना, अज्वलनशील तथा हवा में 375°C से नीचे आक्सीकृत नहीं होता। यह अकेले अथवा तेलों एवं ग्रीसों के साथ उपयोग किया

जा सकता है। हवा की अनुपस्थिति में इसे काफी उच्च ताप तक उपयोग किया जा सकता है।

ग्रेफाइट को वायु-संपीडित्रों, लेथ मशीन, खाद्य उद्योगों मशीनों, रेल पटरियों के जोड़ों, खुले गियरों, चेन, कास्ट-आयरन बीयरिंग आदि में स्नेहक के रूप में उपयोग किया जाता है।

मोलीब्डेनम डाई-सल्फाइड

इसका घर्षण गुणांक बहुत कम होता है तथा यह हवा में 400°C तक विघटित नहीं होता। उच्च गति पर फिसलने वाली सतहों के मध्य इसका पाउडर डालने पर यह सतह के छिद्रों में भर कर यह सतह पर एक फिल्म निर्माण कर लेता है। यह ग्रीस तथा अन्य विलायकों के साथ भी उपयोग में किया जाता है।

टेफलॉन

इसका रासायनिक नाम पॉलीटेट्रा फ्लोरोएथीलीन (PTFE) है। तथा इसका रासायनिक सूत्र $(CF2)n$ है। हैलोजन युग्म क्लोरो-डाई फ्लोरो - मीथेन को गरम कर टेट्रा फ्लोरो एथीलीन गैस प्राप्त की जाती है तथा इस गैस के अणुओं से बहुलीकरण द्वारा टेफलॉन प्राप्त किया जाता है। इसकी सतह पर परत सतह के घिसाव को कम कर स्नेहन का कार्य करती है क्योंकि इसका घर्षण गुणांक अत्यन्त कम होता है। इसके साथ इसकी दूसरी सतहों पर न चिपकने का गुण (Non sticking Property) तथा उच्च ताप पर कार्यशीलता इसे अत्यन्त उपयोगी बनाता है।

प्रश्न

1. पैराफिनिक तथा नैफ्थेनिक खनिज तेलों का स्नेहक के रूप में उपयोग का वर्णन कीजिये।
2. विभिन्न प्रकार के कृत्रिम तेल कौन-कौनसे हैं जिन्हें स्नेहक के रूप में उपयोग किया जाता है।
3. विभिन्न प्रकार के ठोस स्नेहकों का वर्णन कीजिये।
4. अर्ध-ठोस स्नेहकों से क्या होते हैं?

अध्याय - 4

स्नेहक तेलों का वर्गीकरण

(SERVICE CLASSIFICATION OF LUBRICATING OILS)

विभिन्न प्रकार के उपयोग के लिए स्नेहक तेलों का चुनाव स्नेहकों के विभिन्न गुणों जैसे श्यानता, श्यानता सूचकांक, उनमें मिलाये गये संयोजक आदि के आधार पर किया जाता है। परन्तु विभिन्न परिस्थितियों में स्नेहक के चुनाव के लिए बार-बार उसके सारे गुणों एवं आवश्यकताओं का अध्ययन काफी कठिन होता है। इसी कठिनाई के कारण स्नेहक तेलों का उनके उपयोग के आधार पर वर्गीकरण किया जाता है। इस अध्याय में हम, किसी विशिष्ट परिस्थिति हेतु स्नेहक तेल में कौन-कौनसे गुण होने चाहिए एवं उसमें कौनसे संयोज्य मिलाये जाने चाहिए, इसका अध्ययन करेंगे। विभिन्न परिस्थितियों में स्नेहक तेलों के आवश्यक गुणों को निम्न पाँच भागों में विभाजित किया जा सकता है।

1. बहने का गुण : श्यानता, श्यानता सूचकांक
2. उच्च तापमान पर आवश्यक गुण : वाष्पशीलता, तापीय स्थायित्व
3. घुलनशीलता पानी में, हाइड्रोकार्बनों में, पेट्रोलियम पदार्थों में
4. अम्ल एवं क्षारों के प्रति प्रतिरोध अथवा उदासीनता
5. आक्सीकरण का गुण : अज्वलनशीलता, आक्सीकरण प्रतिरोध

उपरोक्त गुणों के आधार पर विभिन्न परिस्थितियों हेतु स्नेहक तेलों का वर्गीकरण निम्न प्रकार किया जा सकता है।

4.1 टर्बाइन तेल (TURBINE OIL)

टर्बाइन तेल उच्च गुणवत्ता वाले तथा हल्के रंगों वाले पैराफिनिक तेलों में जंगरोधी तथा आक्सीकरण प्रतिरोधी संयोज्य मिलाकर बनाये जाते हैं। इन तेलों की श्यानता 35

से 85 cSt तक होती है। टर्बाइन तेल में झाग कम से कम बनने चाहिए तथा उसमें पानी को हटाने का गुण होना चाहिए। इसकी स्नेहन क्षमता भी अच्छी होनी चाहिए।

4.2 स्पिन्डल का तेल (SPINDLE OIL)

ये अच्छी प्रकार से परिशोधित (Refined), कम श्यानता (3 से 20 cSt) वाले हल्के तेल होते हैं। ये प्लेन बियरिंग में उच्च गति से घूमती हुयी शाफ्ट के स्नेहन में उपयोग किये जाते हैं। श्यानता कम होने के कारण ये बियरिंग में स्थिर अवस्था में भी कैपीलरी प्रभाव के द्वारा खिंच जाते हैं जिससे बियरिंग का चलने से पूर्व भी स्नेहन हो जाता है।

इन तेलों में जंगरोधी तथा श्यानता सूचकांक वर्धक संयोज्य मिले हुए होते हैं। कम श्यानता के कारण ये तेल अधिक भार हेतु उपयुक्त नहीं होते।

4.3 हाइड्रालिक तेल (HYDRAULIC OIL)

ये तेल हाइड्रॉलिक यंत्रों में कार्यकारी द्रव के रूप में उपयोग होते हैं। साथ-साथ ये हाइड्रॉलिक अवयवों जैसे पम्प, वाल्व, गति प्रदायकों आदि में स्नेहन भी करते हैं। इन तेलों की श्यानता 15 से 90 cSt तक होती है। एक हाइड्रालिक तेल की श्यानता इस प्रकार होनी चाहिए कि वह आसानी से बह सके तथा उसके अवयवों का स्नेहन भी कर सके।

इन तेलों का श्यानता सूचकांक उच्च होना चाहिए तथा संपीड्यता कम से कम होनी चाहिए। इनमें जंगरोधी तथा झाग रोधी संयोज्य मिलाये जाते हैं।

4.4 गीयर आइल (GEAR OIL)

गीयर बॉक्स में स्नेहन हेतु गीयर आइल का उपयोग किया जात है। इस तेल में घर्षण रोधी गुण एवं फिल्म सामर्थ्य का गुण होना चाहिए। इनकी गतिज श्यानता 65 से 1000 cSt तक होती है। इनमें अतिदाब संयोज्य, जंग प्रतिरोधक एवं झाग प्रतिरोधी संयोज्य मिलाये जाते हैं।

4.5 बॉल एवं रोलर बीयरिंग तेल

सील्ड बीयरिंग में स्नेहन के लिए ग्रीस भर दी जाती है परन्तु जहाँ बीयरिंग में लगातार परिसंचरण द्वारा स्नेहन करना हो इन तेलों का उपयोग किया जाता है ये तेल टर्बाइन आइल समुह के होते हैं इस कार्य हेतु प्रयुक्त तेलों में सतह पर जमने (Deposite forming) का गुण नहीं होना चाहिए तथा आक्सीकरण के प्रति स्थिरता (Oxidation stability) होनी चाहिए। चूंकि बीयरिंग कम ताप पर भी कार्य करती हैं अतः इनका बहाव बिन्दु (Pour point) भी कम होना चाहिए साथ ही इनमें जंग रोधी एवं घर्षण रोधी गुण होने चाहिए। इन तेलों की श्यानता 35 से 750 cSt तक होती है।

4.6 इंजिन आयल (ENGINE OIL)

ये तेल अर्न्तदहन इंजिन के सिलेन्डर, वाल्व, कैम, टाइमिंग गीयर आदि में प्रयुक्त होते हैं। ये तेल लम्बे समय तक बार-बार स्नेहन करने में सक्षम होते हैं। यह उच्च तापमान पर कार्य कर सकते हैं तथा इनकी फिल्म सामर्थ्य भी अधिक होनी चाहिए। इन तेलों में इस प्रकार के संयोज्य मिलाये जाते हैं जो तेलों को जंगरोधी बना सकें साथ ही उनमें आक्सीकरण एवं तापीय स्थिरता का गुण उत्पन्न कर सकें एवं उनमें डिटरजेन्ट का गुण उत्पन्न कर सकें।

इनमें श्यानता सूचकांक वर्धक संयोज्य भी मिलाये जाते हैं जिससे तेल इंजिन में प्रारम्भिक (कम ताप) अवस्था एवं उच्च ताप दोनों पर कार्य कर सकें। इनकी श्यानता SAE के आधार पर प्रदर्शित की जाती है जो कि 5W से 50 तक होती है।

4.7 रेफ्रीजरेशन आयल (REFRIGERATION OIL)

ये अच्छी प्रकार परिशोधित (highly refined) एवं विशेष प्रकार से उपचारित कम श्यानता सूचकांक, उच्च रासायनिक स्थिरता एवं निम्न बहाव बिन्दु वाले नेप्थेनिक आयल होते हैं। ये पूर्णतया नमी रहित होने चाहिए एवं सतह पर किसी प्रकार अस्तर (Deposit) नहीं बनाने वाले होने चाहिए।

ये रेफ्रीजरेटर के सभी प्रकार के संपीड़ित्रों (जैसे प्रत्यावर्ती एवं घूर्णी प्रकार के) का स्नेहन करने में उपयोग किये जाते हैं।

4.8 वायु संपीड़ित्र तेल (AIR COMPRESSOR OIL)

इन तेलों के द्वारा उच्च ताप एवं दाब की वायु के संपीड़ित्रों के सिलेन्डर, बीयरिंग आदि स्नेहन हेतु उपयोग किया जाता है। ऐसी परिस्थितियों में स्नेहन हेतु तेलों में घर्षण रोधी एवं जंग रोधी संयोज्य होने चाहिए। इनमें आक्सीकरण रोधी संयोजक भी होने चाहिए। ये तेल उच्च ताप पर सतह पर चिपकने नहीं चाहिए। ऐसे तेलों की श्यानता 40°C पर 65 cSt से 550 cSt तक हो सकती है। ये तेल वायवीय प्रणाली (Pneumatic Components) के उपकरणों में भी काम आते हैं।

4.9 कर्तन द्रव (Cutting Fluid)

ये तेल धातु कर्तन में प्रयुक्त होते हैं धातु कर्तन में विभिन्न प्रकार से उपयोगी हैं ये औजार तथा कार्य को ठण्डा रखते हैं जिससे औजार का विरुपण नहीं होता, दूसरे ये स्नेहन करते हैं जिससे औजार का घिसाव कम होता है तथा कर्तन हेतु कम शक्ति की जरूरत पड़ती है। इसके साथ ही ये धातु छीलन को औजार पर वेल्डन होने से रोकते हैं।

कर्तन द्रव तीन प्रकार के होते हैं - घुलनशील तेल, साधारण खनिज तेल, जल आधारित द्रव।

घुलनशील तेल, परिष्कृत खनिज तेल के संमिश्रित तेल होते हैं तथा इनमें पायसीकारक (Emulsifiers) मिलाये जाते हैं। जिसके कारण इन्हें पानी में मिलाने पर दूधिया पायस बन जाता है। जल तथा तेल का अनुपात 20 : 1 तथा 30 : 1 तक होता है।

साधारण खनिज तेलों को कर्तन द्रव के रूप में प्रयुक्त करने हेतु इनमें क्लोरीन तथा सल्फर मिलाये जाते हैं। जिससे ये एक पतली झिल्ली (Film) बना लेते हैं तथा औजार तथा छीलन को वेल्ड होने से रोकते हैं। इन्हें E.P. Cutting oil भी कहते हैं।

Table 4.1. Specific Oils of Different Companies

Sr. No.	Common name	Specification	BPCL	HPCL	IOCL
1	Diesel Engine Oil	IS-13656/1993	Actuma super	HP Motor Oil	Servo engine oil
2	Diesel Engine Oil	IS-13656/1993	Actuma ultra	Hylube X-3	Serva ultra
3	Gear & Transmission Oil	IS-1118/1992	Spirol EP	Gear oil EP	Servo Gear HP
4	Turbine Oil	IS-1012/1987	Turbol 68	Turbine oil 68	Servo Prime-68
5	Hydraulic Oil (Light)	IS-3098/1983	Hydrol 32	Enklo 32	Servo System 32
6	Hydraulic Oil (Heavy)	IS-3098/1983	Hydrol 100	Enklo 100	Servo system 100
7	Gear Oil (Straight mineral)	IS-493/1981	Cabol 100	Yantrol 100	Servo line 100
8	Regrigeration Oil	IS-4578/1989	Freezol 32	Seetul 32	Servo Friz 32
9	Cutting OIl (Soluble)	IS-1115/1986	Sherol B	Kool cut 30	Servo cut
10	Cutting Oil (Straight)	IS-3065/1985	Triponol C	Thimofin 25	
11	Compressor Oil	IS-13256/1992	Bharat Comp. Oil		

4.10 उष्मा उपचार तेल

धातुओं को गरम करने के पश्चात उसमें विभिन्न गुणों को उत्पन्न करने हेतु, तेल में ठण्डा किया जाता है। जिसके लिए इन तेलों का उपयोग किया जाता है।

एक उष्मा उपचार तेल इस प्रकार का होना चाहिए, कि उसमें गरम धातु आसानी से बिना मुड़े अथवा बिना दरार पड़े ठण्डी हो सके। तेल, उच्च तापमान पर विघटित नहीं होना चाहिए। ये तेल खनिज तेल तथा वसा तेलों के संमिश्रक होते हैं।

Table 4.2. Additives used for Specific Equipment in Lubricating Oils

Sr. No.	Equipment		Additive used
1	Petrol Engines	—	Anti-oxidant, V.I. improver, Corrosion inhibtor, Anti-wear Detergent/ Dispersant
2	Diesel Engines	—	Anti oxidants, corrosion inhibitor Antiwear, Detergant/Dispersant, basic additives & V.I. Improver
3	Transmission Boxes (light duty) of spur & bevel Gears	—	Anti-oxidant, Anti-wears, Anti-foam corrosion inhibitor
4	Transmission Boxes (Heavy duty) of spiral and hypoid Gears	—	EP-additives, anti-oxidant & anti foam
5	Turbines	—	Anti-oxidant, corrosion inhibitor, Anti-foam, anti emulsifier
6	Air Compressor	—	Anti-oxidant, Rust inhibitor, Anti-foam
7	Hydraulic system	—	Anti-oxidant, antiwear anti-foam, pour-point depressant, V.I. improver
8	Metal cutting	—	Polar or fatty materials to give adhesion to material and to reduce friction, sulpher, phosphorus and chlorine compounds to withstand extreme pressure. antifoam
9	Metal cutting with soluble oils	—	Emulsifying agents, Bectericides
10	Machine tool guide ways	—	Anti-oxidant, corrosion inhibitor anti-friction

प्रश्न

1. विभिन्न परिस्थितियों में तेल के चुनाव हेतु तेल के किन-किन गुणों का अध्ययन आवश्यक है
2. निम्न तेलों हेतु आवश्यक गुणों का वर्णन कीजिए।
   (i) संपीड़ित् तेल
   (ii) कर्तन तेल
   (iii) टर्बाइन तेल
   (iv) रेफ्रीजरेटर तेल
3. ऑटोमोटिव इंजिन में प्रयुक्त होने वाले तेलों पर संक्षिप्त टिप्पणी लिखिये।

अध्याय - 5

ग्रीस

(GREASE)

स्नेहन के लिए परिस्थिति अनुसार विभिन्न प्रकार के स्नेहक तेलों का उपयोग किया जाता है, परन्तु कुछ स्थान जहाँ गति के कारण स्नेहक बह जाते हैं अथवा जहाँ एक बार के स्नेहन को लम्बे समय तक उपयोग में लेना हो जैसे बीयरिंग्स में, स्नेहक तेल उपयोगी सिद्ध नहीं होते। ऐसी परिस्थितियों में स्नेहन के लिए ठोस अथवा अर्ध ठोस स्नेहक पदार्थ काम में लिये जाते हैं, जिन्हें ग्रीस कहा जाता है। ग्रीस अर्ध ठोस स्नेहक होते हैं इन्हें स्नेहक तेलों में क्षारीय पदार्थ मिलाकर बनाया जाता है।

5.1 ग्रीसों का संगठन

कोई भी स्नेहन ग्रीस किसी स्नेहक तेल से बनाई जाती है। अधिकांशतः ये स्नेहक तेल खनिज तेल ही होते हैं परन्तु कभी-कभी ईस्टरों तथा सिलीकॉनों से भी ग्रीस बनाई जाती है। खाद्य तेलों के द्वारा भी ग्रीस बनाई जाती है परन्तु इनका उपयोग केवल खाद्य उद्योगों में ही होता है।

ग्रीसों के विभिन्न गुण जैसे सघनता (कठोरता अथवा मृदुता), तापक्रम का प्रभाव आदि ग्रीस बनाने में प्रयुक्त प्रगाढ़क (Thickening Agent) पर आधारित होते हैं। अतः ग्रीसों का वर्गीकरण भी उनके बनाने में प्रयुक्त प्रगाढ़क (Thickner) के आधार पर ही होता है। ग्रीस बनाने में सर्वाधिक प्रचलित प्रगाढ़क (Thickner) कैल्शियम, सोडियम, लीथियम, तथा एल्यूमीनियम के साबुन हैं। यद्यपि लैड, बेरियम, स्ट्रान्शियम् आदि के साबुन भी ग्रीस बनाने में प्रयुक्त होते हैं।

कुछ विशिष्ट गुणों को प्राप्त करने के लिए ग्रीसों में मिश्रक भी मिलाये जाते हैं। जो कि आक्सीकरण रोधी, जंग रोधी, अत्यधिक दाब (EP) मिश्रक, श्यानता गुणांक वर्धक, जल रोधी तथा घिसाव प्रतिरोधी होते हैं।

जब जांतव वसा (Animal Fats) तथा वसा तेलों को किसी क्षारीय पदार्थ जैसे चूना, कास्टिक सोड़ा आदि के साथ मिलाया जाता है तो वे ग्लिसराल तथा साबुन के

रूप में विघटित हो जाते हैं यह प्रक्रिया साबुनीकरण (Saponification) कहलाती है ये साबुन स्नेहक तेलों को गाढ़ा कर ग्रीस में परिवर्तित कर देते हैं।

साबुन रहित ग्रीसों में स्नेहक तेलों को गाढ़ा करने के लिए बैन्टोनाइट क्ले, सिलिका, ग्रेफाइट तथा पॉली टेट्राफ्लोरो-इथीलीन आदि मिलाये जाते हैं।

5.2 ग्रीसों का वर्गीकरण

ग्रीसों को मुख्यतयाः उनको गाढ़ा करने में प्रयुक्त साबुनों के आधार पर वर्गीकृत किया जाता है जिसे सारणी 5.2 में दर्शाया गया है परन्तु राष्ट्रीय स्नेहक ग्रीस संस्थान (NLGI) ने उनकी वेधन क्षमता के आधार पर वर्गीकृत किया है जिसे सारणी 5.1 में दर्शाया गया है। किसी ग्रीस के एन.एल.जी.आई. नम्बर से यह पता लगता है कि ग्रीस की सघनता कैसी है अर्थात् वह कठोर है अथवा मृदु।

सारणी 5.1 NLGI के आधार पर ग्रीसों का वर्गीकरण

NLGI No.	विवरण	वेधन क्षमता (25°C पर)	प्रचलित उपयोग
000	द्रव	445-475	केन्द्रीय तथा सम्पूर्ण क्षति स्नेहन विधि में
00	अर्ध द्रव	400-430	
0	अति मृदु	355-385	
1	मृदु	310-340	रोलर बीयरिंग्स तथा प्लेन बीयरिंग्स में
2	मध्यम मृदु	265-295	
3	मध्यम	220-25	
4	सख्त (shift)	175-205	
5	अत्यधिक सख्त (shift)	130-160	
6	कठोर	85-115	

गाढ़ा करने वाले साबुन (Thickening Agent) के आधार पर विभिन्न प्रकार की ग्रीस बनाई जाती हैं जो कि निम्न प्रकार होती है।

5.2.1 लाइम सोप ग्रीस

ये ग्रीस 80°C तक प्रभावी रहती हैं तथा इन्हें हल्के से दाब से किसी भी सतह पर आसानी से लगाया जा सकता है। ये जल प्रतिरोधी होती है, अतः कैल्शियम ग्रीसों को नमी वाले स्थानों में कार्यरत प्लेन बीयरिंग्स में आसानी से उपयोग किया जा सकता है। ये ग्रीस 1 से 5 NLGI न. तक उपलब्ध होती हैं ग्रीस में जितना अधिक साबुन होगा वह उतनी ही कम मृदु होगी। इनकी संरचना (texture) मक्खन की तरह होती है।

Table 5.2. Grease classification and uses

Base (Soap)	Temperature Limitation (°C)	Water solubility	Structure	Property and Uses
Calcium (Lime)	80°	Water repellant	Buttery	Cup grease plain bearing Anti-friction bearing of moderate speed and temperature
Sodium (Soda)	90-175	Emulsify with water	Smooth spongelike	Antifriction bearing of high speed used under dry condition can withstand high operating temperature
Alluminium	80-85	Insoluble water repellant	Smooth & Stringy	Can withstand shock loads without splashing cohesive and adhesive. Auto chasis. Flexible couplings ecentrics coms, small gears
Lithium	73° -150°C	Slightly soluble	Buttery to Stringy	General purpose service, grease with low pour point oil used at low temperature and grease with high viscosity oil used at high temperature can be used for general purpose and high temperature application good pumpability high film strength.
Calcium complex	150°	Water repellant		Good for wet service conditions, plunger pumps wet or dry plain bearings, not good for high temperatures or for antrification bearings
Graphite grease	80°	Water repellant	Lime soap Grease with 20% powdered graphite	
Block (sodium) or Brick Grease	230°	Emulsify with water	Hard and Brittle	High temperature plain journal bearings where grease rides on rotating journal. Heavy equipment of paper mills, steel mills, cement plants
Non soap	120°-260°	Inso lube		High temperature range, Acid resistant, Inhibits rust. Thickened with gelling agents derived from Natural clays such as benefits.

5.2.2 सोडियम सोप ग्रीस

यद्यपि ये जल प्रतिरोधी नहीं होती परन्तु ये 175°C तक कार्य कर सकती है। ये पानी के साथ मिलकर इमल्सन (emulsion) बनाती हैं जिससे यह पता लगाया जाता है कि यह सोडियम सोप ग्रीस है अथवा नहीं।

ये ग्रीस संरचना में चिकनी, रेशेदार तथा स्पंज की तरह होती है तथा 1 से 6

NLGI न. तक उपलब्ध होती हैं। सोडियम सोप ग्रीस उच्च तथा मध्यम गति के लिए प्रयुक्त रोलिंग बीयरिंग्स में उपयोग में आती है।

5.2.3 लीथियम सोप ग्रीस

लीथियम सोप ग्रीस लगभग जल प्रतिरोधी होती है। इनकी यांत्रिक स्थिरता एवं रासायनिक स्थिरता भी काफी अधिक होती है। ये ग्रीस -100°C जैसे कम ताप एवं 150°C जैसे उच्च ताप पर कार्य कर सकती हैं। कम ताप पर उपयोग में आने वाली ग्रीस के निर्माण में कम बहाव बिन्दु वाले तेल उपयोग में लेने चाहिए तथा उच्च ताप पर काम आने वाली ग्रीस के लिए उच्च श्यानता वाले तेल काम में लेने चाहिए। ये ग्रीस वायुयान तथा अन्य बहुउद्देशीय स्नेहकों में काम आती हैं। ये संरचना में मक्खन जैसी अथवा तंतुमय (Stringy) होती है।

5.2.4 एल्यूमीनियम सोप ग्रीस

एल्यूमीनियम सोप आधारित ग्रीसों की प्रकृति संसजक तथा आसंजक दोनों प्रकार की होती है। ये भार को बिना छिटके (Splashing) सहन कर सकती हैं। ये ग्रीस भी जल प्रतिरोधी होती है तथा अपकेन्द्रीय बल के कारण अर्थात् मशीन में तेजी से घुमाने पर भी तेल तथा सोप अलग-अलग नहीं होते।

एल्यूमीनियम सोप ग्रीस की प्रकृति चिकनी एवं तंतुमय (Smooth & Stringy) होने के कारण ये आटो, चैसिस, फ्लैक्जीबल कपलिंग, एसैन्ट्रिक्स (Eccentrics), कैम, छोटे गीयर आदि में बहुत उपयोगी हैं।

5.2.5 कैल्शियम काम्प्लैक्स ग्रीस

कैल्शियम कॉम्प्लैक्स ग्रीस 150°C तक बहुत अच्छो प्रकार से कार्य करती हैं तथा इन्हें आसानी से पम्प द्वारा एक भाग से दूसरे भाग में भेजा जा सकता है इनकी जल प्रतिरोधन क्षमता भी अच्छी होती है। यदि इनमें उचित मिश्रक मिला गये हों तो इनकी फिल्म क्षमता (Film strength) भी काफी होती है।

इन्हें शुष्क तथा नम दोनों ही परिस्थितियों में उपयोग किया जा सकता है क्योंकि इनका बहाव बिन्दु (Drop point) काफी अधिक होता है तथा ये ताप बढ़ने पर मृदु नहीं होती।

5.3. ग्रीसों के गुणधर्म

(अ) सघनता (Consistency) : ग्रीसों का सबसे प्रमुख गुण जिनके आधार पर ग्रीसों को वर्गीकृत किया जाता है। सघनता कहलाता है। यह ग्रीस की सापेक्ष मृदुता अथवा कठोरता को बताता है। यद्यपि स्नेहकों के वर्गीकरण में ग्रीसों को अर्ध ठोस

स्नेहक की श्रेणी में रखा जाता है लेकिन वास्तव में ग्रीस अत्यन्त मृदु (क्रीम की तरह) से लेकर अत्यन्त कठोर (मोम) की तरह होती है।

अमेरिकन नेशनल स्नेहक ग्रीस संस्थान (NGLI) ने ग्रीसों को उसकी सघनता के आधार पर ही छः श्रेणियों (सारणी 5.1) में बाँटा है। ग्रीस को सघनता के आधार पर ग्रीस के उपयोग की उपयुक्तता का निर्धारण किया जाता है। ग्रीस की सघनता का मापन उसकी भेदन क्षमता के द्वारा किया जाता है ताप एवं दाब की मानक परिस्थितियों में एक धातु का शंकु (Metal cone) ग्रीस की सतह के अन्दर जितनी दूरी भेदन करता है ग्रीस की सघनता कहलाती है। दूरी का मापन मिमी के दसवें हिस्से में किया जाता है। ग्रीसों की सघनता 25°C तापमान पर 85 से 475 के मध्य पाई जाती है।

यद्यपि ग्रीस की सघनता तापमान बढ़ने के साथ बढ़ती है परन्तु यह परिवर्तन इतना अधिक नहीं होता जितना तेलों की श्यानता में देखने को मिलता है।

(ब) पात बिन्दु (Drop point) : ग्रीस का ड्रॉप पाइन्ट वह तापक्रम होता है जिस पर यह पिघल कर कप के पैंदे में बने छेद में से टपकने लगे। ऐसा गरम करने पर उसकी सघनता घट जाने के कारण होता है। इसे ज्ञात करने के लिये कप (पैंदे में छेद वाला) तथा थर्मोमीटर को एक परखनली में रखा जाता है तथा परखनली को गरम तेल के पात्र में रखा जाता है जब ग्रीस की सघनता गरम होने पर पर्याप्त कम हो जाती है तो कप के पैंदे में बने छेद से बूंद नीचे गिरने लगती है। वह तापमान जिस पर प्रथम बूंद नीचे गिरती है ग्रीस का पात बिन्दु कहलाता है। विभिन्न ग्रीसों के ड्राप पाइन्ट सारणी 5.3 में दर्शाये गये हैं।

सारणी 5.3 विभिन्न ग्रीसों के डॉप पाइन्ट

क्रमांक	ग्रीस का प्रकार	ड्रॉप पाइन्ट (°C)
1	सोडियम सोप ग्रीस	150-200
2	कैल्सियम सोप ग्रीस	60-120
3	लिथियम सोप ग्रीस	170-250
4	एल्यूमिनीयम जटिल ग्रीस	200-260
5	बेन्टोनाइट क्ले ग्रीस	180-250

5.4. ग्रीस उपयोग विधि

किसी यंत्रावली अथवा मशीन में ग्रीस को स्नेहन करने के लिये ग्रीस गन का उपयोग किया जाता है। ग्रीस गन विभिन्न प्रकार की होती है। एक सामान्य ग्रीस गन को चित्र 5.1 में दर्शाया गया है।

ग्रीस गन में एक सिलेन्डर में ग्रीस भरी होती है तथा ग्रीस को मशीन में देने के

लिये एक यंत्रावली लगी होती है। जिसमें एक बॉल वाल्व ग्रीस की फीड़ को रेगुलेट करता है। सिलेन्डर में ग्रीस भरने के बाद उसमें एक फोलोवर (5) लगा दिया जाता है तथा फिर सिलेन्डर के सिरे को कैप (6) से बन्द कर दिया जाता है। जैसे ही ग्रीस गन को हाथ के दबाव या वायुवीय दबाव से दबाया जाता है नोजल से तेजी से ग्रीस बाहर निकलती है। नोजल से ग्रीस बाहर निकलने पर निर्वात उत्पन्न होने पर पीछे की ग्रीस आगे आ जाती है तथा सिस्टम लीक प्रुफ बना रहता है।

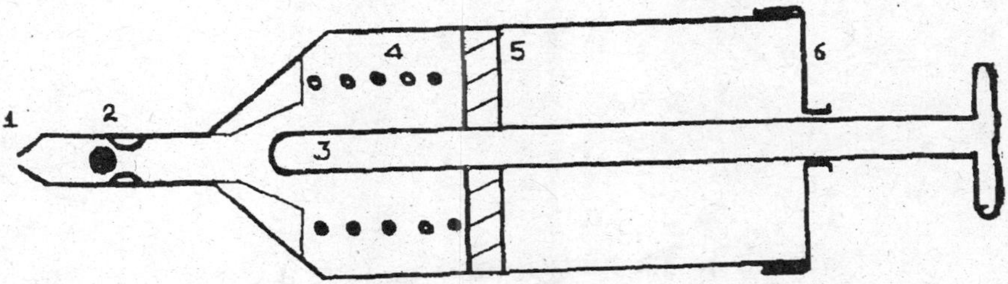

चित्र 5.1

प्रश्न

1. ग्रीसों से स्नेहन किस प्रकार होता है।
2. NGLI नम्बर के आधार पर ग्रीसों का वर्गीकरण कीजिये।
3. ग्रीसों के निम्न गुणों का वर्णन कीजिये।
   (अ) सघनता (ब) पात बिन्दु
4. कॉमप्लेक्स ग्रीस से क्या तात्पर्य है, किसी एक का वर्णन कीजिये।
5. सोड़ियम सोप ग्रीस एवं लिथियम सोप ग्रीस का वर्णन कीजिये।
6. एक साधारण ग्रीस गन का चित्र बनाकर वर्णन कीजिये।

अध्याय 6

स्नेहन विधियाँ

(LUBRICATION SYSTEMS)

किसी भी परिस्थिति हेतु तेल अथवा ग्रीस के उचित चुनाव के पश्चात् उसके मशीन में लगाने की सही विधि अर्थात् स्नेहन विधि का चुनाव अत्यन्त महत्त्वपूर्ण है स्नेहन हेतु प्रयुक्त विधि अथवा उपकरण इस प्रकार का होना चाहिए कि उसकी प्रारम्भिक लागत तथा रखरखाव का खर्चा अधिक नहीं हो।

विभिन्न प्रकार के स्नेहकों तथा विभिन्न परिस्थितियों हेतु अलग-अलग स्नेहन विधियाँ प्रयुक्त की जाती है। इस अध्याय में हम विभिन्न प्रकार की स्नेहन विधियों का अध्ययन करेंगे।

6.1 स्नेहन पद्धतियों के गुणधर्म

किसी विशिष्ट स्थान पर स्नेहन हेतु, स्नेहन पद्धति के मूल्यांकन हेतु निम्न आवश्यकताओं का अध्ययन किया जाता है अर्थात् स्नेहन पद्धति में निम्न गुणधर्म होने चाहिए।

1. निरन्तरता (Continuity) : स्नेहन युक्ति (Lubricating device) द्वारा मशीन में स्नेहक निरन्तर जाना चाहिए। स्नेहक की मात्रा समय के साथ अपने आप परिवर्तित नहीं होनी चाहिए।
2. नियमन (Regulation) : स्नेहन युक्ति में आवश्यकतानुसार स्नेहक की मात्रा परिवर्तन की व्यवस्था होनी चाहिए।
3. स्वचालन (Automation) : स्नेहन युक्ति मशीन के चलने के साथ स्वतः ही चलनी चाहिए एवं मशीन बंद होने पर स्वतः बंद हो जानी चाहिए।

4. पूर्णतया बंद (Closely packed) : स्नेहन युक्ति का डिजाइन इस प्रकार होना चाहिए कि उसमें रेत आदि प्रवेश न कर सकें जिससे वह खराब नहीं हो।
5. अभिगम्यता (Accesibility) : स्नेहन युक्ति का डिजाइन इस प्रकार होना चाहिए उसे आसानी से खोला एवं बन्द किया जा सके, जिससे उसकी समय-समय पर सफाई की जा सके।
6. प्रारम्भिक लागत (Initial cost) : स्नेहन युक्ति की प्रारम्भिक लागत बहुत अधिक नहीं होनी चाहिए।
7. अनुरक्षण लागत (Maintenance Cost) : युक्ति का रख-रखाव का खर्चा भी अधिक नहीं होना चाहिए।
8. स्नेहक क्षरण (Lubricant Leakage) : युक्ति के द्वारा कहीं से भी तेल का रिसाव नहीं होना चाहिए।

6.2 वायु-तेल फुहार स्नेहन पद्धति (Aerosol System)

इस पद्धति में तेल स्नेहन बिन्दु तक हवा में तैरते हुए छोटे-छोटे कणों के रूप में ले जाया जाता है। इस युक्ति में 50 बार दाब एवं 5 मी./सैकन्ड की तेज गति से हवा प्रवाहित की जाती है। यह हवा चित्र में दिखायी गई वैन्चुरी ट्यूब के कण्ठ (Throat) से प्रवाहित होते समय दाब कम हो जाने के कारण अपने साथ तेल को मिला लेती है यह तेल कण्ठ पर हवा में कम दाब के कारण वाष्पित होकर पूरी तरह मिल जाता है तथा नोजल के द्वारा स्नेहन बिन्दु पर छिड़क दिया जाता है। (चित्र 6.1)

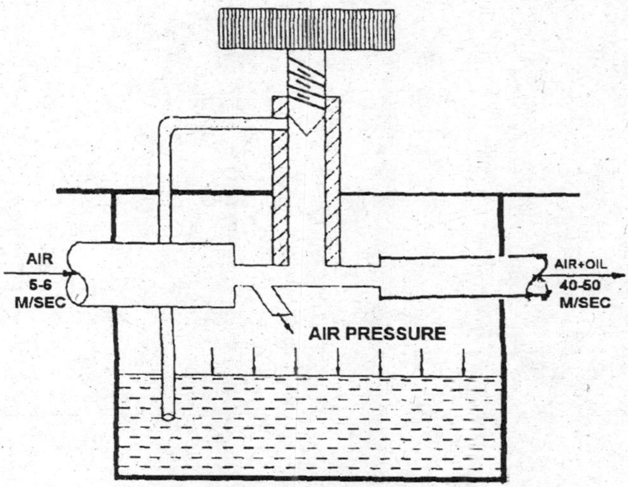

चित्र 6.1. वायु तेल फुहार स्नेहन

इस युक्ति से बाहर निकलते समय वायु-तेल फुहार की गति 45 मी./सै. तक हो जाती है जिससे जब यह मिश्रण स्नेहन बिन्दु की सतह पर गिरता है तो तेल की बूंदे सतह पर चिपक जाती है तथा सतह का स्नेहन करती हैं।

स्नेहन की यह पद्धति, दूसरी पद्धतियों की अपेक्षा जिनमें पम्प के द्वारा तेल की धारा सतह पर गिरती है, अधिक विश्वसनीय है तथा इसमें तेल भी कम लगता है। यह पद्धति स्नेहन के साथ-साथ शीतलक का कार्य भी करती है। इसलिये इसे उच्च ताप पर काम करने वाले रोलर बीयरिंग एवं चेन में प्रयुक्त किया जाता है।

यह स्नेहन पद्धति, प्लेन बीयरिंग में अधिक उपयोगी नहीं है क्योंकि प्लेन बीयरिंग में नोजल लगाने में कठिनता होती है। साथ ही यदि नोजल ठीक से नहीं लगा हो तो यह मिश्रण सारे वातावरण को दुषित कर देता है।

6.3 रिंग, चेन एवं कॉलर स्नेहन (Ring, Chain and Collar Lubrication)

यह स्नेहन पद्धति क्षैतिज घूमती हुयी शॉफ्ट के लिए प्रयुक्त होती हैं। रिंग, चेन, डिस्क आदि को शाफ्ट में डाल दिया जाता है तथा ये शाफ्ट पर बिना किसी बन्धन (freely) के घूमते हैं। तथा इनका निचला सिरा चित्र के अनुसार तेल में डूबा रहता है। कॉलर स्नेहक शॉफ्ट पर दृढ़ता (Rigidly) से लगा होता है तथा यह शॉफ्ट के साथ-साथ घूमता है इसका निचला सिरा तेल में डूबा रहता है जिससे ये अपने साथ तेल को हौज से बीयरिंग तक पहुँचा देते हैं।

इस विधि के द्वारा सही प्रकार से स्नेहन होने के लिए तैलाशय में पर्याप्त तेल होना आवश्यक है तथा रिसाव रोकने के लिए बीयरिंग की सील भी अच्छी प्रकार लगी होनी चाहिए।

इस विधि में स्नेहन समान मात्रा में लगातार होता रहता है तथा शाफ्ट की गति परिवर्तित हो जाने से तेल की मात्रा भी स्वतः परिवर्तित हो जाती है।

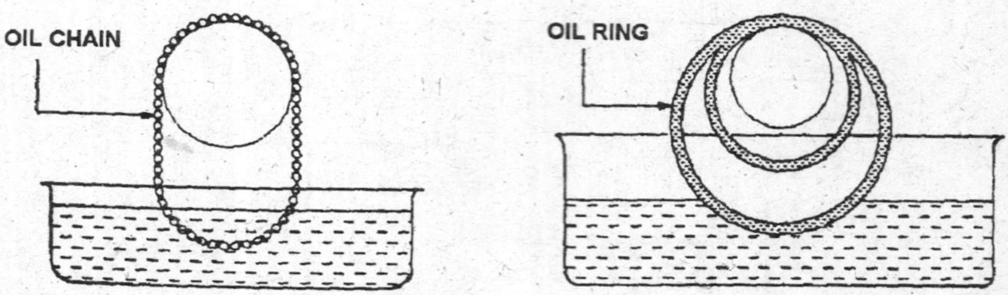

चित्र 6.2. रिंग एवं चेन स्नेहन

6.4 आस्फाल स्नेहन तंत्र (Splash Lubrication System)

इस विधि में उच्च गति से घूमते हुए पुर्जों जैसे गीयर आदि को तेल में डुबा कर रखा जाता है जिससे ये घूमते समय तेल को उछालते हैं। यह तेल बीयरिंग एवं अन्य स्लाइडिंग पार्टस में पहुँचकर उनमें स्नेहन करता है। इस विधि को प्रयुक्त करने हेतु मशीन में घूमने वाले पूर्जे होने चाहिए तथा चित्र 6.3 में दर्शाये अनुसार गीयर एक बक्सा जिसमें तेल भरा हो, में बन्द होने चाहिए।

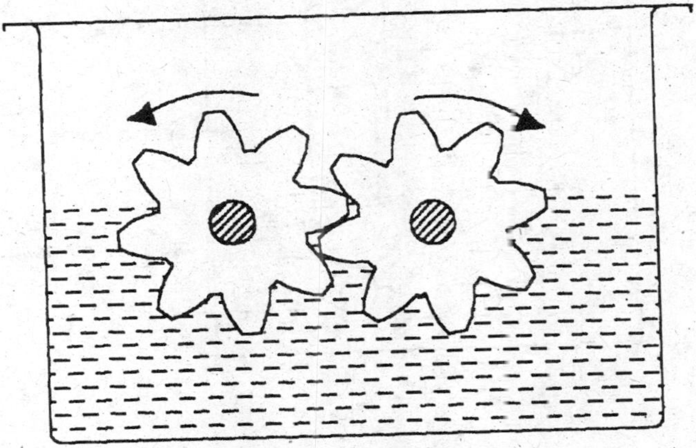

चित्र 6.3. आस्फाल स्नेहन तंत्र

यह स्वतः चालू होने वाली एवं उच्च विश्वसनीयता (Reliability) वाली स्नेहन विधि है। इसमें तेल परिसंचरित (Recirculate) होने के कारण तेल खर्च भी बहुत कम होता है।

स्नेहन की मात्रा पुर्जों की गति पर निर्भर करती है इसे परिवर्तित नहीं किया जा सकता। यह विधि अर्न्तदहन इंजिन एवं मशीन टूल के गीयर बक्सों में प्रयुक्त होती है।

6.5 धनात्मक भरण स्नेहन प्रणाली (Positive Feed Lubrication)

यह विधि एक प्लंजर पंप पर आधारित होती है जो कि एक तेल के हौज में डूबा रहता है। यह प्लंजर पंप एक कैम की सहायता से उपर नीचे चलता रहता है तथा कैम को एक शाफ्ट के द्वारा घुमाया जाता है। पूरी विधि चित्र 6.4 में दर्शाई गई है। जैसे ही मोटर की सहायता से शाफ्ट घूमती है। पम्प चलने लग जाता है तथा तेल की नलियों की सहायता बीयरिंग एवं अन्य पूर्जों का स्नेहन करता है।

यद्यपि इस प्रणाली की प्रारम्भिक लागत कुछ ज्यादा है परन्तु मशीन के चालू होते ही यह स्वतः चालू हो जाती है एवं इसमें पम्प के स्ट्रॉक (Stroke) में परिवर्तन कर

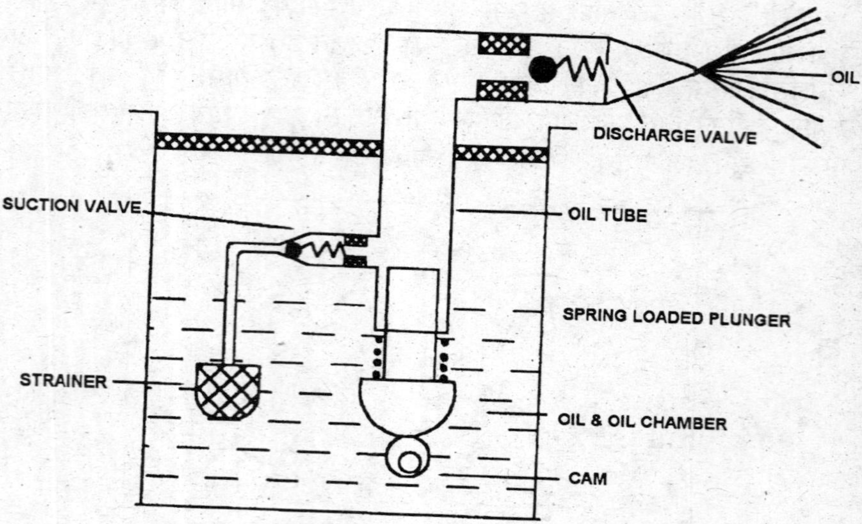

चित्र 6.4. धनात्मक भरण स्नेहन प्रणाली

तेल की मात्रा परिवर्तित की जा सकती है। इस प्रणाली में स्नेहन लगातार न होकर रुक-रूक कर होता है। तथा स्नेहन के पश्चात् तेल पुनः काम में नहीं आ सकता।

यह प्रणाली गैस तथा डीजल इंजिन के बीयरिंग, तेल ड्रिलिंग रिंग एवं धातु प्रेस के बियरिंग्स में काम आती है।

6.6 दाब परिसंचरण स्नेहन पद्धति (Pressure Circulating Lubrication System)

जब किसी पम्प के द्वारा मशीन के समस्त भागों में उच्च दाब पर तेल पहुँचाकर स्नेहन किया जाता है तथा स्नेहन के पश्चात् तेल पुनः हौज (SUMP) में एकत्र हो जाता है तो इस विधि को दाब परिसंचरण स्नेहन विधि कहते हैं। यह प्रणाली उच्च भार एवं उच्च गति पर चलने वाली मशीनों के लिए अत्यन्त उपयोगी है इस प्रणाली में तेल के बहने के कारण मशीन पूर्जों का शीतलन भी होता रहता है।

हौज के प्रकार के आधार पर यह विधि तीन प्रकार की होती है (i) नम हौज (Wet sump) प्रकार (ii) शुष्क हौज (Dry Sump) प्रकार (iii) गुरुत्व भरण (Gravity Feed) प्रकार

(A) नम हौज परिसंचरण स्नेहन : इस स्नेहन पद्धति (चित्र 6.5) के अनुसार हौज मशीन के नीचे बना होता है तथा पम्प के द्वारा हौज से तेल सीधा स्नेहन बिन्दुओं तक पहुँचता है तथा स्नेहन के पश्चात् हौज में गिरता रहता है जहाँ पर छनने के पश्चात् तेल पुनः काम में आता रहता है।

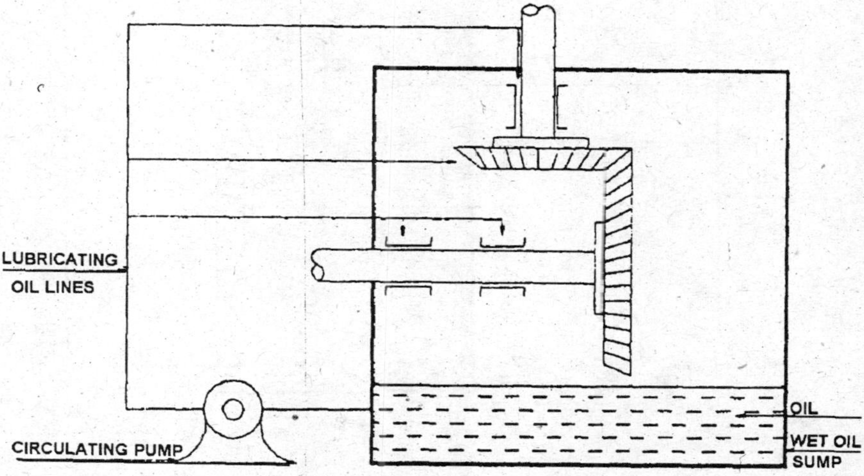

चित्र 6.5.

यह प्रणाली ऑटोमोटिव इंजिनों में प्रयुक्त होती है। इसकी सबसे बड़ी हानी यह है कि यदि पम्प खराब हो जाये तो स्नेहन करना संभव नहीं होता। इस प्रणाली में हौज में सदैव तेल भरा होना चाहिए।

(B) शुष्क हौज (Dry Sump) : इस विधि में मुख्य हौज के अतिरिक्त कुछ ऊँचाई पर एक अन्य हौज होता है जिसे पम्प द्वारा मुख्य हौज से भर लिया जाता है। यह हौज स्नेहन बिन्दुओं से कुछ ऊँचाई पर होता है तथा इसमें तेल भरने के पश्चात् चित्र 6.6 के अनुसार एक दूसरे पम्प के द्वारा सभी स्नेहन बिन्दुओं का स्नेहन किया जाता है।

(C) गुरुत्व भरण (Gravity Feed): यह विधि उपरोक्त विधि के लगभग समान ही होती है, इसमें भी एक नीचे मुख्य हौज तथा दूसरा उपर हौज होता है। इसमें पम्प से उपर वाले हौज को भरने के बाद स्नेहन किया जाता है। उपर वाले हौज में पम्प नहीं होता तथा तेल गुरुत्व के द्वारा सभी बिन्दुओं तक पहुँचता रहता है।

इस विधि का सबसे बड़ा लाभ यह है कि यदि स्नेहन पम्प खराब हो जाये तो भी उपर वाले हौज से स्नेहन बिन्दुओं तक तेल पहुँचता रहता है। स्नेहन दाब को परिवर्तित करने के लिए उपर वाले हौज की ऊँचाई में परिवर्तन किया जा सकता है।

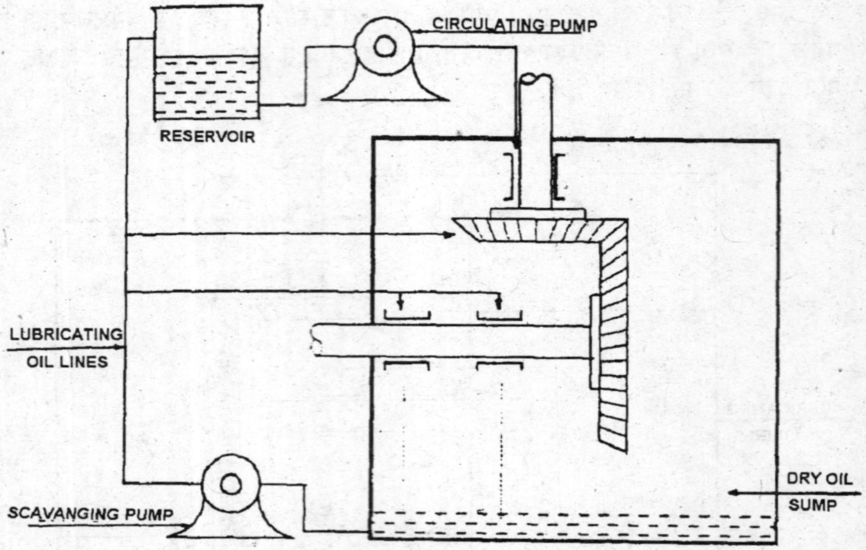

चित्र 6.6.

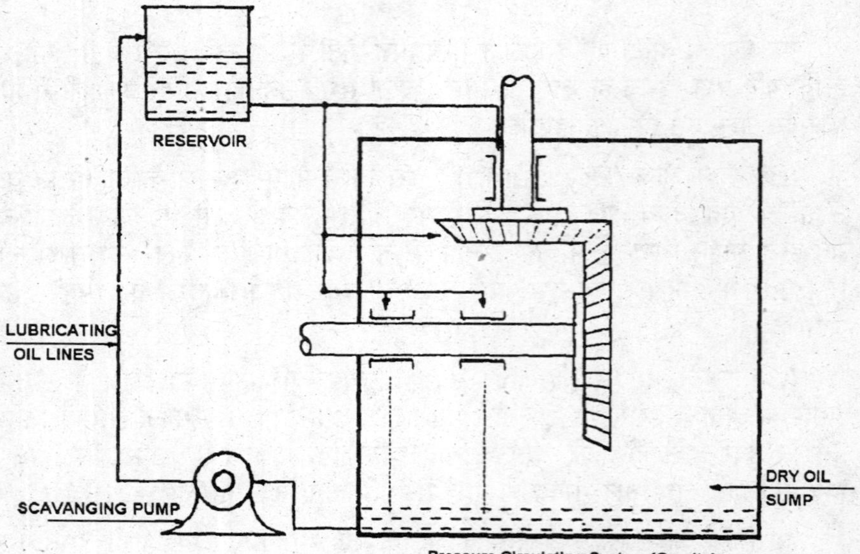

Pressure Circulating System (Gravity)

चित्र 6.7.

6.7 केन्द्रीय स्नेहन पद्धति (Centralized Lubrication System)

इस स्नेहन विधि में एक केन्द्रीय हौज होता है तथा उसमें एक पम्प लगा होता है जिससे वितरक के द्वारा सभी स्नेहन बिन्दुओ में नलियाँ जुड़ी होती है। यह विधि हस्तचलित अथवा ऑटोमेटिक दोनों प्रकार की होती है अर्थात् स्नेहन मशीन प्रारम्भ करते ही अपने आप भी प्रारम्भ हो सकता है तथा मशीन चालू होने के बाद आपरेटर के द्वारा भी चलाया जा सकता है।

नलियों में तेल की मात्रा वाल्व के द्वारा परिवर्तित की जा सकती है। पम्प, नलियों, वितरक आदि के कारण इस युक्ति की प्रारम्भिक लागत कुछ अधिक होती है परन्तु स्वतः चालित होने के कारण यह विधि मशीन टूल, स्टील एवं कागज मिलों, लकड़ी काटने की मशीनों तथा अन्य मशीनें जिनमें बहुत सारे स्नेहन बिन्दु होते हैं, के लिए अत्यन्त उपयोगी है।

दाब परिसंचरण पद्धति तथा केन्द्रीय स्नेहन पद्धति सभी प्रकार से लगभग समान है केवल एक अन्तर यह है कि दाब परिसंचरण पद्धति में वही तेल बार-बार उपयोग में आता है जबकि केन्द्रीय स्नेहन पद्धति में यह आवश्यक नहीं है। केन्द्रीय स्नेहन पद्धति में तेल प्रत्येक स्नेहन बिन्दु पर बूँद-बूँद करके गिरता रहता है।

6.8 हस्तचालित युक्तियाँ (तेल कुप्पी)

जब मशीन का स्नेहन आपरेटर द्वारा स्वयं किया जाता है तथा तेल की मात्रा तथा आवृत्ति भी आपरेटर द्वारा निर्धारित की जाती है तो इस प्रकार की युक्तियाँ हस्तचालित युक्तियाँ कहलाती हैं। इनमें सर्वाधिक प्रचलित युक्ति तेल कुप्पी है।

यद्यपि तेल कुप्पी की कीमत बहुत कम है परन्तु स्नेहन में आपरेटर की जरा सी असावधानी बहुत बड़ी परेशानी का कारण बन सकतो है, क्योंकि तेल की मात्रा तथा आवृत्ति पूर्णतयाः आपरेटर पर निर्भर करती है। अतः यह पद्धति सस्ती तथा कम गति वाली मशीनों एवं पूर्जों के लिए ही उपयुक्त है जैसे स्पर गीयर, चेन, तार रस्से, एवं अन्य साधारण मशीनरी।

चित्र 6.8 में दर्शाये अनुसार तेल कुप्पी में एक पात्र (oil container) मे तेल भरा होता है तथा उसके उपर एक ढक्कन (cover) तथा तेल भरण यंत्रावली लगी होती है। तेल भरण यंत्रावली (oil Feeding Mechanism), ढक्कन के साथ जुड़ी रहती है। इसमें एक सिलेण्डर तथा स्प्रिंग दाबित प्लंजर लगा होता है। सिलेण्डर भी एक अन्य स्प्रिंग से दबा रहता है। सिलेण्डर के प्रवेश पर एक चूषण बॉल वाल्व (suction ball valve) लगा रहता है तथा विसर्जन (Discharge) बाल वाल्व तेल नली के सिरे पर लगा रहता है। तेल की धार तेल बनाने के लिए विसर्जन नली के मुख पर एक नोजल लगा दिया जाता है।

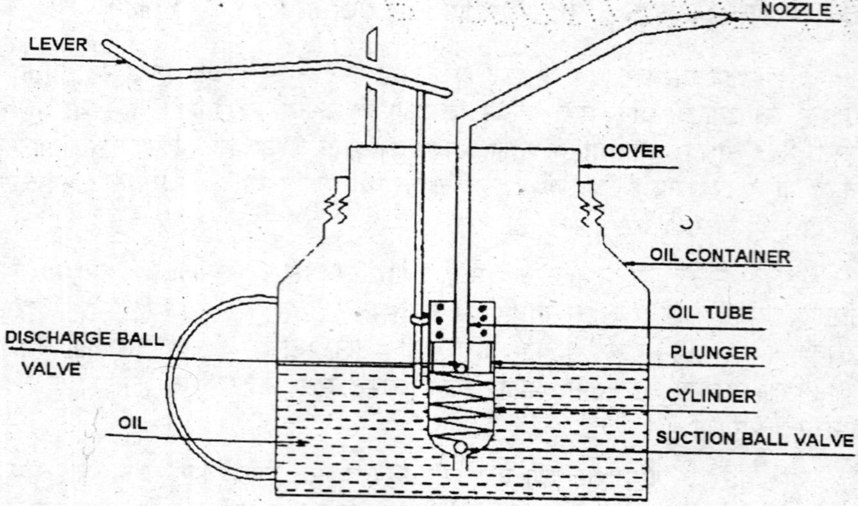

OIL CAN

चित्र 6.8.

जब ऑपरेटर लीवर को दबाता है तो सिलेण्डर में भरा तेल चूषण वाल्व बन्द हो जाने के कारण विसर्जन नली द्वारा नोजल से फुहारों के रूप में बाहर आता है। इसी प्रकार जब लीवर को छोड़ा जाता है तो चूषण वाल्व खुल जाता है तथा सिलेण्डर में तेल भर जाता है। दोनों ही प्रक्रियाओं में प्लंजर स्थिर रहता है तथा सिलेण्डर प्रत्यागामी गति करता है।

6.9 तेल बत्ती स्नेहक (Wick Feed Oiler)

बियरिंग में लगातार स्नेहन हेतु तेल बत्ती स्नेहक अत्यन्त उपयोगी है यह विधि साइफन पद्धति (Siphon System) पर आधारित है। तेल, कैपिलरी क्रिया (Capillary action) द्वारा हौज से बत्ती में चढ़ता रहता है तथा बत्ती का दूसरा सिरा बीयरिंग में होता, जिससे बीयरिंग पर बूँद-बूँद तेल टपकता रहता है। तेल के हौज जिसमें बत्ती डूबी होती है, पूरा भरा रहना चाहिए। बत्ती (विक) प्रायः मोटे सूत या उन की बनी होती है जिससे तेल छनता रहता है। विक में डोरियों (strands) की संख्या बदलकर फीड को नियंत्रित किया जा सकता है। तेल बत्ती स्नेहक चित्र 6.9 में दर्शाया गया है।

6.10 गुरुत्व भरण पद्धति (Gravity Feed System or Drop feed Oiler)

बीयरिंग तथा मशीन अवयवों में बूँद-बूँद द्वारा स्नेहन करने के लिए इन युक्तियों का प्रयोग किया जाता है ये गुरुत्व पर आधारित होती हैं।

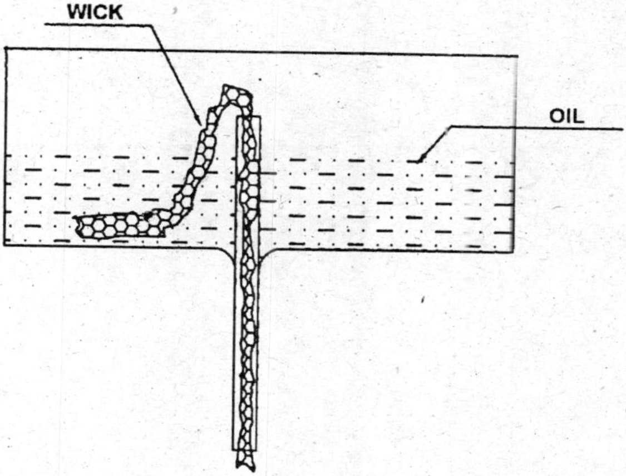

चित्र 6.9.

इसमें एक ऑइल कप होता है जिसे बियरिंग, गियर बाक्स आदि के कवर पर लगा दिया जाता है तथा इसमें से बूँद-बूँद करके तेल गिरता रहता है। तेल की मात्रा नीडल वाल्व (Needle Valve) के द्वारा नियंत्रित की जाती है तथा हौज के उपर लगा वाल्व (Shut-off valve) प्रवाह को खोलने एवं बंद करने का कार्य करता है।

यह विधि अधिक उपयोगी नहीं है क्योंकि इसमें मशीन की गति परिवर्तित होने के साथ प्रवाह दर अपने आप परिवर्तित नहीं होती। अतः इसे केवल कम गति पर चलने वाले जरनलों (Journals), रोलर बियरिंग, कम गति पर चलने वाले गियर, चेन आदि हेतु ही उपयोग किया जाता है।

प्रश्न

1. एक अच्छे स्नेहक अथवा स्नेहन पद्धति में क्या-क्या गुण होने चाहिए?
2. एक ऑइल कैन (oil can) का चित्र बनाकर उसकी कार्य प्रणाली समझाइये।
3. दाब संचरित स्नेहन पद्धति तथा केन्द्रीय स्नेहन पद्धति मे क्या क्या अन्तर है।
4. विभिन्न प्रकार के दाब संचरित स्नेहन पद्धतियों का चित्र बनाकर वर्णन कीजिये।
5. फुहार स्नेहन पद्धति का चित्र बनाकर वर्णन कीजिये तथा यह विधि कहाँ पर अधिक उपयोगी है।
6. तेल बत्ती स्नेहक का चित्र बनाकर उसकी कार्यप्रणाती समझाइये।

अध्याय 7

स्नेहक तेलों का परीक्षण एवं निष्पादन

स्नेहक तेलों को किसी भी विशिष्ट परिस्थिति में उपयोग करने से पूर्व उनके भौतिक एवं रसायनिक गुणों का परीक्षण आवश्यक है। तेलों के भौतिक एवं रसायनिक गुणों के आधार पर यह सुनिश्चित किया जाता है कि उनके लिये ताप तथा आद्रता कितनी-कितनी होनी चाहिए, यदि ये ज्वलनशील है तो आवश्यक सुरक्षा उपाय क्या-क्या किये जाने चाहिए आदि। स्नेहक तेलों के परीक्षण को निम्न तीन श्रेणियों में बाँटा जा सकता है।

1. भौतिक परीक्षण - जैसे रंग, घनत्व, श्यानता, आदि भौतिक गुणों की जाँच हेतु।
2. रसायनिक परीक्षण - अम्लीयता, क्षारीयता, आक्सीकरण आदि रसायनिक गुणों की जाँच हेतु।
3. निष्पादन परीक्षण - किसी भी विशिष्ट परिस्थिती में स्नेहकों की उपयोगिता की जाँच हेतु।

7.1 रसायनिक एवं भौतिक परीक्षण

7.1.1 घनत्व एवं विशिष्ट गुरूत्व

तेलों का घनत्व निर्वात में एक निश्चित तापक्रम पर उसके इकाई आयतन के द्रव्यमान के बराबर होता है। इसी प्रकार विशिष्ट गुरुत्व एक निर्धारित तापक्रम पर तेल के घनत्व तथा पानी के घनत्व के अनुपात के बराबर होता है। यदि पानी का घनत्व 1 मान लिया जावे तो उस तापक्रम पर तेल का विशिष्ट गुरुत्व उसके घनत्व के बराबर होता है।

तेल का घनत्व चित्र 7.1 में दर्शाये अनुसार लिपकिन पायकोनमापी (Lipkin Pykometer) के द्वारा मापा जा सकता है। इसके लिए पायकोनमापी की एक ओर की बढ़ी हुयी भुजा की सहायता से इसमें भार किया हुआ कुछ तेल भरा जाता है।

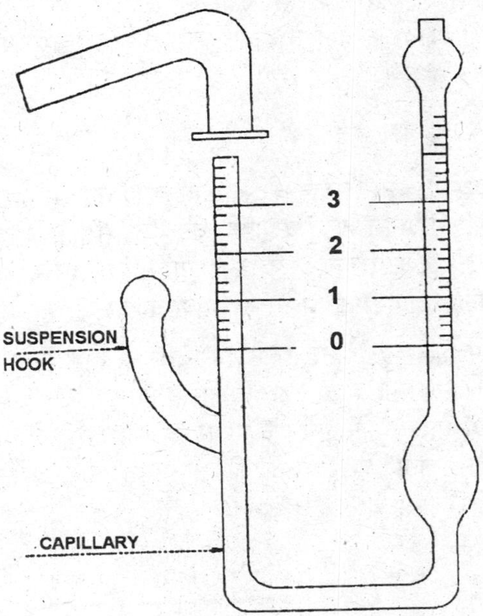

Fig. 7.1. Lipkin Pykonmeter

चित्र 7.1 लिपकिन पायकोरमापी

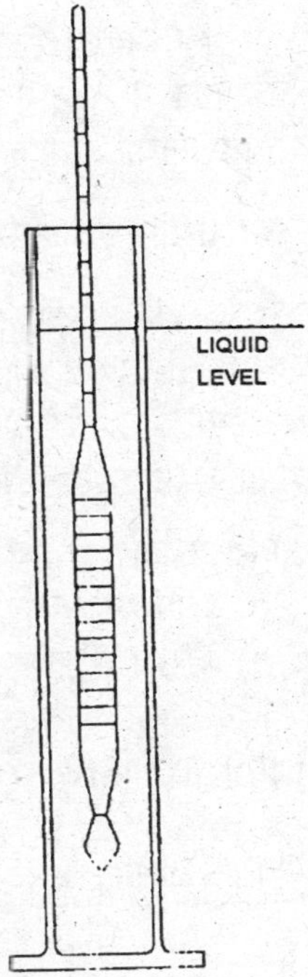

Fig. 7.2. Hydrometer

चित्र 7.2. हाइड्रोमीटर

धीरे-धीरे यह तेल बल्ब के उपर कैपीलरी में चढ़ जाता है। जब दोनों भुजाओं में तेल का स्तर समान हो जाता है तो दोनों भुजाओं के पाठ्यक्रम का योग कर तेल का आयतन ज्ञात कर लिया जाता है। तत्पश्चात् तेल के द्रव्यमान तथा आयतन की सहायता से इसका घनत्व ज्ञात कर लिया जाता है।

तेल का विशिष्ट गुरुत्व चित्र 7.2 में दिखाये गये हाइड्रोमीटर की सहायता से ज्ञात कर लिया जाता है। हाइड्रोमीटर को सीधे विशिष्ट गुरुत्व अथवा एपीआई डिग्री में अशांकित (calibrated) कर लिया जाता है। एपीआई डिग्री, अमेरिकन पेट्रोलियम संस्थान द्वारा स्थापित एक स्वेच्छिक (Arbitrary) पैमाना है।

$$\text{API gravity (Degrees)} = \frac{141.5}{\text{sp.gr}} - 131.5$$

इस उपकरण द्वारा विशिष्ट गुरुत्व मापने के लिए सर्वप्रथम एक ग्लास जार में धीरे-धीरे तेल डाला जाता है जिससे उसमें बुलबुले नहीं बने तत्पश्चात् उसमें हाइड्रोमीटर को छोड़ा जाता है। जार में तेल की मात्रा इतनी होनी चाहिए की उसमें हाइड्रोमीटर

आसानी से डूब जावे। फिर हाइड्रोमीटर को हल्का सा दबा कर छोड़ दिया जाता है जिससे वह तेल में तैरने लगता है। इसके पश्चात् तेल की सतह पर हाइड्रोमीटर का पाठयांक पढ़ लिया जाता है।

7.1.2 अम्लीयता एवं क्षारीयता परीक्षण

किसी तेल की अम्लीयता, तेल के 1 ग्राम सैम्पल को क्षार की सहायता से उदासीन करने के लिए आवश्यक क्षार (जैसे पोटेशियम हाइड्राक्साइड) की मात्रा (मिली ग्राम में) के बराबर होती है। इसी प्रकार तेल की क्षारीयता, तेल के 1 ग्राम सैम्पल को अम्ल की सहायता से उदासीन करने के लिए आवश्यक अम्ल की मात्रा के बराबर होती है।

उपरोक्त परीक्षण प्रयोगशाला में कलर इंडीकेटर ट्राइटेशन विधि के द्वारा किया जा सकता है। इसमें एक मापी हुयी तेल की मात्रा को विलायक घोल (Solvent Solution) जैसे मिथेनॉल आदि में घोलकर, विलयन को क्षार अथवा अम्ल के साथ रंग परिवर्तन होने तक मिलाया जाता है। रंग परिवर्तन हेतु फिनॉफ्थेलीन (Phonolphthalien) सूचकांक मिलाया जाता है।

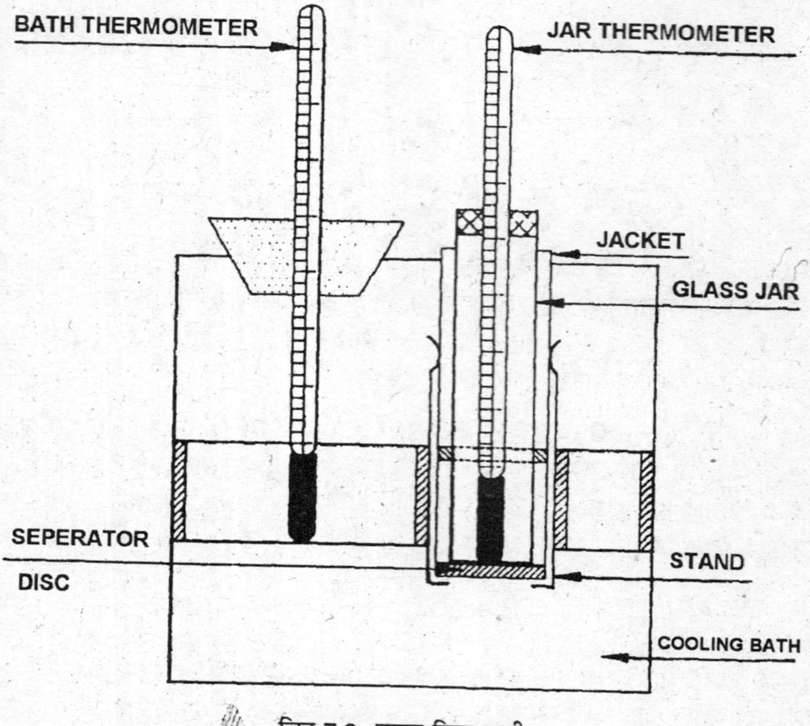

चित्र 7.3. बहाव बिन्दु मापी

.1.3 बहाव बिन्दु परीक्षण (Pour Point Test)

सभी खनिज तेलों एवं पेट्रोलियम पदार्थों में, पैराफीन मोम एवं अन्य अघुलनशील दार्थ मिले रहते हैं। कम तापक्रम पर ये पदार्थ जमने लगते हैं जिससे तेलों का बहना म हो जाता है। बहाव बिन्दु किसी तेल का वह न्यूनतम तापक्रम है जिस पर तेल बह कता है, अर्थात् उससे कम होते ही तेल बहना बन्द कर देगा। तेलों के बहाव बिन्दु ात करने का उपकरण चित्र 7.3 में दर्शाया गया है।

जिस तेल का बहाव बिन्दु ज्ञात करना है उसे उपकरण के गिलास जार में 50 मिमी. क भरा जाता है। तेल को इस जार में भरने से पूर्व उसकी नमी दूर करली जाती है। त्पश्चात् तेल को उसके बहाव बिन्दु से पर्याप्त उच्च ताप तक गरम करके जार को पकरण के शीतलन माध्यम (Cooling Bath) में रख दिया जाता है जिसमें तेल ीरे-धीरे ठंडा होता जाता है। बहाव बिन्दु के लगभग 10°C उपर से तेल को प्रत्येक °C ठंडा होने पर उसका निरीक्षण किया जाता है। जिस तापक्रम पर तेल को लाने-डुलाने पर उसमें किसी प्रकार की गति नहीं होती अथवा गिलास जार को 5 केन्ड तक उल्टा करने पर भी उसमें से तेल नहीं गिरे तब गिलास जार को बाहर काल लिया जाता है। थर्मोमीटर में तेल का तापक्रम पढ़ लिया जाता है तेल का बहाव न्दु इससे 2°C अधिक होता है।

कम तापक्रम पर प्रयुक्त होने वाले तेलों के चुनाव (Selection) हेतु बहाव बिन्दु त्यन्त महत्त्वपूर्ण होता है।

.1.4 स्फुरांक बिन्दु (प्रज्वलन ताप) एवं अग्नि बिन्दु (Flash point and Fire oint)

किसी तेल का स्फुरांक बिन्दु अथवा प्रज्वलन ताप वह तापक्रम होता है जिस पर सके ज्वलनशील वाष्प बनने लगते हैं तथा जलती हुयी वस्तु को उन वाष्पों में ले जाने र स्फुरांक (Flash) उत्पन्न होता है।

इसी प्रकार स्फुरांक बिन्दु से उच्च वह तापक्रम जिस पर तेलों की वाष्प, उसमें नगारी ले जाने पर लगभग 5 सैकेन्ड तक स्वयं जलती रहती है, अग्नि बिन्दु (Fire oint) कहलाता है।

तेलों के स्फुरांक बिन्दु एवं अग्नि बिन्दु ज्ञात करने के लिए पैन्सकी मार्टीन (चित्र .4) उपकरण को उपयोग में लाया जाता है। इसमें ताँबे का बना हुआ एक बरतन प) होता है जो कि ताँबे के ही ढ़क्कन से ढ़का रहता है। ढ़क्कन में पाँच छिद्र होते जिसमें क्रमशः तापमापी, विलोडक (stirrer), प्रज्वलन नली तथा दो छिद्र हवा के ए बने होते हैं। हवा वाले छिद्रों को खोला एवं बन्द किया जा सकता है।

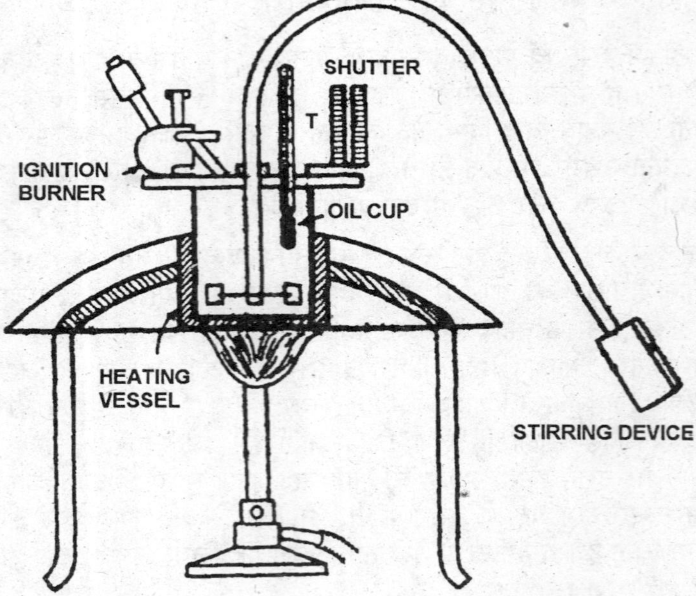

चित्र 7.4

परीक्षण के लिए सर्वप्रथम ताँबे के कप में निशान तक तेल भर लिया जाता है तथा इसे बन्द कर दिया जाता है। ढ़क्कन में से तापमापी, विलोडक, प्रज्वलन नली आदि लगा दिये जाते हैं। तत्पश्चात् कप को बर्नर अथवा हीटर की सहायता गरम किया जाता है। जब तेल गरम हो जावे तो हर 2°C तापक्रम बढ़ने पर उसके नजदीक चिनगारी ले जाकर उसकी जाँच की जाती है साथ-साथ तेल को विलोडक की सहायता से हिलाते भी जाते हैं। जिस तापक्रम पर चिनगारी समीप ले जाने पर स्फूरांक (Flash) आने लगे उस तापक्रम को ज्ञात कर लिया जाता है यही तेल का स्फूरांक बिन्दु कहलाता है।

इसके पश्चात् तेल को और गरम किया जाता है तथा प्रत्येक 1°C ताप बढ़ने पर उसकी परीक्षा की जाती है। जिस ताप पर तेल की वाष्प लगातार 5 सैकेन्ड तक जलती रहें वह उसका अग्नि बिन्दु कहलाता है।

7.1.5 **श्यानता मापन** (Viscosity Measurement)

श्यानता किसी भी स्नेहक तेल का महत्त्वपूर्ण भौतिक गुण है। तथा स्नेहकों के चुनाव में इसकी महत्त्वपूर्ण भूमिका है। उपयोग के समय स्नेहक तेल की श्यानता बढ़ जाना तेल के आक्सीकरण को प्रदर्शित करता है। तेलों की गतिज श्यानता (Kinematic viscosity) ज्ञात करने के मुख्यतयाः दो प्रकार के उपकरण काम में लिये जाते हैं (1) सेबोल्ट श्यानतामापी (2) रेड्वुड श्यानतामापी। दोनों उपकरणों से प्राप्त गतिज श्यानता

के मान को उपकरण के नाम के द्वारा ही प्रदर्शित किया जाता है। जैसे SUS No., Redwood No. आदि।

(अ) सेबोल्ट श्यानतामापी (Saybolt viscometer)

इस विधि में गतिज श्यानता का मान, तेल की निश्चित मात्रा के द्वारा एक मानक छेद में से निकलने में लगने वाले समय (सैकेन्ड में) के बराबर होता है। तथा इस समय को जो कि गतिज श्यानता को प्रदर्शित करता है, को सेबोल्ट यूनिवर्सल सैकेन्ड्स में व्यक्त किया जाता है। इसे सेन्टीस्टॉक अथवा एन्लर डिग्री में भी परिवर्तित किया जा सकता है।

सेबोल्ट श्यानतामापी उपकरण (चित्र 7.5) में एक मानक बेलनाकार ट्यूब लगी होती है जिसके उपरी सिरे पर अधिप्रवाह कप (Overflow cup) एवं निचले सिरे पर एक निश्चित आकार का छिद्र होता है जो कि कॉर्क से बन्द होता है। श्यानता मापन हेतु ट्यूब को अच्छी प्रकार साफ करके इसमें तेल जिसकी श्यानता ज्ञात करनी है भर

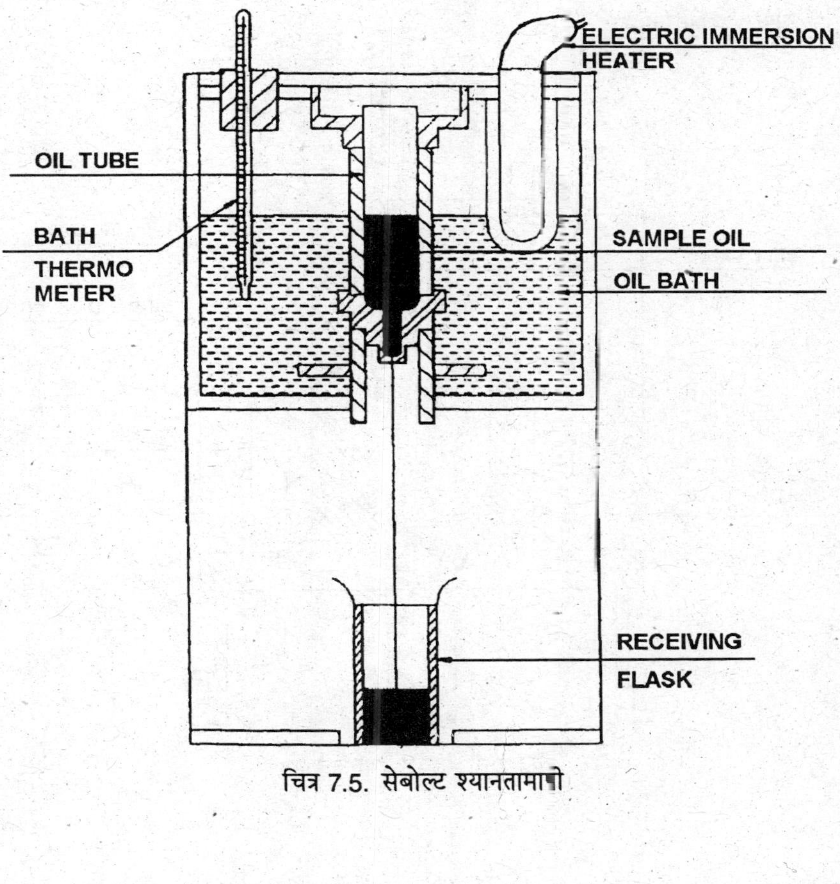

चित्र 7.5. सेबोल्ट श्यानतामापी

दिया जाता है। ट्यूब में तेल के तापक्रम को स्थिर बनाये रखने के लिए ट्यूब को एक आयल बाथ में रखा जाता है जिसे हीटर के द्वारा गरम किया जाता है। ट्यूब की प्रधार के नीचे एक 60 मिली. का फ्लस्क रख दिया जाता है। निश्चित तापक्रम आने पर प्रधार का कॉर्क हटा दिया जाता है एवं घड़ी प्रारम्भ कर दी जाती है। फ्लास्क में 60 मिली. तेल होने पर घड़ी की को बन्द कर दिया जाता है तथा सैकेन्ड़ में समय ज्ञात कर लिया जाता है। यह समय ही तेल की सेबोल्ट श्यानता नम्बर अथवा सेबोल्ट यूनिवर्सल सैकेन्ड कहलाता है।

(ब) रैड्वुड श्यानतामापी (Redwood Viscometer)

श्यानता ज्ञात करने के लिए एक अन्य उपकरण रैड्वुड श्यानतामापी भी काम में लिया जाता है जो कि सेबोल्ट श्यानतामापी जैसा ही होता है। इस उपकरण द्वारा ज्ञात की गई श्यानता "रैड्वुड सैकेन्ड्स" कहलाती हैं। रैड्वुड श्यानतामापी दो प्रकार के होते हैं। प्रथम में 2000 सैकेन्ड तक श्यानता वाले द्रवों की श्यानता ज्ञात की जाती है इसकी प्रधार (Jet) का व्यास 1.62 मिमी. एवं लम्बाई 10 मिमी. होती है। दूसरे को

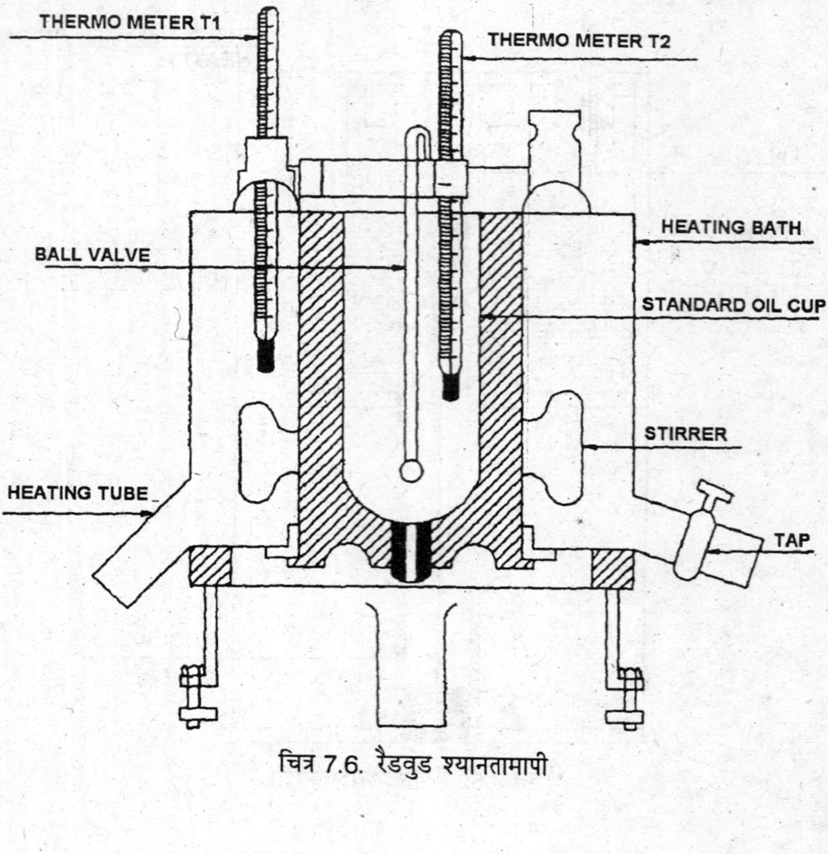

चित्र 7.6. रैडवुड श्यानतामापी

2000 सैकेन्ड्स से उच्च श्यानता वाले द्रवों हेतु उपयोग किया जाता है जिसकी प्रधार (Jet) का व्यास 3.8 मिमी. तथा लम्बाई 5 सेमी. होती है।

चित्र (7.6) में दर्शाये अनुसार उपकरण में एक मानक साइज का कप होता है जिसमें नीचे प्रधार (Jet) लगी होती है। इस प्रधार को एक बॉल वाल्व की सहायता से खोला एवं बन्द किया जा सकता है। कप के तेल तथा तापक (Heating bath) का ताप मापने के लिए दो तापमापी (T1 & T2) लगे होते हैं। तापक को विद्युत कुंडली की सहायता से गरम किया जाता है तथा इसमें पानी भर दिया जाता है।

तेल की श्यानता ज्ञात करने के लिये तेल को कप में बने निशान (Gauge) तक भर लिया जाता है तथा तापक में पानी भरकर उसे जिस ताप पर श्यानता ज्ञात करनी है, उस ताप तक गरम किया जाता है। तापक तथा कप से तापक्रम को समान रखने के लिए विलोडक (Stirrer) को लगातार घुमाया जाता है इसके पश्चात् बॉल वाल्व को हटाकर एक फ्लास्क में 50 मिली. तेल भरने तक का समय (सैकेन्ड्स में) ज्ञात कर लिया जाता है। यह समय ही रैड्वुड सैकेन्ड्स में तेल की श्यानता को प्रदर्शित करता है।

जब तेल की श्यानता 100° सेन्टीग्रेड पर ज्ञात करनी हो तो तापक में पानी के स्थान पर तेल भरा जाना चाहिए।

7.1.6 **आक्सीकरण परीक्षण** (Oxidation test)

यह परीक्षण तेलों का आक्सीकरण स्थायित्व ज्ञात करने के लिए किया जाता है, विशेषकर जब तेलों को भाप टर्बाइन के स्नेहन हेतु प्रयुक्त किया जाना है।

इस परीक्षण हेतु तेल को एक फ्लास्क (चित्र 7.7) मे भर लिया जाता है तथा उसमें आक्सीजन प्रवाहित की जाती है फ्लास्क को एक तेल के बर्तन में जिसका ताप लगभग 200°C होता है, रख दिया जाता है। इस प्रकार लगभग 2.5 घंटे गरम करने के पश्चात् फ्लास्क को निकाल लिया जाता है तथा फ्लास्क के अवयवों को पेट्रोलियम नैप्था के साथ तनु (dilute) किया जाता है तथा लगभग 1 घंटे बिना छोड़े रख दिया जाता है। बनने वाले अवक्षेप (Precipitate) को छानकर, साफकर, सुखा लिया जाता है फिर इसका भार ज्ञात कर, तेल के वास्तविक भार से इसका प्रतिशत ज्ञात कर लिया जाता है। यह प्रतिशत तेल का स्लाई-आक्सीकरण नम्बर (Sligh-oxidation number) कहलाता है। एक अच्छे स्नेहक का आक्सीकरण नम्बर कम होना चाहिए।

7.2 **निस्पादन परीक्षण** (Performance Test)

स्नेहकों की उनके उपयोग किये जाने वाले स्थान में उपयोगिता/अनुकूलता (Suitability) जाँचने/परखने के लिए उनके निस्पादन परीक्षण किये जाते हैं। जिसमें

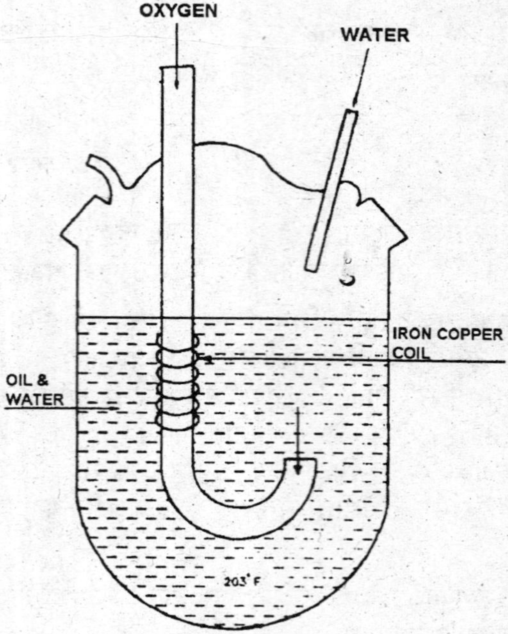

चित्र 7.7. ऑक्सीकरण मापी

कृत्रिम रूप से दाब एवं ताप उत्पन्न कर उनकी आयु ज्ञात की जाती है। निस्पादन परीक्षण विभिन्न प्रकार के होते हैं, नीचे दो निस्पादन परीक्षणों को समझाया गया है।

7.2.1 **चार गेंद परीक्षण** (Four ball test)

इस परीक्षण में स्नेहक को एक मशीन जिसमें चार गेंद लगी होती हैं, में भर दिया जाता है। चार गेंदों में से नीचे की तीन गेंदों को स्थिर कर दिया जाता है तथा उपर की चतुर्थ गेंद को लगातार घुमाया जाता है गेंद पर धीरे-धीरे भार बढ़ाया जाता है तथा समय-समय पर गेंदों को निकालकर उनकी सतह का परीक्षण किया जाता है। यदि गेंदों की सतह खराब नहीं हुयी है तो इसका तात्पर्य है कि स्नेहक तेल ठीक प्रकार कार्य कर रहा है। फिरे धीरे-धीरे और भार बढ़ाया जाता है जिससे एक स्थिति ऐसी आती है कि चारों गेंद घर्षण से ताप बढ़ जाने के कारण आपस में वैल्ड हो जाती हैं ऐसी स्थिति इस भार पर स्नेहक के कार्य न कर पाने के कारण होती है अर्थात् वह भार जिस पर स्नेहक, स्नेहन का कार्य नहीं कर पाता उस पर गेंदे आपस में वैल्ड हो जाती हैं।

इस प्रकार उक्त परीक्षण के द्वारा एक स्नेहक द्वारा अधिकतम वहन किये जा सकने वाले भार का मान ज्ञात किया जा सकता है (चित्र 7.8)।

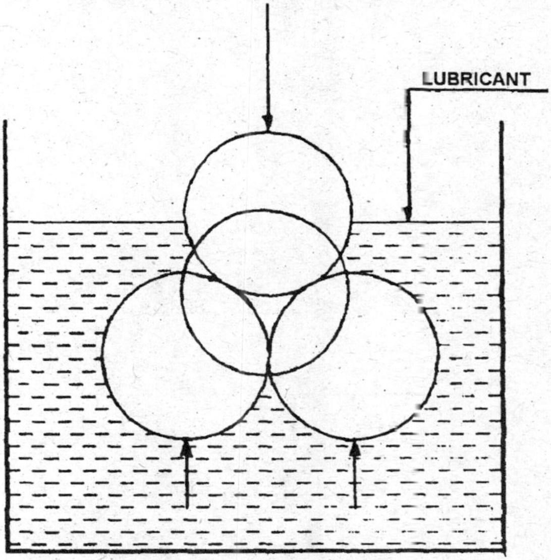

चित्र 7.8. चार गेंद परीक्षण

7.2.2 टिमकेन परीक्षण (Timken Test)

इस परीक्षण का स्थापन (set-up) चित्र 7.9 में दिखाया गया है। इसमें एक स्थिर ब्लाक को लीवर की सहायता से उपर उठाकर घूमती हुयी वलय (Ring) पर दाब डाला जाता है।

उपकरण में लगातार स्नेहक का पम्प की सहायता से परिसंचरण किया जाता है तथा भार आटोमेटिक लगाया जाता है जिससे टेस्ट पीस, फुल लोड पर फिसले नहीं।

धीरे-धीरे रिंग पर भार बढ़ाया जाता है जिससे एक स्थिति में रिंग घुमना बन्द कर देती है। इस भार को ज्ञात कर लिया जाता है।

7.3 मानक एवं विनिर्देश (Standards and Specification)

स्नेहक तेल, बाजार में प्रायः कम्पनियों द्वारा दिये गये ब्रांड नाम से बिकते हैं। ये नाम तेल बनाने वाली कम्पनियों द्वारा रखे जाते हैं जिसनें तेल बनाने वाली कम्पनी का नाम, तेल का उपयोग एवं उसकी श्यानता आदि शामिल होते हैं। जैसे HP Gear Oil EP 90 का तात्पर्य है यह तेल गीयर बॉक्स में काम आता है तथा यह हिन्दुस्तान पेट्रोलियम कम्पनी द्वारा बनाया गया है तथा इसकी श्यानता SAE 90 है तथा इसमें अतिदाब मिश्रक (EP) मिलाया गया है। अलग-अलग कम्पनियाँ अपने तेलों का अलग-अलग प्रकार से नामकरण करती हैं जिसे कम्पनी की डाटा शीट से देखा जा सकता है, इसमें कम्पनी द्वारा बनाये जाने वाले सभी तेलों के गुण एवं उपयोग के बारे

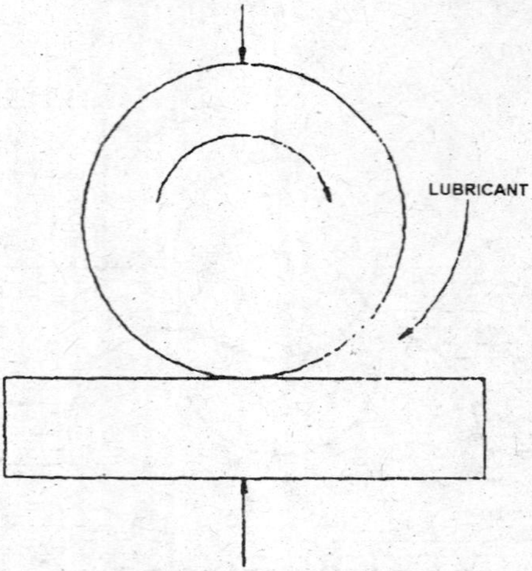

चित्र 7.9. टिमकेन विधी

में सूचना दी होती है। डाटा शीट में मुख्यतया: 40°C तथा 100°C पर गतिज श्यानता, स्फुरांक बिन्दु, बहाव बिन्दु, तथा निष्पादन परीक्षण के परिणाम दिये होते हैं।

परिशिष्ट - 1 में भारत पेट्रोलियम कम्पनी की डाटा शीट दर्शायी गई है।

प्रश्न

1. स्नेहक तेलों के लिए निम्न को परिभाषित कीजिए

   (अ) भौतिक परीक्षण

   (ब) रसायनिक परीक्षण

   (स) निष्पादन परीक्षण

2. एक स्वच्छ चित्र की सहायता रैड्वुड श्यानतामापी की कार्य प्रणाली समझाइये।

3. निम्न स्नेहक परीक्षणों का वर्णन कीजिये।

   (अ) बहाव बिन्दु परीक्षण

   (ब) स्फुरांक एवं अग्नि बिन्दु परीक्षण

   (स) आक्सीकरण परीक्षण

4. निम्न निष्पादन परीक्षणों को समझाइये।

   (अ) चार गेंद परीक्षण

   (ब) टिमकेन परीक्षण

अध्याय 8

उपस्करों का स्नेहन

(LUBRICATION OF EQUIPMENTS)

किसी भी उपस्कर का सही प्रकार स्नेहन अत्यन्त आवश्यक है। मशीनों एवं उपस्करों के परिशुद्धता से कार्य करने की क्षमता तथा उसकी आयु की स्नेहन प्रक्रिया से काफी प्रभावित होती है। यदि मशीनों का स्नेहन ठीक प्रकार से किया जाता है तो वे जीवन भर परिशुद्धता (accuracy) से कार्य करती हैं परन्तु यदि स्नेहन ठीक प्रकार नहीं किया जावे तो उनकी बीयरिंग सतह खराब हो जाती हैं तथा मशीन की आयु काफी कम हो जाती है।

8.1 मशीन टूल (Machine Tools)

मशीन शॉप अथवा धातु कर्तन उद्योगों में काम आने वाली मशीनें, मशीन टूल कहलाती हैं। इनमें बहुत सारे फिसलने वाले (Sliding) तथा घूमने वाले (Rotating) पुर्जे होते हैं। अतः प्रत्येक पुर्जे की आवश्यक परिशुद्धता बनाये रखने के लिए उनका स्नेहन अत्यन्त जरूरी है, इससे उनकी आयु भी बढ़ती है।

मशीन औजारों में स्नेहकों को भरने के लिए तेल के हौज अथवा तेल-कूप लगे होते हैं। तेल कुंड में तेल का स्तर देखने के लिए शीशे (Sight Glass) लगे होते हैं। अतः मशीन चलाने से पूर्व यह सुनिश्चित कर लेना चाहिए कि कुंड में तेल सही स्तर तक है अथवा नहीं। तेल के निप्पल तथा तेल कप (oil cups) को भी प्रतिदिन एक बार भर देना चाहिए जिससे मशीन अच्छी प्रकार कार्य कर सके।

स्नेहन करने से पूर्व धूल, मिट्टी तथा धातु कर्तन (metal chips) अच्छी प्रकार साफ कर लेना चाहिए जिससे तेलछिद्र बन्द नहीं होने पावें। मशीन को प्रारम्भ में 200 घंटे चलाकर तथा तत्पश्चात् 500 घंटे चलने पर उसका तेल बदल देना चाहिए। इसके पश्चात् प्रत्येक 1500 से 2000 घंटे काम में लेने के पश्चात् तेल को निकाल देना चाहिए तथा कुंड (sump) को अच्छी प्रकार साफ करके उसमें नया तेल भर देना चाहिए।

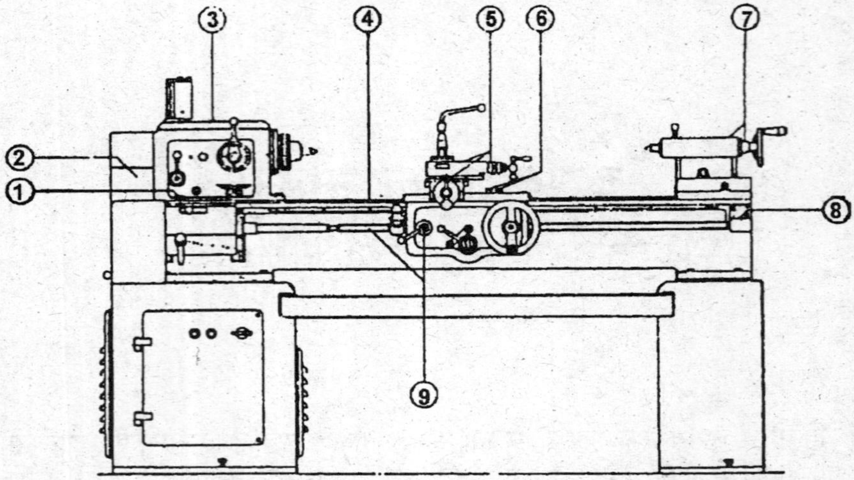

चित्र 8.1

8.1.1 **खराद मशीन** (Lathe machine)

खराद मशीन के विभिन्न अवयवों का स्नेहन चित्र 8.1 में दर्शाये अनुसार निम्न प्रकार किया जाता है।

1. फीड बाक्स तथा बीयरिंग तेल कुंड में तेल भरकर तथा सभी बीयरिंग में प्रतिदिन तेल देकर।
2. परिवर्तन गीयर बुश तथा अन्य गीयरों में प्रतिदिन दो बार तेल देकर
3. हैड स्टॉक (Head Stock) : कवर हटाकर कुंड में तेल भरकर एक वर्ष में दो बार तेल बदलना चाहिए।
4. संस्तर मार्ग (Bea Guide ways), कैरिज मार्ग (Carriage Guide was) तथा संयुक्त आधार मार्ग (Compoud Rest Guide ways) : प्रतिदिन अच्छी तरह तेल देकर।
5. संयुक्त आधार स्क्रू, वाहन स्क्रू (Carriage Screw) तथा उनके बीयरिंगः प्रतिदिन तेल देकर
6. एप्रन यंत्रावली (Apron Mechanism) : प्रतिदिन तेल कुंड में तेल की जाँच कर तथा भरकर
7. पुच्छ स्कन्ध स्क्रू (Tail stock screw) : प्रतिदिन दोनों निप्पलों की बाल को दबाकर तेल देकर तथा मृत केन्द्र (Dead Centre) के अग्रभाग पर ग्रीस लगाकर।

8. लीड स्क्रू बीयरिंग : दिन में एक बार तेल छिद्रों में तेल देकर
9. लीड़ स्क्रू तथा अर्ध ढ़िबरी (Half Nut) : काम में लेते समय प्रति घंटे तेल देना चाहिए।

(अ) मुख्य स्कन्ध (Head stock)

मुख्य स्कन्ध तर्कु (Spindle) साधारणतयाः परिशुद्ध टेपर रोलर बीयरिंग पर चलता है। इनके स्नेहन के लिए ग्रीस (NLGL-2) का उपयोग किया जाता है ग्रीस को प्रत्येक छः माह में बदल देना चाहिए। ग्रीस भरते समय ग्रीस कप को आधा ही भरना चाहिए।

मुख्य स्कन्ध के गीयरों का स्नेहन उछाल (splash) पद्धति से होता है। मुख्य स्कन्ध के कुंड को उपर से ढ़क्कन हटाकर भरा जाता है तथा कुंड (Sump) में तेल का स्तर दृश्य काँच (sight glass) खिड़की के मध्य बिन्दु से थोड़ा उपर रखना चाहिए। तेल बदलने के लिए कुंड के निचले सिरे पर लगे प्लग (Drain plug) को खोलकर तेल निकाल दिया जाता है। (बिन्दु 2 एवं 3)

(ब) ऐप्रन (Apron)

ऐप्रन में स्नेहन हेतु एक कुंड (sump) होता है जिससे एक बत्ती (Felt wick) के द्वारा तेल, ऐप्रन की समस्त बियरिंगों में पहुँचता है। ऐप्रन में नीचे स्थित एक बड़ा तेल संग्राहक, ऐप्रन के क्लच तथा गियरों का स्नेहन करता है। इस संग्राहक को तीन-तीन महीने के अन्तराल पर साफ कर मिट्टी तेल से धोकर, पुनः स्नेहक तेल से भर देना चाहिए। तथा प्रतिदिन काम करते समय तेल कुप्पी से इसमें जब तक तेल देते रहना चाहिए जब तक कि यह बहने नहीं लग जाये। (बिन्दु 6)

(स) भरण बक्सा (Feed Box)

भरण बक्सा में भी एक तेल कुंड बना होता तथा उस पर एक ढ़क्कन लगा होता है जहाँ से इसमें तेल भरा जाता है। यहाँ से तेल विभिन्न गियरों तथा बियरिंगों तक पाइप लाइन तथा बत्तियों के द्वारा पहुंचता है। (बिन्दु 1)

(द) कैरिज तथा खराद बैड (Carriage and Lathe Bed)

कैरिज की डोवटेल तथा बैड के गाइड रास्तों का प्रतिदिन दिन में एक बार स्नेहन आवश्यक रूप से करना चाहिए। खराद बैड पर सदैव एक तेल की झिल्ली (oil Film) बनी रहनी चाहिए।

क्रॉस फीड स्क्रू बीयरिंग, कम्पाउन्ड आधार स्क्रू बियरिंग तथा ऐप्रन फ्लाई व्हील पिन बियरिंग का प्रति एक बार स्नेहन करना चाहिए। इनके तेल छिद्र बॉल वाल्व से

बन्द रहते हैं अतः तेल देते समय बॉल को दबाकर तेल देना चाहिए। कम्पाउन्ड आधार स्क्रू के स्नेहन के लिये कम्पाउन्ड स्लाइड पर बने तेल छिद्र से तेल दिया जाता है। (बिन्दु 5)

(य) लीड स्क्रू तथा उसके बीयरिंग

चूड़ी काटते समय थोडी-थोड़ी देर के अन्तराल पर लीड़ स्क्रू की चूड़ियों में तेल देते रहना चाहिए। लीड़ स्क्रू बीयरिंग के लिए, खराद बैड़ के दाँयी तरफ तेल छिद्र बना होता है जिसमें प्रतिदिन तेल दे देना चाहिए। (बिन्दू 8.9)

(र) टेलस्टॉक (Tail Stock)

टेल स्टॉक के स्नेहन के लिए इसमें दो तेल छिद्र (बिन्दु 7) बने होते हैं जिनमें बाल लगी रहती है इस बॉल को दबाकर इसमें तेल दे दिया जाता है जिससे इसका स्क्रू तथा बीयरिंग दोनों का स्नेहन हो जाता है। खराद मृत केन्द्र (Lathe dead Centre) को काम में लेने से पूर्व उसकी नोक पर ग्रीस लगा देनी चाहिए।

खराद मशीन के स्नेहन हेतु निम्न तेलों तथा ग्रीसों का उपयोग किया जा सकता है। (सारणी 8.1)

सारणी 8.1

क्रमांक	कम्पनी	तेल	ग्रीस
1	इंडियन आइल	सर्वोलाइन - 68	सर्वोजैम
2	भारत पैट्रोलियम	यूनीवोल - 68	एम.पी.ग्रीस - 2
3	हिन्दुस्तान पैट्रोलियम	यंत्रोल - 68	लिथोन - 2

8.1.2 मिलिंग मशीन (Milling Machine)

मिलिंग मशीनें क्षैतिज, ऊर्ध्वाधर तथा यूनिवर्सल प्रकार की होती है, जिनमें विभिन्न घूमने एवं फिसलने वाले पुर्जे होते हैं। मिलिंग मशीन के विभिन्न पुर्जों के स्नेहन हेतु विभिन्न बिन्दु चित्र 8.2 में दर्शाये गये है। मिलिंग मशीन के निम्न मुख्य पुर्जों का सही प्रकार स्नेहन आवश्यक है।

1. मुख्य मोटर बीयरिंग
2. भरण मोटर (Feed Motor) बीयरिंग
3. शीतलन (Coolant) मोटर बीयरिंग
4. अनुदैर्ध्य फिसलनी (Longitudinal slide) के गाइड-वे
5. उठाव स्क्रू (Elevating screw)

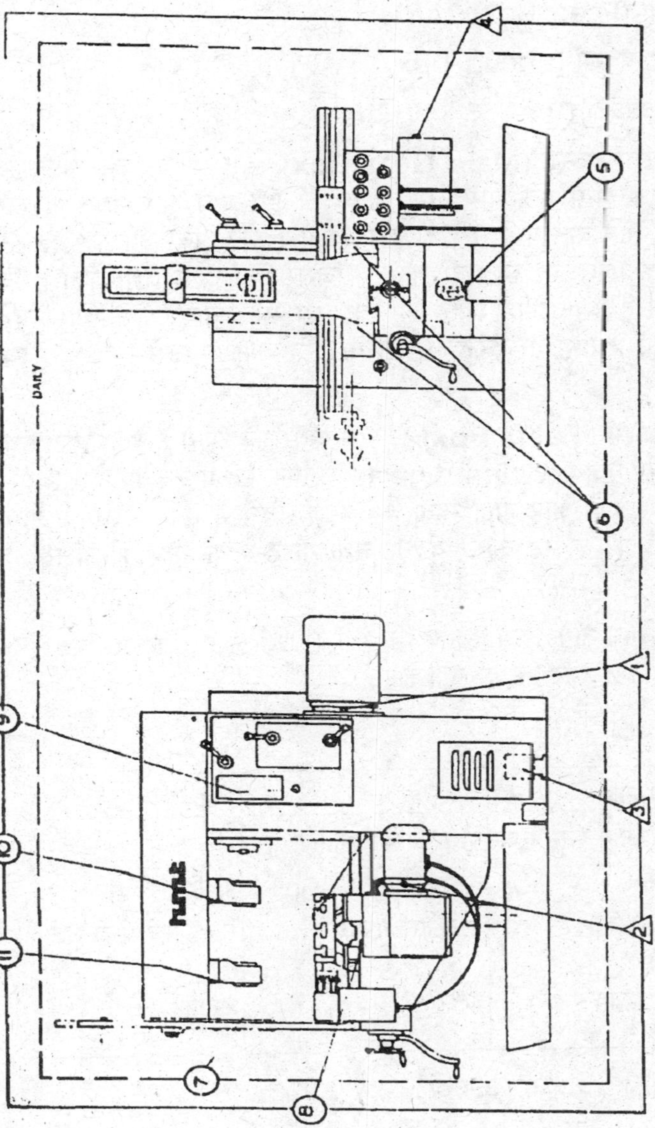

○ LUBRICATING OIL FOR BEARING

Δ ANTIFRICTION BEARING GREASE

Fig. 8.2. Lubrication chart of a milling machine

6. क्रॉस-स्लाइड के गाइड-वे

7. उदग्र (vertical) स्लाइड के गाइड-वे

8. भरण बक्सा (Feed Box)

9. मुख्य गीयर बक्सा (Speed Box)

10 एवं 11. आर्बर बुश

(अ) मुख्य गीयर बक्सा (Main Gear Box) इसे स्पीड़ बाक्स भी कहते हैं। इसके स्नेहन हेत इसमें एक पम्प लगा होता है। इस पम्प से छना हुआ तेल डिस्ट्रीब्यूटर के द्वारा, ताँबे के ट्यूबों से होता हुआ विभिन्न स्नेहन बिन्दुओं तक पहुँचता है। एक ट्यूब दर्शक ग्लास पर छोड़ दी जाती है जिससे यह देखा जा सकता है कि पम्प से तेल आ रहा है अथवा नहीं। इस पम्प के द्वारा स्पीड बॉक्स के सभी गीयरों का स्नेहन होता रहता है तथा तेल कुंड में तेल कम रह जाने पर उसे पुनः भर दिया जाता है।

(ब) भरण बक्सा (Feed Box) भरण बक्से के गीयरों के शाफ्ट तथा बीयरिंग का स्नेहन, वर्म पहिये (Worm Wheel) को तेल कुंड में डुबाकर, तेल उछाल (splash) विधि से अपने-आप होता रहता है। भरण बक्से में एक प्लंजर भी लगा होता है जिससे अनुदैर्ध्य स्क्रु/नट, क्रॉस स्क्रू/नट तथा गाइड-वे का ताँबे की नलियों के द्वारा स्नेहन होता है।

चित्र 8.2 में दर्शाये गये अन्य स्नेहन बिन्दुओं (Lubrication points) का स्नेहन सारणी 8.2 के अनुसार किया जाता है।

सारणी 8.2

स्नेहन बिन्दु	स्नेहक की मात्रा	स्नेहन विधि	स्नेहन की आवृत्ति
1,2,3	मोटर बीयरिंग में ग्रीस भरकर	ग्रीस गन की सहायता से	प्रतिवर्ष
4,5,6,7	3-4 स्ट्रॉक	तेल कुप्पी से	प्रतिदिन
8,9	दर्शक ग्लास तक तेल भरकर	सीधे तेल भरकर	जब स्तर कम हो जाये
10, 11	दर्शक ग्लास तक तेल भरकर	तेल कुप्पी से	प्रतिमाह

8.2 वायु संपीडित्र (Air Compressor)

संपीडित्र मुख्यतयाः दो प्रकार के होते हैं, धनात्मक विस्थापन एवं अपकेन्द्रीय संपीडित्र। धनात्मक विस्थापन प्रकार के संपीडित्र, प्रत्यागामी एवं घूर्णन दो प्रकार के होते हैं।

8.2.1 प्रत्यागामी संपीडित्र (Reciprocating Compressors)

एक प्रत्यागामी संपीडित्र में सिलेन्डर, पिस्टन, क्रैंक शाफ्ट, कनैक्टिंग रॉड आदि चलने वाले पुर्जे होते हैं। एकल पद संपीडित्र अथवा छोटे संपीडित्रों में इन पुर्जों का स्नेहन उछाल स्नेहन विधि (splash lubrication method) एवं बड़े संपीडित्रों में इन पुर्जों का स्नेहन दाब परिसंचरण विधि द्वारा किया जाता है।

प्रत्यागामी संपीडित्रों के स्नेहन से पूर्व निम्न बिन्दुओं का ध्यान रखना चाहिए।

1. तेल को साफ रखने के लिए तेल, फिल्टर के द्वारा भरा जाना चाहिए।
2. स्नेहन के लिए उच्च ग्रेड संपीडित्र तेल काम में लेना चाहिए तथा तेल-भरण (oil-feed) कम से कम होना चाहिए अन्यथा संपीडित वायु के साथ तेल जाने लगेगा।
3. अन्तः शीतलकों (Inter Coolers) से समय-समय पर एकत्रित नमीं (Condensed moisture) को हटाते रहना चाहिए।
4. पिस्टन क्राउन, पिस्टन रिंग, वाल्व एवं सिलेन्डर की समय-समय पर सफाई करते रहना चाहिए।

8.2.2 घूर्णी संपीडित्र (स्लाइडिंग वेन प्रकार)

इस प्रकार के संपीडित्र में घूर्णक (Rotor), सरकर्न पंखुड़ी (Sliding Vane) तथा आवरण (Casing) आदि मुख्य पुर्जे होते हैं। इन सभी पुर्जों तथा बीयरिंगों का स्नेहन आवश्यक है। इन पुर्जों के स्नेहन के लिए रोटर की शाफ्ट के केन्द्र में एक अक्षीय छिद्र से उसमें तेल भेजा जाता है जहाँ से वह अपकेन्द्रीय बल के कारण वेन एवं अन्य सभी आन्तरिक पुर्जों का स्नेहन कर देता है। यह तेल वेन तथा केसिंग के घर्षण को भी कम कर देता है।

8.2.3 अपकेन्द्री संपीडित्र (Centrifugal Compressors)

इस प्रकार के संपीडित्र में रोटर को सहारा देने वाली बियरिंग का मुख्य रूप से स्नेहन करना होता है, जिसे किसी भी विधि द्वारा किया जा सकता है। जब इस प्रकार के संपीडित्र को रेफ्रिजरेशन में समुद्रित (hermetically sealed) मशीन के रूप में काम लिया जाता है तो स्नेहक को आइल सील में गैस की धारा में प्रवेश करा दिया जाता है।

8.3 विद्युत मोटर (Electric Motor)

विद्युत मोटर में इसकी शाफ्ट को आधार प्रदान करने वाली बियरिंग का स्नेहन अत्यन्त आवश्यक है। स्नेहन की आवश्यकता के आधार पर विद्युत मोटरों को तीन भागों में विभाजित किया जा सकता है।

इनमें सबसे छोटी भिन्नात्मक अश्व-शक्ति (Fractional Horse power) मोटर होती है। इन मोटरों में बैबिट धातु (Babbit Metal) के बियरिंग लगे होते हैं। जिनमें नमदे की बत्ती (Felt wick) से स्नेहन किया जाता है।

दूसरी श्रेणी में 1 से 500 अश्व शक्ति तक की सभी प्रकार की इंडस्ट्रियल मोटर होती हैं। ये मोटर घर्षण रहित बीयरिंगों (Anti Friction Bearing/Rolling Contact Bearing) पर घूमती है तथा इनका स्नेहन ग्रीस के द्वारा किया जाता है।

तीसरी श्रेणी में इससे भी अधिक भारी मोटर आती है, जिनमें फिसलने खोल एवं प्रणोद (Sliding Sleeve and thrust) बीयरिंग लगी होती है तथा उसका तेल के द्वारा स्नेहन किया जाता है।

8.3.1 भिन्नात्मक अश्व-शक्ति मोटरों का स्नेहन

उपर बताये अनुसार इन मोटरों का स्नेहन नमदे की बत्ती के द्वारा होता है जिससे थोड़ा-थोड़ा तेल बियरिंग तक आता रहता है। टर्बाइन प्रकार का खनिज तेल, इन मोटरों के स्नेहन हेतु सबसे उपयोगी है।

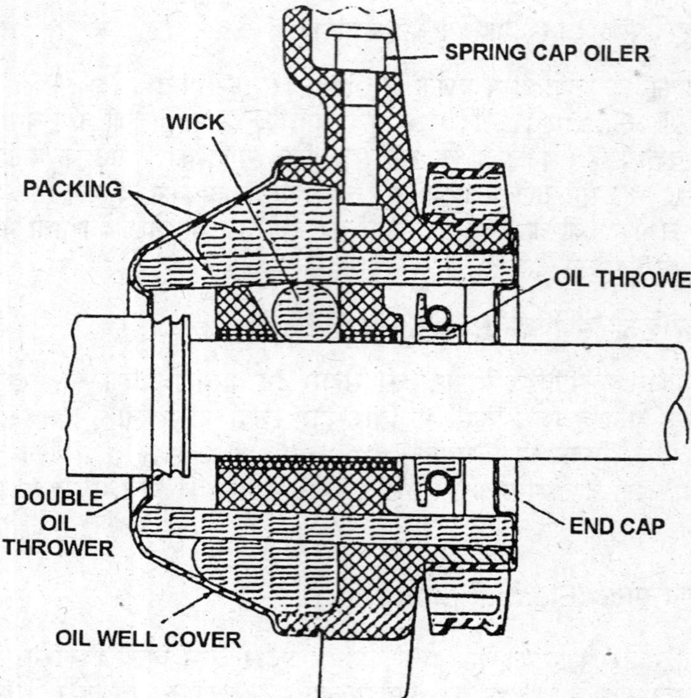

चित्र 8.3

चित्र 8.3 में बत्ती के द्वारा मोटर के बीयरिंग का स्नेहन दर्शाया गया है, इसमें मोटर की शाफ्ट को टिन-बैबिट, शीशायुक्त ब्रोंथा कांस्य अथवा सरन्ध्र कांस्य की बीयरिंग पर टिकाया जाता है। स्नेहक तेल का बत्ती के माध्यम से परिसंचरण (circulation) किया जाता है। यह तेल, बीयरिंग के उपर बनी एक खिड़की से शाफ्ट के उपर पहुँचता है।

8.3.2 मध्यम श्रेणी की औद्योगिक मोटरों का स्नेहन

इन मोटरों में बाल अथवा रोलर बीयरिंग लगे होते हैं जिनका तेल अथवा ग्रीस से स्नेहन किया जाता है। परन्तु निम्न कारणों से ग्रीस द्वारा स्नेहन अधिक उपयोगी है।

1. नमी तथा धूल कणों से बचाव रहता है।
2. बार-बार स्नेहन की आवश्यकता नहीं रहती है।
3. तेल के रिसाव की समस्या नहीं रहती।

ग्रीस द्वारा स्नेहित बीयरिंग खुली अथवा सील बंद हो सकती है सील बन्द बीयरिंग में निर्माण के समय ही ग्रीस भरकर उन्हें दोनों ओर से सील कर दिया जाता है। इनका पुनः स्नेहन संभव नहीं होता इसलिए कुछ समय पश्चात् इन्हें बदलना ही पड़ता है।

खुले प्रकार के बीयरिंग में पुनः ग्रीस करना संभव होता है, इसलिये जब मोटर में इस प्रकार के बीयरिंग काम में लिये जाते हैं तो मोटर के खोल (Housing) में चित्र 8.4 (ब) के अनुसार ग्रीस भरने का रास्ता रखा जाता है, तथा खोले में एक ग्रीस हौज भी बना दिया जाता है।

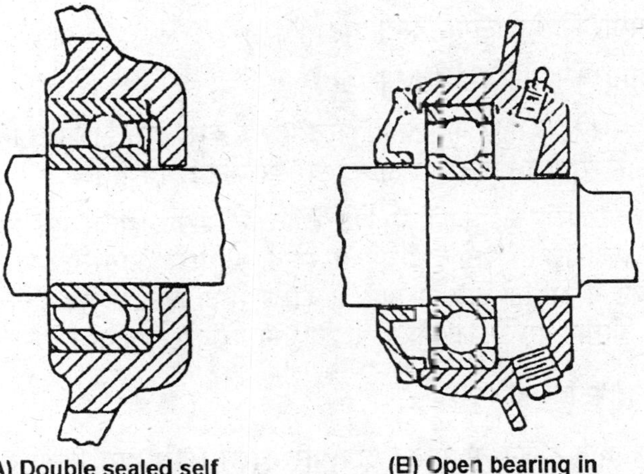

(A) Double sealed self contained bearing

(B) Open bearing in regreasable housing

चित्र 8.4

खुली प्रकार की बीयरिंग हेतु सबसे उपयुक्त ग्रीस NLGI-2 प्रकार की होती है जबकि सील्ड बीयरिंग में NLGI-3 ग्रेड ग्रीस प्रयुक्त की जाती है।

8.3.3 भारी औद्योगिक मोटरों का स्नेहन

भारी औद्योगिक मोटरों में फिसलने खोल एवं प्रणोद (Sliding Type Sleeve & Thrust) बीयरिंग का उपयोग किया जाता है जिनका स्नेहन तेल के द्वारा किया जाता है। स्नेहन हेतु वलय स्नेहन (Ring lubrication), डिस्क स्नेहन, बाँध स्नेहन अथवा परिसंचरण विधि काम में ली जाती है। रिंग स्नेहन विधि में रिगं के द्वारा स्लीव तक तेल पहुँचता है। बीयरिंग शीशा युक्त बैबिट, अथवा टिन युक्त बैबिट धातु के बने होते हैं जबकि रिंग डाइ-कास्ट जिंक अथवा कांस्य की बनी होती है।

डिस्क स्नेहन में, शाफ्ट के साथ ही डिस्क बनी होती है अतः वह शाफ्ट के साथ घूमती रहती है। घूमने से डिस्क हौज से तेल को अपने साथ के उपर ले जाती है जहाँ से तेल खुरचनी (Scrapper) के मध्य से डिस्क के गुजरने पर शाफ्ट पर गिरता रहता है तथा बीयरिंग का स्नेहन करता रहता है।

8.4 आटोमोटिव इंजिन

विभिन्न प्रकार के अन्तर्दहन इंजिनों के लिये उपयोगी स्नेहक तेलों के लिए विभिन्न संस्थाओं द्वारा निष्पादन मानक (Performance Standard) बनाये गये हैं। ये संस्थाएँ निम्न हैं।

1. सोसाइटी आफ आटोमोटिव इंजिनीयर्स (SAE)
2. अमेरिकन पेट्रोलियम इंस्टीट्यूट (API)
3. अमेरिकन सेना (US Millitary)

भारत में स्नेहक तेलों के मानक, भारत मानक ब्यूरो द्वारा निर्धारित किये जाते हैं जो उपरोक्त अन्तरराष्ट्रीय मानकों के आधार पर ही बनाये गये हैं।

अन्तर्दहन इंजिन दो प्रकार के होते हैं - चतुः स्ट्रोक इंजिन एवं द्वि-स्ट्रोक पेट्रोल अथवा डीजल इंजिन। पेट्रोल इंजिन में स्पार्क प्लग से आग उत्पन्न होती है जबकि डीजल इंजिन में अधिक दाब हो जाने के कारण स्वतः आग उत्पन्न होती है। इंजिन की प्रकृति की आधार पर उनका स्नेहन भी विभिन्न तरीकों से होता है।

8.4.1 चतुः स्ट्रॉक इंजिन

चतुः आघात इंजिनों में स्नेहन दाब परिसंचरण विधि द्वारा किया जाता है। इसमें एक पम्प जो कि तेल हौज में लगा रहता है, के द्वारा कैंक शाफ्ट के मुख्य बीयरिंग तथा कनैक्टिंग रॉड के बड़े सिरे के बीयरिंग एवं कैम शाफ्ट के बीयरिंग का स्नेहन होता

है। इंजिन सिलेन्डर का स्नेहन उछाल विधि (Splash) से सीधा हो जाता है। गजन पिन बीयरिंग का स्नेहन भी उछाल विधि से होता रहता है।

आटोमोटिव इंजिनों में प्लेन बीयरिंग अथवा जरनॅल बीयरिंग काम में लिये जाते हैं, जिसमें जरनॅल के घूमने से जरनॅल तथा बीयरिंग के मध्य एक पतली फिल्म बन जाती है जो कि दोनों के मध्य घर्षण को न्यूनतम कर देती है। बीयरिंग में तेल की सप्लाई रूक जाने से (पम्प काम न करने से अथवा तेल की नलियाँ बन्द हो जाने से) क्रैंक शाफ्ट जाम हो सकती है अतः समय-समय इनकी सफाई करते रहना चाहिए।

चूंकि इंजिन में तेल उच्च ताप के सम्पर्क मे आता है अतः इसके आक्सीकरण होने का खतरा बना रहता है इसके लिए तेल में आक्सीकरण की प्रतिरोधक क्षमता होनी चाहिए अन्यथा आक्सीकरण हो जाने के उपरान्त तेल गाढ़े हो जाते हैं तथा अम्ल बन जाता है जिससे उचित प्रकार से स्नेहन नहीं हो पाता तथा इंजिन की उम्र घट जाती है।

इंज़िन सिलेन्डर के स्नेहन हेतु पिस्टन रिंग तथा सिलेन्डर की दिवार के मध्य सदैव एक तेल की फिल्म बनी रहनी चाहिए तथा इसके लिए तेल पतला होना चाहिए ताकि वह आसानी से दोनों के बीच में रह सके। क्योंकि अधिक गाढ़ा तेल शीघ्रता से दिवारों तथा पिस्टन रिंग के बीच नहीं पहुंच पाता, साथ ही इसमें कार्बन भी अधिक बनता हैं। तेल का रसायनिक विघटन नहीं होना चाहिए ताकि वह सिलेन्डर की दीवारों पर चिपके नहीं। तेल दहन कक्ष में पहुँचने पर तुरन्त जल कर बाहर निकल जाना चाहिए।

चूंकि आटोमोटिव इंजिनों में तेल को दो अलग-अलग तापक्रमों (प्रारम्भिक स्टार्टिंग अवस्था एवं उच्च ताप पर चलने की अवस्था) पर काम करना पड़ता है इसलिये इन तेलों का श्यानता सूचकांक पर्याप्त उच्च (High) होना चाहिए जिससे श्यानता में परिवर्तन न्यूनतम रहे। इसके लिए इन तेलों में श्यानता सूचकांक वर्धक भी मिलाये जाते हैं। आटोमोटिव इंजिनों के स्नेहन में इसी कारण मल्टीग्रेड इंजिन आइल मिलाये जाते हैं।

आटोमोटिव इंजिन हेतु प्रयुक्त तेल में अपमार्जक-परिशोधक, आक्सीकरण रोधी, घिसाव प्रतिरोधी एवं जंगरोधी गुण भी होने चाहिए।

8.4.2 द्विघात पैट्रोल इंजिन

द्विघात पेट्रोल इंजिन में स्नेहन, चतुः आघात इंजिन से बिल्कुल अलग प्रकार से होता है क्योंकि इनमें चतुः आघात इंजिन की तरह अलग तेल हौज बनाना संभव नहीं होता। अतः द्विघात पेट्रोल इंजिन में स्नेहक तेल (2T Oil) पेट्रोल के साथ मिला दिया जाता है, एवं कुछ इंजिनों में स्नेहक तेल को एक अलग हौज से सीधा पेट्रोल की लाइन में मिला दिया जाता है।

जब पेट्रोल एवं तेल का मिश्रण क्रैंककेग में प्रवेश करता है तो उच्च ताप के कारण

पेट्रोल वाष्पित हो जाता है एवं क्रैंककेस, सिलेन्डर की दिवारों, क्रैंकशाफ्ट एवं बियरिंग पर तेल की एक पतली फिल्म बन जाती है जो घर्षण को कम कर देती है।

द्विघात इंजिन तेल के लिए सबसे आवश्यक गुण उसकी पैट्रोल के साथ मिश्र बनाने की क्षमता का होना है, साथ ही उसके जलने पर अधिक कार्बन नहीं बननी चाहि क्योंकि इंजिन में तेल जल कर बाहर निकलता रहता है, तेल इंजिन के घर्षण को क करना चाहिए, उसका घिसाव कम रखे, दहन कक्ष, पिस्टन रिंग साइलेन्सर आदि में कार्ब नहीं जमना चाहिए। अर्थात् तेल इस प्रकार का हो कि वह इंजिन को साफ रखें।

बाजार में ये तेल 2 टी आइल के नाम से प्रसिद्ध है।

प्रश्न

1. एक खराद मशीन के विभिन्न पुर्जे दर्शाते हुए उनके स्नेहन की विधि बताइये।
2. एक मिलिंग मशीन के विभिन्न पुर्जों के स्नेहन हेतु स्नेहन चार्ट बनाइये।
3. निम्न संपीडित्रों के स्नेहन पर लघु टिप्पणियाँ लिखिये।
   (अ) प्रत्यागामी संपीडित्र
   (ब) घूर्णी संपीडित्र
   (स) अपकेन्द्री संपीडित्र
4. मध्यम एवं बड़े साइज की विद्युत मोटरों के स्नेहन की विधि समझाइये।
5. चतुः आघात एवं द्विआघात इंजिन के स्नेहन विधि में क्या अन्तर है और क्यों?

अध्याय - 9

विभिन्न परिस्थितियों में स्नेहकों के कार्य

9.1 सामान्य बीयरिंग (Plaine Bearings)

किसी भी यंत्रावली अथवा मशीन को आधार प्रदान करने के लिये तथा काइनेमेटिक चेन की गति को व्यवरुद्ध (Constrained) करने के लिये बीयरिंग का उपयोग किया जाता है, दूसरे शब्दों में गति को आवाज एवं घर्षण रहित बनाने के लिये बीयरिंग का उपयोग किया जाता है।

बियरिंगों में स्नेहकों के मुख्य कार्यों को निम्न प्रकार माना जा सकता है।

1. बीयरिंग के दो परस्पर चलने वाले पुर्जों के मध्य घर्षण को कम करने में।
2. मशीनों में परस्पर फिसलने वाले पुर्जों के मध्य घिसाव को कम करने में, जो बाद में पुर्जों के मध्य अन्तराल (Play) उत्पन्न कर देता है।
3. घर्षण से उत्पन्न उंष्मा को बाहर फैंकने में।
4. बीयरिंग को जंग आदि से बचाने।

बीयरिंग मुख्यतयाः तीन प्रकार की होती है।

1. जरनॅल बीयरिंग (Journal Bearing) शाफ्ट का वह हिस्सा जो बियरिंग में टिका रहता है जरनल कहलाता है। शाफ्ट को आधार प्रदान करने वाली बीयरिंग जरनॅल बीयरिंग कहलाती है। इसमें मुख्य बल शाफ्ट के अक्ष की दिशा के लम्बवत लगते हैं।

2. प्रणोद बीयरिंग (Thrust Bearing) : ये बियरिंग शाफ्ट पर लगने वाले अक्षीय बल (Axial loading) के विरुद्ध आधार प्रदान करती है, अर्थात् इनमें मुख्य बल शाफ्ट के अक्ष की दिशा में लगता है। इस प्रकार किसी उर्ध्वाकार शाफ्ट पर

अक्षीय दिशा में लगने वाला बल इस प्रकार की बीयरिंग द्वारा सहन कर लिया जाता है।

3. स्लाइडर बीयरिंग (Slider Bearing): इस प्रकार की बियरिंग स्थानांतरीय गति में पुर्जों को आधार प्रदान करने के काम आती है, जैसे खराद गाइड वे (Guide ways), जिब्स (Gibs), क्रॉसहैड, गाइड बीयरिंग आदि।

9.1 जरनॅल बियरिंगों का स्नेहन

जरनॅल बियरिंगों का स्नेहन निम्न में से किसी भी एक विधि द्वारा किया जा सकता है।

(1) दाब भरण अथवा बूँद भरण (force Feed or Drop Feed)

(2) वलय स्नेहन (Ring Lubrication)

(3) कॉलर स्नेहन (Collar Lubrication)

(4) चेन स्नेहन (Chain Lubrication)

(5) बत्ती स्नेहक (Wick Lubricator)

(6) बॉथ स्नेहक (Bath Lubricator)

(7) बाढ़ स्नेहन (Flooded Lubrication)

(8) शुष्क स्नेहन (Dry lubrication)

उपरोक्त सभी विधियों द्वारा प्लेन बीयरिंग के स्नेहन की विधि चित्र 9.1 में दर्शायी गयी है।

9.2 घर्षण रहित बीयरिंग (Anti-Friction Bearing)

ऐसे बीयरिंग जिनमें घर्षण कम करने के लिये घूमने वाले अवयव होते हैं, रोलिंग सम्पर्क बीयरिंग अथवा घर्षण रहित बीयरिंग कहलाते हैं। इनमें मुख्य रूप से आन्तरिक रेस, बाह्य रेस (outer race), जाल (Cage) तथा घूमने वाले अवयव जैसे बॉल, रोलर, सूंई (Needle) आदि होते हैं। बीयरिंग का नाम भी घूमने वाले अवयव के आधार पर होता है जैसे बॉल बीयरिंग, रोलर बीयरिंग, नीडल बीयरिंग, टेपर रोलर बीयरिंग आदि।

बियरिंगों को भार की दिशा के आधार पर भी वर्गीकृत किया जाता है, जैसे अक्षीय दिशा में भार सहन करने वाली बियरिंग प्रणोद बीयरिंग (Thrust bearing) कहलाती है, तथा जो बीयरिंग शाफ्ट के त्रिज्यी दिशा में भार सहन करती है, रेडियल बीयरिंग कहलाती हैं। विभिन्न प्रकार के बीयरिंग निम्न अनुसार होती है।

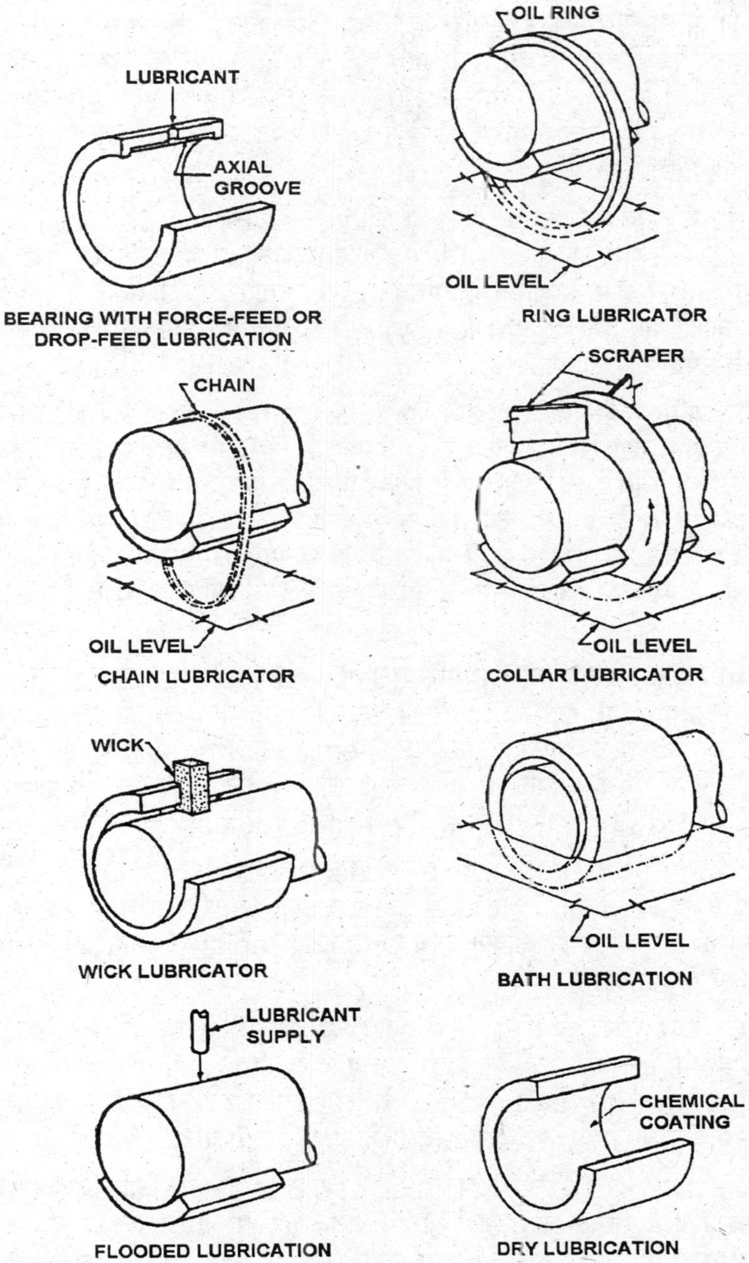

चित्र 9.1. प्लेन बीयरिंग में स्नेहन

(1) गहरा खांचा बाल बीयरिंग (Deep Groove Ball Bearing) : इनमें आन्तरिक रेस तथा बाह्य रेस में गहरे खांचे कटे होते हैं, जिनमें बॉल अथवा रोलर घूमते रहते हैं। ये बीयरिंग उच्च रेडियल भार सहन कर सकते हैं, तथा थोड़ा अक्षीय भार भी सहन कर सकते हैं। जब बीयरिंग को दोनों प्रकार के भार सहन करने हों तो ये बीयरिंग अत्यन्त उपयोगी होते हैं।

(2) बेलनाकार रोलर बीयरिंग (Cylindrical Roller Bearing) : इनमें चित्र 9.2 में दर्शाये अनुसार जाल में बेलनाकार रोलर लगे होते हैं। रेस तथा बेलनों में रेखिय सम्पर्क होने के कारण ये अधिक रेडियल भार सहन कर सकते हैं इनमें घर्षण गुणांक काफी कम तथा दृढ़ता (Rigidity) अधिक होती है ये अधिक व्यास की शाफ्ट के लिये उपयोग में ली जाती है।

(3) कोणिय सम्पर्क बीयरिंग (Angular Contact Bearing) : इस प्रकार के बीयरिंग में बाह्य रेस इस प्रकार से कटी होती है कि उसमें बाल फंस जाती है। यह गहरा खांचा बीयरिंग की बाह्य रेस में हल्का परिवर्तन कर बनायी जाती है। इस प्रकार यह एक तरफ से अक्षीय भार को सहन कर सकती है। यदि आन्तरिक रेस में भी खांचा काट दिया जावे तो बीयरिंग दोनों ओर के अक्षीय भार को आधार प्रदान कर सकती है। जब अक्षीय भार, त्रिज्यी भार से अधिक हो तो ये बियरिंग उपयोग में लाये जाते हैं।

(4) स्वतः संरेखण बॉल बियरिंग (Self Aligning Ball Bearing) : इस प्रकार के बीयरिंग में गेंदों की दो लाइनें होती है। इन दोनों लाइनों की गेंद एक ही बाह्य रेस के अन्दर की गोलीय सतह (Spherical Surface) में घूमती रहती है। शाफ्ट तथा हाउसिंग के बीच में थोड़ी बहुत संरेखण त्रुटि (misalignment) होने पर वह बाह्य रेस तथा आन्तरिक रेस में समायोजित (adjust) हो जाती है।

(5) गोलीय रोलर बीयरिंग (Spherical Roller Bearing) : इनमें भी गोलीय रोलर की दो लाइनें होती हैं जो की एक बाह्य रेस की गोलीय आन्तरिक सतह में घूमते हैं. ये बीयरिंग अपेक्षाकृत अधिक रेडियल (Radial) तथा अक्षीय (thrust) भार वहन कर सकती है।

(6) टेपर रोलर बीयरिंग - इस प्रकार की बीयरिंग में ढलवाँ (taper) रोलर प्रयुक्त होते हैं। ये काफी अधिक रेडियल तथा प्रणोद (thrust) भार वहन कर सकती है। प्रणोद भारण (thrust loading) के लिये हमेशा इन्हीं का उपयोग किया जाता है। इनमें टेपर रोलर सदैव विपरीत दिशा में जोड़े से लगाये जाते हैं।

(7) प्रणोद बाल बीयरिंग (Thrust ball Bearing) - आम प्रचलित प्रणोद बाल बियरिंग में सम्पर्क कोण 90° होता है तथा जहाँ पर भार केवल अक्षीय दिशा में हो, इन्हें काम में लिया जाता है। दोनों प्रकार का भार सहन करने के लिये इन्हें प्रायः रेडियल बीयरिंग के साथ काम में लिया जाता है।

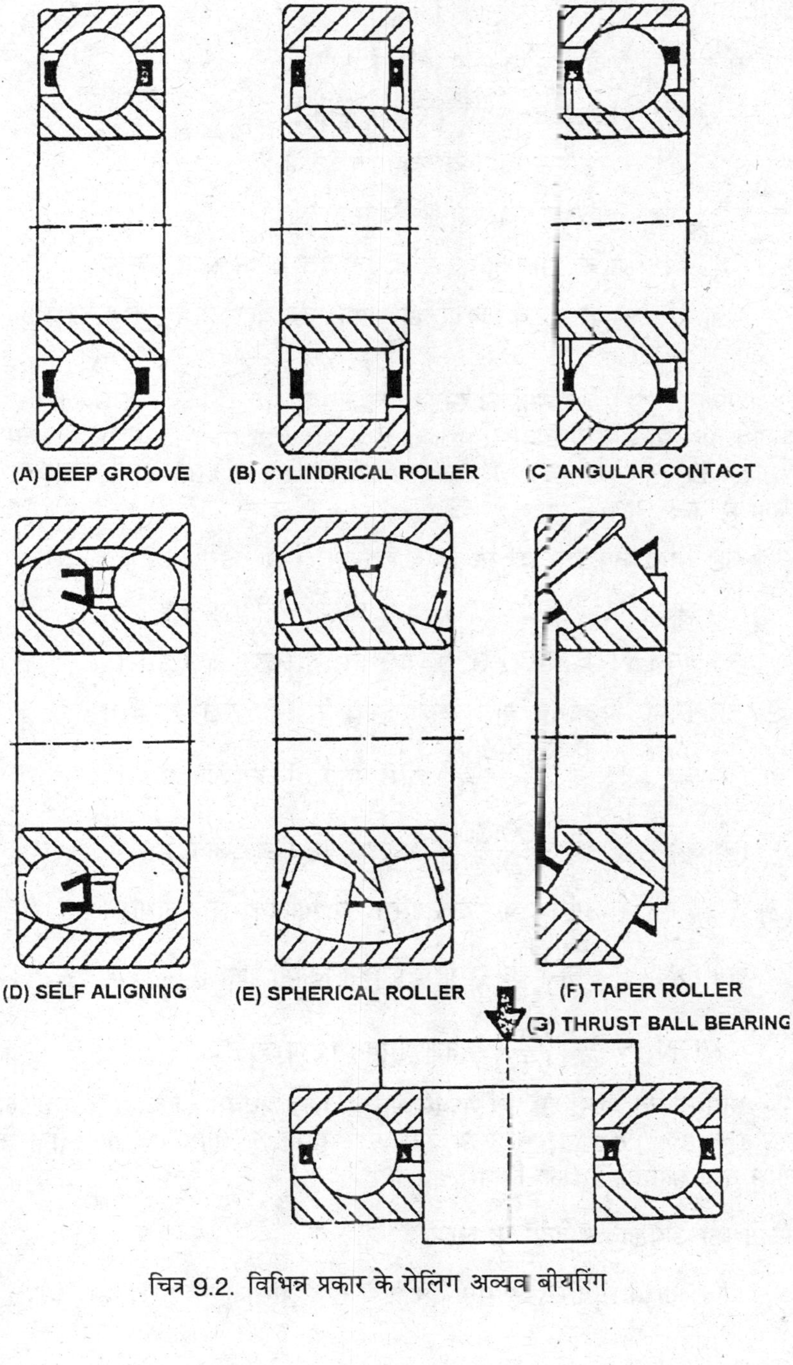

चित्र 9.2. विभिन्न प्रकार के रोलिंग अव्यव बीयरिंग

9.2.1 रोलिंग बियरिंगों का स्नेहन

रोलिंग बियरिंगों में स्नेहक निम्न कार्य करते हैं।

1. गेंद एवं रेस के मध्य घर्षण कम करते हैं।
2. घर्षण से उत्पन्न उष्मा को बाहर फेंकते हैं।
3. गेंद एवं रेस का जंग से बचाव करते हैं।
4. बीयरिंग की सीलिंग कर उन्हें धूल एवं गंदगी से बचाते हैं।
5. स्नेहकों का बहाव, गंदगी को अपने साथ बहा कर बीयरिंग को साफ करता रहता है।

रोलिंग सम्पर्क बियरिंगों का स्नेहन तेल अथवा ग्रीस से किया जा सकता है। इसका निर्णय बीयरिंग गति गुणक (Bearing Speed Factor) D X N से किया जाता है, जहाँ D, बोर का व्यास तथा N, सम्बन्धित शाफ्ट जिसके लिये बीयरिंग प्रयुक्त होना है, के RPM हैं।

(1) 50 मिमी. तक बोर की बॉल एवं सिलेन्डर रोलर बीयरिंग हेतु-

(अ) जब $DN < 300\ 000$, ग्रीस प्रयुक्त किया जाता है।

(ब) जब $DN > 300\ 000$, तेल प्रयुक्त किया जाता है।

(2) 50 मिमी. से अधिक बोर की बॉल एवं सिलेन्डर रोलर बीयरिंग हेतु -

(अ) जब $DN < \frac{300,000}{\sqrt{D/50}}$, ग्रीस प्रयुक्त किया जाता है।

(ब) जब $DN > \frac{300,000}{\sqrt{D/50}}$, तेल प्रयुक्त किया जाता है।

(3) 50 मिमी. से अधिक बोर के टेपरित एवं गोलिय रोलर बीयरिंग हेतु

जब $DN > \frac{150,000}{\sqrt{D/50}}$, ग्रीस प्रयुक्त किया जाता है।

जब $DN > \frac{150,000}{\sqrt{D/50}}$, तेल प्रयुक्त किया जाता है।

सामान्यतया ग्रीस कम एवं मध्यम भार के लिये प्रयुक्त की जाती हैं एवं तेल उच्च भार (Heavy loads) के लिये अधिक उपयोगी हैं। ग्रीस एवं तेल दोनों के कुछ लाभ तथा हानियाँ हैं। जो निम्न प्रकार हैं।

ग्रीसों की अपेक्षाकृत तेलों के लाभ-

1. भारित बीयरिंग के सम्पर्क क्षेत्र में तेल आसानी से प्रवेश कर जाता है।

2. तेल, मिट्टी के कणों को आसानी से अपने साथ बहा ले जाता है।
3. ये घर्षण से उत्पन्न उष्मा को अवशोषित कर बीयरिंग से बाहर फेंकते हैं।
4. केन्द्रीय परिसंचरण तंत्र में गीयर बाक्स वाले तेल को ही बीयरिंग में काम में लिया जा सकता है।

तेलों की अपेक्षाकृत ग्रीसों के लाभ

1. 100°C से नीचे के तापक्रमों पर तेलों की अपेक्षा ग्रीस अधिक लाभकारी है।
2. ग्रीस से स्नेहन वाले बियरिंगों को बनाते समय ही उनमें ग्रीस भर सील्ड कर दिया जाता है जिससे उनमें धूल एवं मिट्टी कण प्रवेश नहीं कर पाते एवं बार-बार स्नेहन की आवश्यकता नहीं पड़ती।
3. ग्रीसों में रिसाव की समस्या नहीं होती।
4. अलग से तेल स्नेहन व्यवस्था बनाने की जरूरत नहीं पड़ती।
5. कम एवं मध्यम भारण में अत्यन्त उपयोगी है।

जब तेलों के द्वारा बीयरिंग का स्नेहन करना हो तो परिस्थिति के अनुसार निम्न से किसी एक विधि से स्नेहन किया जा सकता है।

1. शुष्क हौज परिसंचरण पद्धति (Dry Sump Circulation System): जब बीयरिंग उच्च तापक्रम पर कार्य कर रही हो।
2. तेल बाथ स्नेहन निम्न तथा मध्यम गति के कार्यों के लिये।
3. बत्ती भरण स्नेहन (Wick feed lubrication): स्नेहन की प्रभावी एवं सस्ती विधी
4. ड्रॉप फीड ऑयलर (Drop Feed oiler): यह एक प्रभावी विधि है परन्तु इसके स्थान का चयन उचित होना चाहिये।
5. उछाल स्नेहन विधि : गीयर बॉक्स की शॉफ्ट बीयरिंग के स्नेहन हेतु
6. तेल धूम्र स्नेहन (Oil Fog Lubrication): यह विधि उच्च चाल पर लगातार स्नेहन कार्यों हेतु उपयोग में ली जाती है।

9.3 गीयरों में स्नेहक

गीयर्स में स्नेहकों का मुख्य कार्य उनके दाँतों के मध्य स्नेहकों की एक पतली झिल्ली (Film) बनाकर घर्षण एवं उनके घिसाव को कम करता है। साथ ही स्नेहक, घर्षण से उत्पन्न उष्मा को भी अवशोषित करते रहते हैं।

उपरोक्त आवश्यकताओं की पूर्ति हेतु स्नेहकों की श्यानता इस प्रकार होनी चाहिये कि दाँतों के मध्य फिल्म हमेशा बनी रहे तथा उष्मा को अवशोषित करने के लिये तेल आसानी से बहता भी रहे। मध्यम गति एवं मध्यम भार के कार्यों के लिये SAE 80, SAE 90 एवं SAE 140 नम्बर तेल प्रयुक्त होते हैं।

भारी कार्यों एवं हाइपॉइड गीयरों के स्नेहन हेतु सामान्य खनिज तेल (Plain Mineral oil) दाँतों के मध्य फिल्म बनाये रखने में असक्षम होते हैं, ऐसी स्थिति में खनिज तेलों में अति दाब मिश्रक (Extreme pressure additives) मिलाये जाते हैं। अति दाब संयोज्य युक्त स्नेहक (EP Lubricants) ओटोमोबाइल गीयर बाक्स तथा भारी ड्यूटी औद्योगिक गीयर बॉक्स के स्नेहन हेतु अत्यन्त उपयोगी हैं।

हस्त चलित गीयरों एवं अन्य कम गति वाले गीयरों के स्नेहन हेतु ग्रीस का उपयोग किया जाता है।

9.3.1 गीयर्स के स्नेहन की विधि

मशीनों में गीयर्स बन्द बॉक्स में अथवा खुले दोनों ही प्रकार से लगाये जाते हैं बन्द बॉक्स में चलने वाले गीयरों का स्नेहन तेल उछाल स्नेहन विधि के द्वारा किया जाता है, जिसमें गीयर बॉक्स का सबसे बड़ा गीयर हौज में भरे तेल में डूबा रहता है तथा चलने पर तेल उछालता है जिससे सभी गीयर्स का स्नेहन होता रहता है। यह स्नेहन विधि 5 मी./सै. तक के पिच लाइन वेग के लिये उपयोगी है।

उच्च गति पर चलने वाले गीयर्स हेतु दाब परिसंचरण विधि (Pressure circulating system) काम में ली जाती है, जिसमें दाँतों के सम्पर्क बिन्दु पर नॉजल की सहायता से उच्च दाब पर तेल को फुहारित (Sprayer) किया जाता है।

खुले गीयर्स के स्नेहन हेतु फुहार विधि अथवा स्वचालित बूंद-बूंद विधि (Automatic drip method) अथवा हस्त ब्रुश को प्रयुक्त किया जाता है।

9.4 चेन चालन (Chain Drives)

एक शक्ति पारेषण चेन में पिन, बुश, रोलर एवं पत्ती मुख्य अवयव होते हैं। चेन की उम्र बढ़ाने के लिये तथा घर्षण को कम करने के लिये इन सभी पुर्जों का तेल से स्नेहन आवश्यक है। चेन चक्र के दाँतों का भी तेल से स्नेहन करना चाहिये। चेन के स्नेहन हेतु ग्रीस अधिक उपयोगी नहीं हैं क्योंकि ग्रीस धूल एवं गंदगी के कणों को अपने में सोखकर और अधिक घर्षण बढ़ा देती है।

चेन के स्नेहन हेतु प्रयुक्त तेल में जंगरोधी एवं आक्सीकरण रोधी संयोजक मिले होने चाहिये। चेनों के स्नेहन हेतु सबसे उपयुक्त विधि तेल-कुंड (Oil Bath) विधि है परन्तु अधिक गति पर इसमें तेल उछलने के कारण तेल धूम्र विधी का भी प्रयोग किया जाता है। इनके स्नेहन हेतु ब्रुश स्नेहकों का भी उपयोग किया जाता है।

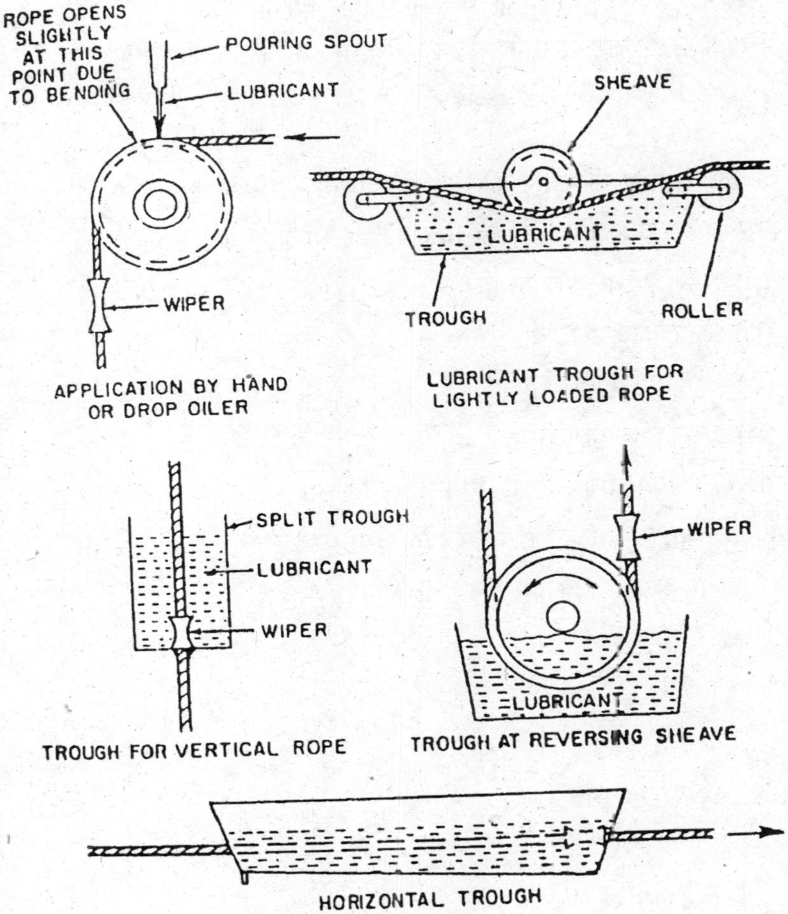

चित्र 9.3

9.5 तार रस्से (Wire Ropes)

सामग्री प्रहस्तन की विभिन्न विधियाँ जैसे उद्वाहन (Hoisting), अपकर्षण (Hauling), क्रेन, आदि में तार रस्से प्रयुक्त होते हैं। चूंकि ये उच्च भार के कार्यों में प्रयुक्त होते हैं इसलिये इसका स्नेहन अत्यन्त आवश्यक है।

(1) ये रस्से के बलों अथवा तारों के मध्य घर्षण को कम करते हैं जो कि ड्रम अथवा पुली पर से गुजरते समय काफी अधिक हो जाता है।

(2) ये रस्से के बलों (Strands) को जंग लगने से बचाते हैं।

(3) ये स्टील के तार की कोड़ का स्नेहन करते हैं।

चित्र 9.3 में तार रस्सों के स्नेहन के विभिन्न तरीकों को समझाया गया है।

प्रश्न

1. जरनॅल बीयरिंग के स्नेहन की विभिन्न विधियाँ समझाइये।
2. निम्न घर्षण रहित बियरिंगों को चित्र बनाकर समझाइये।
   (a) गहरा खाँचा बॉल बीयरिंग
   (b) बेलनाकार रोलर बीयरिंग
   (c) कोणिय सम्पर्क बीयरिंग
   (d) थ्रस्ट बॉल बीयरिंग
3. रोलिंग अवयव बीयरिंग पर लघु टिप्पणी लिखिये।
4. गीयरों तथा चेन चालनों में स्नेहकों का क्या कार्य है।
5. तार रस्सों का सही प्रकार स्नेहन क्यों आवश्यक है।

अध्याय - 10

स्नेहक प्रहस्तन एवं भंडारण
(LUBRICANT HANDLING & STORAGE)

किसी भी प्रकार के तेल अथवा ग्रीस के लिये उसका सही प्रकार प्रहस्तन एवं भंडारण अत्यन्त महत्त्वपूर्ण होता है । समस्त पेट्रोलियम पदार्थों को सावधानीपूर्वक उपयोग, प्रहस्तन एवं भंडारण करना चाहिये । असावधानीपूर्वक हस्तन, ग्रेड़ों के संदेह, संदूषण (Contamination) तथा उच्च तापक्रम आदि से सदैव बचना चाहिये ।

10.1 पैकेजिंग एवं डिलीवरी (Packaging and Delivery)

स्नेहकों की पैकेजिंग मुख्यतयाः इस बात पर निर्भर करती है कि उसका खर्च अथवा उपभोग कितना है, अथवा उसकी कितनी मात्रा उपयोग में आनी है । अगर स्नेहक/तेल को काफी अधिक मात्रा में पैक करना है तो उसके लिये दोनों तरफ से बन्द स्टील के ड्रमों का उपयोग किया जाता इन पर उपर की तरफ दो स्क्रू प्लग लगे रहते हैं जिनमें से तेल को भरा अथवा निकाला जा सकता है । तेल भरने के पश्चात् इन ढक्कनों को अच्छी प्रकार सील कर दिया जाता है ।

छोटे साइज में तेल को पैक करने के लिये 0.5, 1 2, 5 तथा 10 लीटर की प्लास्टिक पैकिंग तैयार की जाती है इन्हें एक स्थान से दूसरे स्थान तक आसानी से ले जाया जा सकता है । तेल को अधिक मात्रा में एक स्थान से दूसरे स्थान तक पहुँचाने के लिये रेल टैंकर अथवा ट्रक टैंकरों का उपयोग किया जाता है ।

10.2 उतारना (Unloading)

तेल से भरे हुए ड्रमों को ट्रकों से नीचे उतारने के लिये सुरक्षित प्लेटफार्म होना चाहिये । ड्रम को सीधा नीचे कठोर फर्श पर पटकने पर ड्रनों के जोड़ खुलने का डर रहता है एवं तेल का रिसाव प्रारम्भ हो सकता है । किसी भी प्रकार का प्लेटफार्म न

होने की स्थिति लकड़ी के पट्टों का ढाल (slope) बनाया जा सकता है अथवा ड्रमों को ट्रक से रबर के टायर पर गिराया जा सकता है।

पैट्रोलियम उत्पादों को ट्रक से नीचे उतारते समय निम्न सावधानियाँ भी रखनी चाहिये।

(1) इस क्षेत्र के नजदीक धूम्रपान नहीं होना चाहिये।

(2) ड्रम उतारने वाले क्षेत्र के पास कोई अन्य प्रकार की चिनगारी नहीं जलनी चाहिये।

(3) टैंकर के डोम का ढ़क्कन हटाने से पहले उसका आन्तरिक दाब कम कर देना चाहिये।

(4) ट्रक से ड्रमों को बाहर निकालने के लिये किसी प्रकार के वायुदाब (air pressure) का उपयोग नहीं करना चाहिये।

10.3 **तेलों का भंडारण** (Storage of Oils)

तेलों का भंडारण खुले क्षेत्र अथवा बन्द क्षेत्र में किया जा सकता है। जहाँ तक संभव हो ड्रमों को गोदाम के अन्दर ही रखना चाहिये जिससे उन पर बाह्य वातावरण का कोई प्रभाव न पड़े तथा आग लगने का खतरा भी नहीं हो।

10.3.1 **आन्तरिक भंडारण** (Inside Storage)

आन्तरिक भंडारण से तात्पर्य ड्रमों को गोदाम के अन्दर रखने से है। यदि एक छोटे गोदाम में अधिक ड्रमों को रखना हो तो उसमें अलमारिया (Racks) बनाकर उनमें उद्वाहक (Hoists) अथवा फोर्क लिफ्ट ट्रकों की सहायता से ड्रमों को व्यवस्थित कर दिया जाता है। इससे जगह कम घिरती है तथा उन्हें आसानी से गिना जा सकता है।

आन्तरिक भंडारण में निम्न सावधानियाँ आवश्यक है।

(1) गोदाम में हवा एवं प्रकाश की समुचित व्यवस्था होनी चाहिये।

(2) गोदाम साफ-सुथरा रहना चाहिये।

(3) अलग-अलग प्रकार के तेलों को अलग-अलग अलमारियों में रखना चाहिये जिससे संशय नहीं हो।

10.3.2 **बाह्य भंडारण** (Outside Storage)

जब तेलों का काफी अधिक मात्रा में बड़े-बड़े टैंक बनाकर भंडारण करना हो तो खुले गोदामों का उपयोग किया जाता है। ये टैंक अच्छी गुणवत्ता वाली स्टील की चद्दरों

से किनार जोड़ (seam joint) के द्वारा बनाये जाते हैं। टैंक अथवा पाइपलाइन बनाने हेतु कभी भी गैल्वेनीकृत आयरन का उपयोग नहीं करना चाहिये। टैंक को जमीनी सतह से थोड़ा उपर रखना चाहिये एवं उनके नीचे रोड़ी (concrete) का मजबूत स्तर (Plateform) बनाया जाता है। जिससे जमीन की नमी टैंक के पैंदे को खराब नहीं कर सके।

पम्प के निचले हिस्से में से समय-समय पर नमी से बने पानी एवं अवसाद (Sediment) को निकालने के लिये नाली बनी होनी चाहिये।

जब बाह्य भंडारण को अथवा खुले गोदामों को ड्रमों (Barrels) हेतु प्रयुक्त करना हो तो निम्न सावधानियाँ रखनी चाहिये।

(1) ड्रमों को लकड़ी के तख्तों का प्लेटफार्म बनाकर उस पर रखना चाहिये। तथा वर्षा के मौसम में तिरपाल से ढ़क देना चाहिये।

(2) ड्रमों के मुंह (Opennings) से हवा के साथ नमी के प्रवेश का डर रहता है अतः ड्रमों को इस प्रकार लिटाना चाहिये कि दोनों मुँह अन्दर से तेल में डूबे हुए हों।

(3) ड्रमों को लुढ़कने से रोकने के लिये सहारा (Wedge) लगा देना चाहिये।

10.3.3 **ग्रीसों का भंडारण** (Storage of Grease)

ग्रीसों को धूल, मिट्टी एवं अन्य प्रकार की गंदगी (Contaminants) से बचाने के लिये इनके भंडारण में विशेष सावधानी रखनी पड़ती है, क्योंकि गंदे ग्रीस को जब बीयरिंग में प्रयोग किया जावेगा तो यह बियरिंग को खराब कर देगा।

(1) ग्रीस के ड्रमों को जहाँ तक संभव हो अन्दर रखना चाहिये। फिर भी यदि इनका खुले स्थान में भंडारण करना हो तो इन पर तिरपाल डाल देना चाहिये।

(2) ग्रीस तेल एवं साबुन के मिश्रण होते हैं अतः जब इन्हें लम्बे समय तक एक ही स्थिति में रखा जाता है तो इनमें से तेल अलग होने लगता है इसे ग्रीसों का विरुपण (Bleeding) कहते हैं। इसे रोकने के लिये ड्रमों को खड़ा रखना चाहिये एवं समय-समय पर स्थिति परिवर्तन करते रहना चाहिये।

10.4 **स्नेहक तेलों का वितरण एवं प्रहस्तन** (Dispensing & Handling of Lubricants)

स्नेहकों के बर्तनों, डिब्बों एवं ड्रमों को एक स्थान से दूसरे स्थान तक पहुँचाने के लिये विशेष सावधानी की आवश्यकता रहती है अन्यथा इनके रिसने अथवा नष्ट होने का डर रहता है। ड्रमों को भंडार से कार्यशाला तक ले जाने के लिये रबर के टायरों

पर चलने वाली ट्रॉली का उपयोग किया जाना चाहिये। तेलों के वितरण एवं प्रहस्तन में निम्न बातों का ध्यान रखना चाहिये।

1. ड्रमों के मुंह को कभी भी काटना नहीं चाहिये अपितु उसमें नल लगाकर तेल निकालना चाहिये और उसके नीचे एक ट्रे रख देनी चाहिये जिससे तेल जमीन में बिखरे नहीं।
2. ड्रम के बड़े डाटे (Bung) को हटाकर उसमें पम्प लगाकर भी तेल निकाला जा सकता है।
3. तेल भरने वाले बर्तन साफ सुथरे होने चाहिये एवं उन पर ढ़क्कन लगे होने चाहिये जिससे उनमें धूल-मिट्टी प्रवेश नहीं कर सकें।
4. अलग-अलग ग्रेड के तेल एवं ग्रीस के लिये अलग-अलग बर्तन होने चाहिये एवं उन पर तेल अथवा ग्रीस का ग्रेड लिखा होना चाहिये जिससे एक ग्रेड में दूसरे ग्रेड के मिलने का भय नहीं रहे।
5. दूसरे वाले छिद्र (हवाछिद्र) में रूई अथवा हल्का कपड़ा लगा देना चाहिये जिससे उसमें से मिट्टी के कण प्रवेश नहीं कर सके।
6. मशीन के उपर, उसमें प्रयुक्त होने वाला तेल स्पष्ट रूप से लिखा होना चाहिये।
7. स्नेहन का कार्यक्रम पूर्ण सुनियोजित होना चाहिये।
8. विभिन्न ग्रेड के तेलों के लिये रंग-कोड का उपयोग किया जाना चाहिये।

10.5 रिकार्ड एवं अनुसूचियन (Record and Scheduling)

किसी भी सुनियोजित स्नेहन कार्यक्रम हेतु उसका रिकार्ड एवं अनुसूचियन दोनों प्रमुख आवश्यकताएँ हैं।

किसी भी प्लान्ट अथवा उद्योग में काम आने वाले विभिन्न स्नेहकों के नाम उनकी मासिक/वार्षिक खर्च की मात्रा आदि की सूचना रिकार्ड कहलाती है। स्नेहकों का रिकार्ड रखने से निम्न लाभ होते हैं।

1. स्नेहकों की उपभोग मात्रा तथा उत्पादन का अनुपात उपलब्ध रहता है।
2. स्नेहकों की कितनी बड़ी पैकिंग की जानी है?
3. स्नेहकों के प्रहस्तन (Material Handling) हेतु किस प्रकार की युक्तियाँ काम में ली जानी है?
4. भंडारण हेतु किस प्रकार की व्यवस्था की जानी है?

5. स्नेहकों के खर्च की मात्रा अचानक परिवर्तित होने पर कारण की जाँच की जा सकती है।

विनिर्देश रिकार्ड (Specification Record) मे स्नेहकों के समस्त विनिर्देश, उनकी परिक्षण विधि एवं उनकी उपलब्धता आदि के बारे में जानकारी मिलती है। इस प्रकार स्नेहकों के रिकार्ड से क्रय विभाग भंडार विभाग को अनेक जानकारियाँ प्राप्त हो जाती हैं।

सारणी 10.1 में एक विनिर्देश डाटा शीट दर्शायी गई है।

सारणी 10.1 विनिर्देश डाटा शीट

क्रमांक	गुण	तेल का प्रकार		
		ब्रांड 1	ब्रांड 2	ब्रांड 3
1	श्यानता सेन्टी स्टॉक (40°C पर)	200	165	240
	सेन्टीस्टॉक (100°C पर)	15.2	14.8	18.4
2	श्यानता सूचकांक	95	80	90
3	बहाव बिन्दु °C	–20°	–10	–5°
4	अम्लीयता मिग्रा पोटाश/ग्राम	0.2	0.2	0.25
5	स्फुरांक बिन्दु °C	190	210°	215°
6	विशिष्ट गुरूत्व	0.881	0.910	0.894

अत: किसी भी निकाय के लिये स्नेहक अनुसूचि वह चार्ट होता है जिससे उस निकाय के विभिन्न अवयवों के लिये प्रयुक्त स्नेहक एवं उसकी आवृत्ति के बारे में जानकारी मिलती है।

स्नेहकों को पुनः उपयोग करने वाली मशीनों में, स्नेहकों की आयु, तंत्र की परिस्थितियों पर निर्भर करती है। जब ये परिस्थितियाँ समान रहती हैं तो स्नेहकों को परिवर्तित करने का समय अथवा उनकी आयु ज्ञात की जा सकती है यद्यपि इसके लिये लगातार प्रयोगशालाओं में कृत्रिम परिस्थिति उत्पन्न कर परीक्षण किया जाता है तथा प्रोटोटाइप के द्वारा संभावित सुरक्षित कार्यकारी आयु (Safe working Life) ज्ञात की जाती है।

किसी मशीन में तेल डालने के समय से तेल खराब होने तक अर्थात् बाहर निकालने तक मशीन ज़ितने घंटे चली है, वह उस स्नेहक की उस मशीन के लिये सुरक्षित कार्यकारी आयु कहलाती है। इसी के आधार पर तेल बदलने की आवृत्ति निर्धारित की जाती है तथा मशीन का स्नेहन अनुसूचि चार्ट तैयार किया जाता है।

लगातार तेल खर्च होने वाली स्नेहन प्रणालियों (total loss system) में स्नेहक

के खर्च की मात्रा उत्पादन पर निर्भर करती है उत्पादन अधिक होने पर स्नेहक का खर्च बढ़ जाता है।

स्नेहकों के अनुसूचियन, प्रहस्तन तथा भंडारण में सुविधा की दृष्टि से रंग कूटों (Colour Codes) का प्रयोग किया जाता है विभिन्न तेलों के रंग कूट निम्न प्रकार होते हैं।

स्पिन्डल तेल	कूट 2	नीला
सामान्य तेल	कूट 3	पीला
गाइड-वे तेल	कूट4	परपल
भाप सिलेन्डर तेल	कूट 5	भूरा
वायवीय प्रणाली तेल	कूट 6	सफेद
हाइड्रॉलिक तेल	कूट 7	हरा
लेड कम्पाउन्ड	कूट 8	काला
एडहैसिव तेल	कूट 9	नारंगी
परिसंचरण तेल	कूट 10	लाल

तेलों की प्रयोग आवृत्ति निम्न प्रकार दर्शायी जाती है।

प्रतिदिन (Daily)	- D
साप्ताहिक (Weakly)	- W
मासिक (Monthly)	- M
त्रैमासिक (Quarterly)	- Q
छमासी (Bi-Annually)	- B
वार्षिक (Annually)	- A

प्रश्न

1. तेलों एवं ग्रीसों की विभिन्न पैकेजिंग एवं डिलीवरी विधियों का वर्णन कीजिये।
2. तेलों के आन्तरिक एवं बाह्य भंडारण में किन-किन बातों का ध्यान रखना चाहिये।
3. निम्न पर लघु टिप्पणियाँ लिखिये।

   (अ) स्नेहकों का वितरण एवं प्रहस्तन

   (ब) स्नेहकों का रिकार्ड एवं अनुसूचियन

APPENDIX

Table 1. Typical Characteristics : Industrial Lubicants of a Petroleum Company

Sr. No.	BHARAT GRADES	Flash P COC, °C	Pour Point °C	K.V.cSt 40°C	K.V.cSt 100°C	VI
1	AMATEX J 68	204	–6	67.5	7.8	83
2	AMATEX J 100	210	–6	98.5	10.0	77
3	AMOCAM 46	180	–6	47.64	6.89	99
4	AMOCAM 68	226	–6	67.90	8.68	99
5	AMOCAM 100	235	–6	104.4	11.4	96
6	AMOCAM 150	246	–6	156.9	15.1	95
7	AMOCAM 220	245	–6	220.9	19.2	98
8	AMOCAM 320	248	–3	316.8	24.3	98
9	AMOCAM 460	268	–9	448.3	30.2	96
10	AMOCAM 680	268	–3	637.3	36.0	91
11	AMOCAM 1000	285	–3	1011.1	50.2	95
12	AXLE OIL MEDIUM	186*	–3	77.8 (at 60°C)		95
13	AXLE OIL HEAVY	184*	–9	99.6 (at 60°C)		92
14	BHARAT OIL 32	188	–3	34.6	5.2	70
15	BHARAT OIL 46	188	–3	49.5	6.5	71
16	BHARAT OIL 68	192	–3	69.5	7.9	72
17	BHARAT OIL 100	198	–3	96.1	9.6	70
18	BHARAT OIL 150	224	–3	146.6	12.5	69
19	BHARAT OIL 220	238	–3	218.7	15.6	62
20	BHARAT OIL 320	256	–3	309.5	19.0	59
21	CABOL 15	170	–6	14.2	3.3	101
22	CABOL 22	188	–9	21.1	4.2	103
23	CABOL 32	188	–9	32.9	5.5	102

24	CABOL 46	188	–9	47.9	7.0	102
25	CABOL 68	214	–6	66.9	8.8	103
26	CABOL 100	240	–6	100.7	11.4	100
27	CABOL 150	240	–6	152.2	14.8	96
28	CABOL 220	250	–6	224.9	18.5	91
29	CABOL 320	256	–6	331.7	23.8	91
30	CABOL 460	280	–6	492.2	32.1	96
31	CAMEX COMPOUND D	245	24	-	230	-
32	CAMEX COMPOUND F	250	27	-	430	-
33	CAMEX COMPOUND H	260	36	-	1150	-
34	CANE CRUSHING OIL 40	254	–6	1000	-	-
35	CANE CRUSHING OIL 80	270	–6	4050	-	-
36	CANE CRUSHING OIL 120	288	–9	4950	-	-
37	COMPRESSOR OIL 32	200	–9	33.2	5.5	102
38	COMPRESSOR OIL 46	206	–9	48.1	7.0	101
39	COMPRESSOR OIL 68	210	–9	70.1	8.6	100
40	COMPRESSOR OIL 100	240	–9	96.4	10.9	97
41	COMPRESSOR OIL 150	248	–9	144.9	14.5	98
42	ECOL 30	232	–3	115.2	10.8	69
43	ECOL 40	240	–3	184.6	14.0	62
44	ECOL 50	256	–3	369.6	19.1	50
45	ENGOL 680	278*	–3	690.2	39.1	94
46	ENGOL 1000	295*	–3	1020.0	48.5	91
47	ENGOL J 460	265*	–3	468.8	31.3	97
48	ENGOL J 680	285*	–3	670.2	37.0	90
49	FILMBEAR 46	216	–9	45.8	6.7	98
50	FILMBEAR 68	230	–9	65.5	8.4	97
51	FILMBEAR 100	238	–9	100.59	11.20	97
52	FREEZOL 15	162	–45	14.4	3.1	50
53	FREEZOL 32	188	–39	34.6	5.1	54
54	FREEZOL 46	195	–30	44.5	5.9	66
55	FREEZOL 68	210	–27	65.5	7.0	58
56	FREEZOL 100	227	–30	95.0	9.4	46
57	FREEZOL J 100	210	–27	96.1	9.1	56
58	HYDROL 15	170	–9	13.9	3.3	105

59	HYDROL 22	175	–9	22.6	4.4	106
60	HYDROL 32	190	–9	32.6	5.5	105
61	HYDROL 37	200	–9	39.5	6.3	107
62	HYDROL 46	228	–9	47.6	7.1	106
63	HYDROL 68	240	–9	67.9	8.7	99
64	HYDROL 81	240	–9	80.9	9.7	94
65	HYDROL 100	260	–9	97.9	11.0	97
66	HYDROL 150	265	–9	146.9	14.6	98
67	HYDROL 220	270	–9	212.8	18.6	97
68	HYDROL 320	285	–9	311.9	24.1	98
69	HYDROL 460	285	–9	492.2	32.1	96
70	HYDROL 32	190	–18	32.6	5.5	105
71	HYDROL HLP 46	228	–18	47.6	7.1	106
72	HYDROL HLP 68	240	–18	67.9	8.8	102
73	HYDROL HLP 46	210	–33	43.3	7.9	154
74	HYDROL P 100	240	–30	106.9	13.9	131
75	INGOT MOULD OIL	76*	–3	49.0	7.0	98
76	LITHMOL 1000	290*	–3	1028	47.8	90
77	LUBOL 30	210	–3	133.4	11.5	63
78	LUBOL 40	216	0	208.8	14.7	55
79	LUBOL 50	238	–3	327.6	19.2	54
80	MARQUENCH 220	250	–15	227.6	19.2	96
81	METAMOL 32	210	–15	31.8	5.1	101
82	METAMOL 68	250	–12	71.3	8.8	105
83	METAMOL 220	260	–18	218	20.5	98
84	METAMOL R 100	220	—	108.2	10.9	98
85	NORCAM B′	157*	—	20.1	—	—
86	NORCAM C	198*	—	34.7	—	—
87	NORCAM 22	166*	15	21.5	—	—
88	OXMEX 140	250	–9	896.0	23.0	75
89	PROCESSOL 32	188	–9	32.9	5.5	102
90	PROCESSOL 46	188	–6	47.9	7.0	102
91	PROCESSOL 68	214	–6	66.9	8.8	103
92	PROCESSOL 100	220	–6	100.7	11.1	95
93	PROCESSOL 150	232	–6	152.2	14.7	94

94	PROCESSOL 220	246	–6	224.2	18.7	93
95	PROCESSOL 320	254	–6	324.9	23.8	93
96	PROCESSOL 460	290	–6	472.2	29.8	91
97	QUENCHING OIL C	186	–3	22.6	4.2	84
98	RAILROAD OIL 940	252	–9	170.3	15.7	84
99	RUBBER PROCESSING OIL	186	–3	21.1	3.9	94
100	RUBBEX 32	224	–6	31.5	—	63
101	RUBBEX 62	228	–3	64.9	—	98
102	SPINDLE OIL 22	186	–3	21.1	3.9	96
103	SHEROL B	160	—	—	—	68
104	SHEROL E		Colour Blue		Specific gravity 1.23 at 15.6/15.6°C	
105	TEXTROL 15	184	–6	16.4	3.7	106
106	TEXTROL 22	186	–6	23.0	4.4	105
107	THERMOL 22	195	–9	24.2	4.6	108
108	THERMOL 32	258	–9	32.2	5.5	107
109	THERMOL 100	256	–6	100.7	11.4	100
110	TCPF 54	24**				
111	TCPF 60	37**				

Table 2. Approximate Viscosity Equivalents at Same Temperature

Kinematic (Centistokes)	Saybolt Universal (Seconda)	Redwood No. 1 (Seconds)	Enler (Degrees)	Kinematic (Centistokes)	Saybolt Universal (Seconds)	Redwood No.1 (Seconds)	Engler (Degrees)
2.69	35	32.2	1.18	151.5	700	617	19.9
4.28	40	36.2	1.32	162.3	750	661	21.3
5.84	45	40.6	1.46	173.2	800	705	22.7
7.39	50	44.9	1.60	184.0	850	749	24.2
8.88	55	49.1	1.75	194.8	900	793	25.6
10.34	60	53.5	1.88	205.6	950	837	27.0
11.75	65	57.9	2.02	216	1,000	882	28.4
13.11	70	62.3	2.15	260	1,200	1,058	34.1
14.42	75	67.6	2.31	303	1,400	1,234	39.8
15.72	80	71.0	2.42	346	1,600	1,411	45.5
16.98	85	75.1	2.55	390	1,800	1,587	51
18.20	90	79.6	2.68	433	2,000	1,763	57
19.40	95	84.2	2.81	541	2,500	2,204	71
20.6	100	88.4	2.95	650	3,000	2,646	85
23.0	110	97.1	3.21	758	3,500	3,087	99
25.3	120	105.9	3.49	866	4,000	3,526	114
27.5	130	114.8	3.77	974	4,500	3,979	128
29.8	140	123.6	4.04	1,082	5,000	4,408	142
32.1	150	132.4	4.32	1,190	5,500	4,849	156
34.3	160	141.1	4.59	1,300	6,000	5,290	170

Kinematic (Centistokes)	Saybolt Universal (Seconda)	Redwood No. 1 (Seconds)	Enler (Degrees)	Kinematic (Centistokes)	Saybolt Universal (Seconds)	Redwood No.1 (Seconds)	Engler (Degrees)
36.5	170	150.0	4.88	1,405	6.500	5,730	185
38.7	180	158.8	5.15	1,515	7,000	6,171	199
41.0	190	167.5	5.44	1,625	7,500	6,612	213
43.2	200	176.4	5.72	1,730	8,000	7,053	227
47.5	220	194.0	6.28	1,840	8,500	7,494	242
51.9	240	212	6.85	1,950	9,000	7,935	256
56.2	260	229	7.38	2,055	9,500	8,375	270
60.6	280	247	7.95	2,165	10,000	8,816	284
64.9	300	265	8.51				
70.4	325	287	9.24				
75.8	350	309	9.95				
81.2	375	331	10.7				
86.6	400	353	11.4				
92.0	425	375	12.1				
97.4	450	397	12.8				
102.8	475	419	13.5				
108.2	500	441	14.2				
119.2	550	485	15.6				
129.9	600	529	17.0				
140.7	650	573	18.5				

The following multipliers may be used to make approximate conversions from one viscosity system to anothef at the SAME TEMPERATURE

Kinetic centistokes	x 0.1316	= Engler degrees
Engler derees	x 7,599	= Kinematic centistokes
Engler degrees @ 20°C	x 35,106	= Saybolt seconds universal @ 20°C
Engler degrees @ 50°C	x 35,173	= Saybolt seconds universal @ 50°C

Table 3.

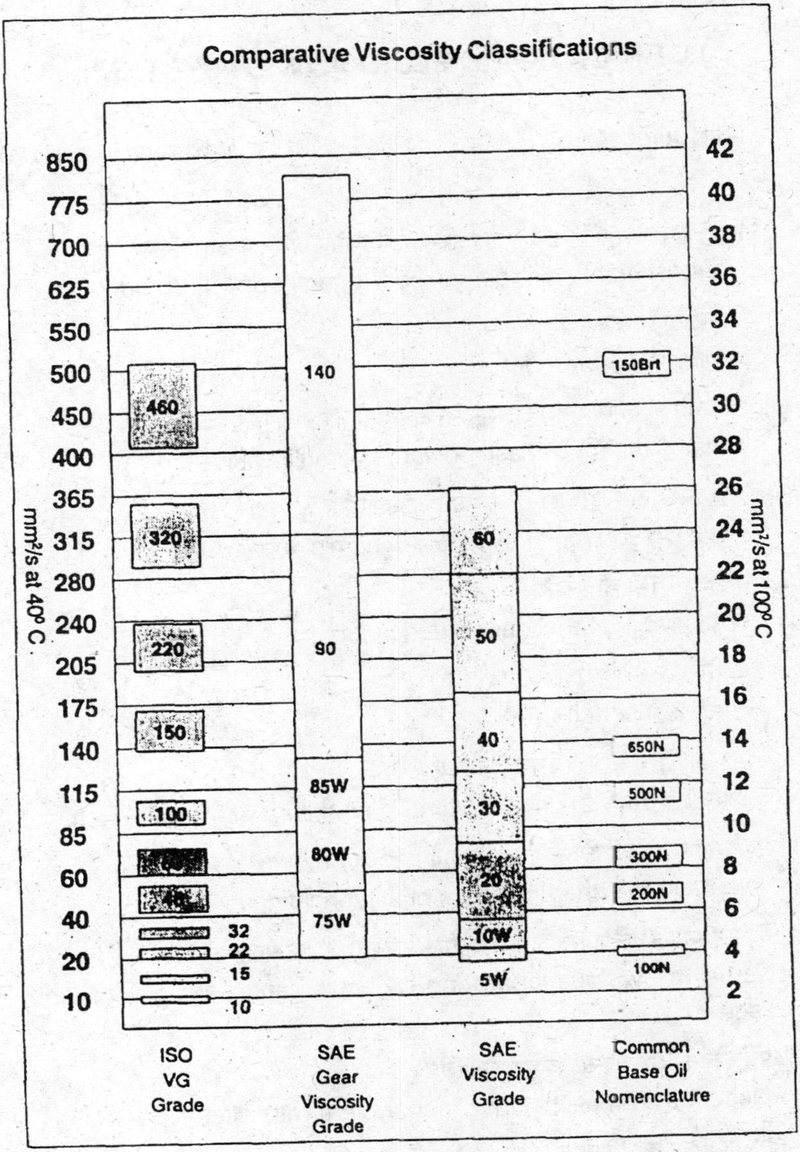
Comparative Viscosity Classifications
850
775
700
625
550
500
450
400
365
315
280
240
205
175
140
115
85
60
40
20
10
mm²/s at 40° C
42
40
38
36
34
32
30
28
26
24
22
20
18
16
14
12
10
8
6
4
2
mm²/s at 100°C
460
320
220
150
100
32
22
15
10
140
90
85W
80W
75W
60
50
40
30
20
10W
5W
150Brt
650N
500N
300N
200N
100N
ISO VG Grade
SAE Gear Viscosity Grade
SAE Viscosity Grade
Common Base Oil Nomenclature

ME 307/MM404

अप्रैल 1997

LUBRICATION & FLUID POWER SYSTEM

Time : 3 Hours

Maximum Marks : 70

नोट : प्रथम प्रश्न अनिवार्य है, शेष प्रश्नों में से किन्हीं पाँच के उत्तर दीजिये।
Question No. 1 is compulsory, attempt any FIVE out of rest.

1. (i) श्यानता इन्डेक्स को समझाइये।
Define viscosity index.

(ii) द्रवीय तरलों के स्फुरांक बिन्दु से क्या तात्पर्य है ?
What is meant by flash point of hydraulic fluids?

(iii) हाइड्रो-डायनेमिक स्नेहन से आपका क्या तात्पर्य है ?
What do you mean by hydro-dynamic lubrication?

(iv) स्नेहक के क्या कार्य है ?
What are the functions of lubricants?

(v) ट्राईबोलोजी से क्या तात्पर्य है ?
What is meant by Tribology?

2. (i) द्रवीय कपलिंग का सचित्र वर्णन कीजिए।
Describe the working of hydraulic coupling with neat sketch.

(ii) एक स्नेहक द्रव की क्या-क्या विशेषतायें हैं ?
What are the characteristics of a lubricating oil?

3. (i) विभिन्न स्नेहक तेल उपस्करों के नाम उनके उपयोग सहित बताइये।
Name the various lubricating oil equipments along with their uses.

(ii) दाब स्नेहन विधि का सचित्र वर्णन कीजिए।
Describe a pressure lubrication system with sketch.

4. (i) विभिन्न प्रकार की सीलों के उपयोग क्या है ?
What are applications of different types of seals?

(ii) चित्र की सहायता से एक वेन पम्प का विस्तृत वर्णन कीजिये ।
Describe a vane pump in details with the help of a sketch.

5. (i) एक गति नियन्त्रक परिपथ का सचित्र वर्णन कीजिए ।
Draw and describe a speed control circuit.

(ii) एक साधारण द्रवीय प्रेस का रेखाचित्र बनाइये ।
Draw a simple line diagram of simple hydraulic press.

6. (i) निम्न प्रतीकों को चित्रित कीजिए -
Sketch the following symbols –

(a) कार्यकारी लाइन
Working lines

(b) परस्पर क्रॉसिंग लाइनें
Lines crossing

(c) पायलट लाइन
Pilot line

(d) वैद्युत लाइन
Electric line

(ii) रिलीफ वाल्व का कार्य समझाइये तथा एक रिलीफ वाल्व का साधारण प्रतीक बनाइये ।
Explain the function of relief valve and sketch a simplified symbol for a relief valve.

7 (i) पाइपों के विभिन्न रंग कोड और अंकन पद्धति को समझाइये ।
Describe the various colour codes and marking of piping.

(ii) पाइपों को काटने एवं मोड़ने में प्रयुक्त विभिन्न औजारों तथा उपस्करों के नाम बताइये ।
List various tools and equipments used in pipe cutting and bending.

8. निम्न पर संक्षिप्त टिप्पणियाँ लिखिए -
Write short notes on the following -

(i) तार रस्सियों में स्नेहक का कार्य
Function of lubricant in wire ropes

(ii) वायु चालित ड्रिल
Pneumatic drill

(iii) झिल्ली सामर्थ्य
Film strength

MP - 404

नवम्बर 1997

FLUIDS AND TRIBOLOGY

Time 3 hrs. Max. Mark 70

नोट : (i) प्रश्न संख्या - 1 अनिवार्य है, शेष प्रश्नों में से किन्हीं पाँच प्रश्नों के उत्तर दीजिये।
Question No. 1 is compulsory, answer any Five questions from the remaining.

(ii) प्रत्येक प्रश्न के सभी भागों को क्रमवार एक साथ हल कीजिये।
Solve all parts of a questin consecutively together.

(iii) प्रत्येक प्रश्न को नये पृष्ठ से प्रारम्भ कीजिए।
Start each question on fresh page.

(iv) दोनों भाषाओं में अन्तर होने की स्थिति में अंग्रेजी अनुवाद ही मान्य है।
Only English version is valid in case of difference in both the languages.

1. (i) स्नेहकों के प्रज्वलन ताप तथा अग्नि बिन्दु में क्या अंतर है ?
What is the difference between flash and fire point of lubricants?

(ii) स्थिर एवँ परिवर्तनीय निर्गत पम्प में अंतर लिखिये।
Write difference between constant and variable delivery pump.

(iii) बाइ-पास कपाट का कार्य लिखिये।
Write function of bypass valve.

(iv) विभिन्न प्रकार के संचयकों के नाम लिखिये।
Write name of different types of accumulators.

(v) स्नेहक तेल के सामान्य गुणधर्म की सूची बनाइये।
Prepare list of common characteristics of lubricating oil.

2. विभिन्न प्रकार के पम्प के नाम लिखिये। किन्हीं दो प्रकार के पम्प का सचित्र वर्णन कीजिए।
Write names of different types of pumps. Describe any two type of pumps with sketch.

3 (i) धूर्णी वाल्व का सचित्र वर्णन कीजिये।
Describe rotary valve with sketch.

(ii) द्रवीय प्रणाली में सामान्य खराबियाँ तथा उनके उपचार लिखिये।
Write common faults and their remedies in hydraulic systems.

4 (i) गैस संचयन के चालक का वर्णन कीजिए।
Describe operation of a gas accumulator.

(ii) द्रवीय तरल के विनिर्देश किस प्रकार दिये जाते हैं ?
How specifications of a hydraulic fluid are given?

5. निम्नलिखित में से किन्हीं दो परिपथ का सचित्र वर्णन कीजिए-
Describe any two of the following circuits with sketches -

(i) दाब नियन्त्रण
Pressure Control

(ii) गत नियन्त्रण
Speed control

(iii) द्रवीय दाबित्र
Hydraulic press

6. (i) वायबीय तथा द्रवीय प्रणाली की तुलना कीजिये।
Compare pneumatic and hydraulic systems.

(ii) सोलेनोइड वाल्व का सचित्र वर्णन कीजिए।
Describe solonoid valve with sketch.

7. (i) स्नेहक का चयन किस प्रकार करते हैं ?
How selection of a lubricant is done?

(ii) स्नेहक के भण्डारण एवं हस्तन में क्या सावधानियाँ रखनी चाहिए ?
What precautions should be taken in storage and handling of lubricants?

(iii) संपूर्ण बलीय भरण पम्प स्नेहन को समझाइये।
Explain full force feed pump lubrication.

8. निम्नलिखित में से किन्हीं तीन पर टिप्पणी लिखिये-

Write short note on any three of the following-

(i) पम्प शोर में कमी

Noise reduction in pumps

(ii) निर्वात पम्प

Vacuum pump

(iii) ग्रीज स्नेहन

Grease lubrication

(iv) द्रवीय संकेत

Hydraulic symbols

ME 307/MM-404

नवम्बर 1997

LUBRICATION & FLUID POWER SYSTEM

Time 3 hrs. Max. Mark 70

नोट : (i) प्रश्न संख्या - 1 अनिवार्य है, शेष प्रश्नों में से किन्हीं पाँच प्रश्नों के उत्तर दीजिये ।
Question No. 1 is compulsory, answer any Five questions from the remaining.

(ii) प्रत्येक प्रश्न के सभी भागों को क्रमवार एक साथ हल कीजिये ।
Solve all parts of a question consecutively together.

(iii) प्रत्येक प्रश्न को नये पृष्ठ से प्रारम्भ कीजिए ।
Start each question on fresh page.

(iv) दोनों भाषाओं में अन्तर होने की स्थिति में अंग्रेजी अनुवाद ही मान्य है ।
Only English version is valid in case of difference in both the languages.

1. (i) द्रवीय तरलों के मुख्य गुण-धर्म संक्षेप में समझाइये ।
Explain briefly the main properties of hydraulic fluids.

(ii) स्नेहन के सिद्धान्त क्या-क्या हैं ?
What are the principles of lubrication?

(iii) विभिन्न स्नेहन प्रणालियाँ संक्षेप में समझाइए ?
Explain briefly different lubrication systems.

(iv) मुख्य वायवीय प्रणाली अवयवों का उपयोग क्या है ?
What is the use of main pneumatic system components?

(v) स्नेहन तरलों में अम्लता परीक्षण का क्या महत्त्व है ?
What is the importance of Acidity Test in lubricating fluids?

2 (i) स्नेहकों के भौतिक व रासायनिक गुण-धर्मों के लिए मानक परीक्षण समझावें।

Explain standard tests for physical and chemical properties of lubricants.

(ii) स्नेहन प्रणालियों में मानक कोड प्रैक्टिसेज समझावें।

Explain standard code practices in lubricating systems.

3 (i) स्नेहक स्रोत, संघटन एवं मिश्रक संक्षेप में समझावें।

Explain lubricant sources, composition and additives briefly.

(ii) विभिन्न प्रकार के स्नेहन पम्पों का संक्षिप्त वर्णन करें व इनके अनुप्रयोग बतलावें।

Describe various types of lubricating pumps briefly and state their applications.

4. (i) द्रवीय प्रणाली में विभिन्न परीपथों का संक्षेप में वर्णन करें।

Describe different circuits in hydraulic system briefly.

(ii) द्रवीय प्रणाली वाल्वों व उनके अनुप्रयोगों के बारे में आप क्या जानते हैं ?

What do you know about hydraulic system valves and their applications?

5 (i) वायवीय प्रणाली के विभिन्न अवयवों का संक्षिप्त वर्णन करें व इनके अनुप्रयोग बतलावें।

Describe various pneumatic system components briefly and state their applications.

(ii) संयुक्त प्रणालियों के अनुप्रयोग व लाभ क्या-क्या हैं ? ये कैसे कार्य करती हैं ?

What are the applications and advantages of combination systems? How do they function?

6 (i) पाइपों व ट्यूब्स को काटन व मोड़ने की विधि, इन्हें जोड़ने, सील करने व परीक्षण करने का संक्षिप्त वर्णन करें। इनका कलर कोडिंग क्या हैं ?

Describe the method of cutting and bending of pipes and tubing, their jointing, sealing and testing. What are their colour codes?

(ii) विभिन्न प्रकार के पैंकिग सीलों की उपयोगिताएँ क्या-क्या हैं ?

What are the utilities of different types of packing seals?

7 (i) औद्योगिक द्रवीय परिपथों में प्रयुक्त विभिन्न अवयवों को कैसे खोला तथा पुनः जोड़ा जाता है ?

How do you dismantle and assemble different elements utilized in industrial hydraulic circuits?

(ii) स्नेहन तेलों में नमी की मात्रा व उनकी श्यानता कैसे ज्ञात की जाती है ?

How do you determine moisture content and viscosity of lubricating oils?

8 निम्नलिखित पर लघु टिप्पणियाँ लिखिए -

Write short notes on the following

(i) स्नेहन व अनुप्रयोग

Lubrication and application

(ii) द्रवीय प्रणालियों में खराबियों का निदान व उन्हें ठीक करना ।

Diagnosis, location and rectification of faults in hydraulic systems.

(iii) वायवीय उपकरणों की उपयोगिताएँ ।

Applications of pneumatic equipments.

LEARNING RESOURCES DEVELOPMENT CENTRE, JODHPUR
MODEL QUESTION PAPER

Subject : MP404-Fluidics & Tribology

Time 3 Hrs. MM : 70

नोट : प्रथम प्रश्न अनिवार्य है । शेष प्रश्नों में से किन्हीं पाँच प्रश्नों के उत्तर दीजिये ।

Note : Q.No. 1 is compulsory. Attempt any five out of the remaining.

Q. 1. इस प्रश्न के सभी भाग कीजिए ।
Attempt all parts of this question.

(a) श्यानता, दाब तथा स्नेहकता की इकाई बताइये ।
What is unit of viscosity, pressure and lubricity?

(b) द्रव्यीय मोटर का एक उपयोग बताइये ।
Give one use of fluid motor.

(c) चल जलीय प्रणालियों की सामान्य खामियाँ क्या हैं ?
What are common faults in hydraulic system?

(d) शक्ति घन क्या है ?
What is a power hammer?

(e) स्नेहकों के अग्नि बिन्दु तथा प्रज्वलन ताप बिन्दु परिभाषित कीजिए ।
Define fire point & flash points of lubricants.

Q. 2. चल जलीय शक्ति युक्तियों का क्या कार्य है ? पम्प की क्षमता का माप कैसे होता है ? विभिन्न प्रकार के चल जलीय पम्पों के नाम बताइये । चल जलीय पम्प के किसी भी एक प्रख्य का चित्र बनाकर समझाइये ।
What are the functions of hydraulic power devices? How the pump capacity is measured? Name different types of hydraulic pumps. Describe with neat sketch at least one type of a hydraulic pump.

Q.3. दाब भंडारण संघनित्र का सही नाम क्या है ? वायु या गैस संचयक के चालन का वर्णन कीजिए। संचयक का कैसे ऊर्जा के द्वितीयक स्रोत में उपयोग होता है, विस्तार से वर्णन कीजिए।

What is the proper name of pressure storage reservoir? Describe the operation of air or gas accumulators. Write in detail how an accumulator is used as a secondary source of energy.

Q.4. USASI क्या है ? निम्नलिखित के चल जलीय चिह्न बताइए।

What is USASI ? Give hydraulic symbols for following-

(a) तैल चालित घूर्णी मोटर
oil operated rotary motor

(b) परिवर्ती विस्थापन पम्प
Variable displacement pump.

(c) तीव्रक
Intensifier

(d) घूर्णी शाफ्ट
Rotating shaft

(e) उष्मा विनिमयक
Heat exchanger

(f) अवरुद्ध स्थिति कपाट
Shut off valve

(h) फिल्टर
Filter

Q.5. द्विक्रियात्मक बेलन का उपयोग दिखाते हुए भ्रमिकर्तक परिपथ का चित्र USASI प्रतीकों में बनाइयें।

Draw a milling circuit using USASI symbols showing the use of a double acting cylinder.

Q. 6. त्रिमार्गी और चारमार्गी कपाटों में मुख्य अन्तर क्या हैं ? किसी कपाट के विफल होने के क्या-क्या कारण हैं ?

What is the main difference between a three-way and four way valve? Waht reasons may cause the failure of a valve?

Q. 7. घर्षण विज्ञान क्या है ? इसके उपयोगों को परिभाषित कीजिये। किसी प्रणाली में काम आने वाले विभिन्न स्नेहक कौनसे हैं ?

What is tribology? Define its uses. What are the different types of lubricants used in system?

Q. 8. किन्ही तीन पर लघु टिप्पणी कीजिये–
Write short notes on any three

(a) उपमार्गिय कपाट
By pass valve

(b) दाब न्यूनीकरण कपाट
Pressure reducing valve

(c) ऊष्मा विनिमयक
Heat Exchangers

(d) शक्ति धन
Power hammer

(e) आस्फाल व परिसंचयी पम्प
Splash & circulating pump

MM 307 / MM404

APRIL 1996
LUBRICATION & FLUID POWER SYSTEM

Time : 3 Hrs. M.M. 70

नोट : प्रथम प्रश्न अनिवार्य है, शेष प्रश्नों में से किन्हीं पाँच के उत्तर दीजिए ।

Question No. 1 is compulsory, attempt any FIVE out of rest.

1. (i) श्यानता पद को समझाईये ।
   Define viscosity.

   (ii) घर्षण पद को समझाइये ।
   Define friction.

   (iii) ट्राईबोलोजी से क्या तात्पर्य है ?
   What is meant by Tribology?

   (iv) पाइपों के विभिन्न रंग कूट और अंकन पद्धति को समझाईये ।
   Describe the various colour codes and marking system of piping.

   (v) द्रवीय प्रणाली में उपयोग होने वाले द्रवों के क्या गुणधर्म होते हैं ?
   What are the properties of fluid used in Hydraulic system?

2. (i) स्नेहक के क्या कार्य हैं ? स्नेहन की क्या आवश्यकता है ?
   What are the function of lubricants? What is the necessity of lubrication?

   (ii) स्नेहक के गुणधर्मों का परीक्षण करने के लिए कौन कौन से मानक परीक्षण किये जाते हैं ?
   What are the standard tests carried out to test the properties of Lubricants.

3. (i) ग्रूविंग प्रणाली क्यों उपयोग में ली जाती है ?
   Why is grooving system used?

(ii) चित्र की सहायता से गीयर पम्प का विस्तृत वर्णन कीजिये ।

Describe the Gear type pump in detail with the help of a sketch.

4. (i) हाईड्रो-डायनेमिक बियरिंग का क्या सिद्धान्त है ?

What is the principle of a Hydro dynamic bearings?

(ii) शेपर के हाइड्रोलिक सर्किट का चित्र बनाकर उसकी कार्य-प्रणाली समझाईये ।

Describe with the help of a sketch, the working of a hydraulic circuit of a shaper.

5. (i) तीव्रक परिपथ का सचित्र वर्णन कीजिए ।

Draw and describe a Intensifier circuit.

(ii) त्रिमार्गीय पोपेट प्रकार के दिशात्मक नियंत्रक वाल्व का चित्र बनाकर उसकी कार्यप्रणाली समझाईये ।

Draw a three way poppet type directional control value and explain its working.

6. (i) उष्मा विनिमयक क्या हैं ? उनका चित्र बनाकर विस्तृत वर्णन कीजिये ।

What are Heat exchangers. Describe in detail with the help of sketches.

(ii) विभिन्न प्रकार के पावर हेमर के उपयोग लिखिये ।

Write the applications of various types of Power hammers.

7. (i) विभिन्न प्रकार की सील के उपयोग क्या-क्या हैं ?

What are the applications of different types of seals?

(ii) सिक्वेन्स सर्किट की चित्र की सहायता से कार्य प्रणाली का वर्णन कीजिये ।

Describe with the help of a sketch the working of a sequence circuit.

8. (i) हाईड्रोलिक सर्किट की पावर यूनिट क्या हैं ?

What is a power unit of a Hydraulic circuit?

(ii) संयूक्त प्रणाली क्या हैं ? तेल नियंत्रक वायु वाल्व कैसे कार्य करता ?

What is combination system? How does oil controlled air valve works.

CODE No. 2–30–B

MAY 1995
FLUIDCES AND TRIBOLOGY

Time 3 Hrs. M.M. 100

Note : (i) Question No. 1 is compulsory, attempt any FIVE out of rest.
(ii) Answeres should be short and to the point followed with heat sketches.

1. (i) Give symbols for following circuit elements used in industrial hydraulics.
   - Working line
   - Pilot line
   - Drain line
   - Electric line
   - Check valve
   - Energy flow (hydraulic and pneumatic).

   (ii) Give symbols for fluid pumps and motors with short note.

   (iii) Sketch a solenoid valve.

   (iv) What is the function of a hydraulic accumulator in hydraulic systems? Give its symbols.

2. (i) With the help of simple sketch explain the working of a spherical accumulator used in hydraulic systems.

   (ii) Sketch a telescopic cylinder and describe its motions.

   (iii) Compare a rotary pump with a centrifugal pump.

3. Explain the working of a radial piston reciprocating pump. List its features which make it suitable for hydraulic systems

4. (i) What are the chief characteristics of a good lubricating oil?

   (ii) Explain the full force feed lubrication system with a neat and labelled sketch.

5. (i) Why are straines and filters used in hydraulic circuits? Give a simple hydraulic circuit using filter to make the circuit trouble-free.

   (ii) Give brief account of generally used filters in the curcuit.

6 (i) Why are pressure control valves installed in hydraulic systems? Explain the working of a sliding spool type compound relief valve or spring loaded safety valve.

   (ii) Give distinguishing features of a synthatic lubricating oil. Under what conditions these oils are used?

7. (i) Describe commonly used solid lubricants.

   (ii) How is the viscosity index determined?

   (iii) How the viscosity index of a lubricating oil be increased?

8. (i) Give symbols for pilot check valves in various positions.

   (ii) Sketch a three position four connection directional control valve.

   (iii) Explain the working a pull-type solenoial valve used to actuate a poppet-type valve.

ME 307 / MM 404

April 1998

LUBRICATION AND FLUID POWER SYSTEM

Time : 3 Hrs. M.Marks : 70

नोट :- (i) प्रश्न संख्या 1 अनिवार्य है, शेष प्रश्नों में से किन्हीं पाँच प्रश्नों के उत्तर दीजिए।
Question No. 1 is compulsory, attempt any FIVE out of rest.

(ii) प्रत्येक प्रश्न के सभी भागों को क्रमवार एक साथ हल कीजिए।
Solve all parts of a question cnsecutively together

(iii) प्रत्येक प्रश्न को नये पृष्ठ से प्रारम्भ कीजिए।
Start each question on fresh page.

(iv) दोनों भाषाओं में अन्तर होने की स्थिति में अंग्रेजी अनुवाद ही मान्य है।
Only English version is valid in case of difference in both the languages.

1 (i) श्यानता को परिभाषित कीजिए।
Define viscosity.

(ii) तीव्रकारित का क्या अर्थ है ?
What is the function of intensifier?

(iii) डिफरेंशियल सिलिण्डर क्या है ?
What is differential cylinder?

(iv) पैंकिग सील की निर्माण सामग्री बताइए।
Write the materials for packing seals.

(v) द्रवचलित मोटर के विस्थापन से क्या अभिप्राय है ?
What is the displacement of a hydraulic motor?

2 (i) शुष्क स्नेहन, बाउन्ड्री और हाइड्रोडायनामिक स्नेहन का संक्षेप में वर्णन कीजिए।
Describe dry, boundary and hydrodynamic lubrication in brief.

(ii) स्नेहकों के लिए भौतिक और रासायनिक परीक्षणों का संक्षेप में वर्णन कीजिए।
Describe physical and chemical tests for a lubricant in brief.

3. (i). स्नेहक एप्लीकेशन सिस्टम कौन-कौन से हैं ? चित्रों द्वारा वर्णन कीजिए।
Describe various lubricant application systems with sketches.

(ii) विभिन्न परिस्थितियों के लिए एक स्नेहक का चयन किस प्रकार किया जाता है ? समझाइए।
How a lubricant is selected for various conditions? Explain

4 (i) विभिन्न हाइड्रोलिक मोटरों का चित्रों की सहायता से वर्णन कीजिए।
Describe various hydraulic motors with their sketches.

(ii) शेपर के हाइड्रोलिक सर्किट का चित्र बनाकर वर्णन कीजिए।
Describe the hydraulic circuit of a shaper with the help of a neat sketch.

5 (i) स्लाइडिंग स्पूल प्रकार के चतुमार्गीय त्रिदशा दिशात्मक नियन्त्रण वाल्व का चित्र बनाकर इसकी कार्य प्रणाली समझाइए। यह एक स्पूल प्रकार के द्विमार्गीय वाल्व से किस प्रकार भिन्न है ?
Describe the working of a four way three position direction control valve of sliding spool type with a sketch. How does it differ from spool type two way valve?

(ii) चित्र की सहायता से एक हाइड्रोलिक कपलिंग की कार्य प्रणाली समझाइए।
Describe with a neat sketch the working of a hydraulic coupling.

6 (i) प्रेशर रिलीफ वाल्व का चित्र बनाकर वर्णन कीजिए।
Describe pressure relief valve with a sketch.

(ii) संचायक (एक्यूमुलेटर) क्या है ? विभिन्न प्रकार के संचायकों का चित्र द्वारा वर्णन कीजिए।
What is accumulator? Describe different types of accumulators with sketches.

7 (i) वायु तेल सिस्टम का अनुप्रयोग और लाभ बताते हुए वर्णन कीजिए।
Describe air-oil system stating their applications and advantages.

(ii) वायवीय प्रणाली में प्रयुक्त होने वाले अवयवों को चित्रों द्वारा समझाइए।
Explain the components of a pneumatic system with neat sketches.

8 (i) फिक्स्ड जोड़ प्रत्यागामी (रेसिप्रोकेटिंग) और घूर्णी शाफ्ट के लिए विभिन्न प्रकार की पैकिंग सीलों को चित्र बनाकर समझाइए।

Draw and explain various packing seals for fixed joint, reciprocating and rotating shafts.

(ii) पाइप के विभिन्न जोड़ कौन-कौन से हैं ? चित्र बनाकर संक्षेप में वर्णन कीजिए।

What are various joints for pipes? Draw and describe in brief.

May 2002
FLUID POWER AND TRIBOLOGY

Time : 3 Hours

Maximum Marks: 70

1 (i) वायवीय प्रणाली के औद्योगिक अनुप्रयोग क्या–क्या है?
What are the industrial applications pf pneumatics?

(ii) स्थिर एवं परिवर्तनशील निर्गत पम्प में उदाहरण सहित अन्तर स्पष्ट कीजिये।
Differentiate between fixed and variable delivery pump with the help of examples.

(iii) किन्ही दो स्थानों के नाम बताइये जहाँ पर उछाल स्नेहन विधि काम में ली जाती है।

Name two places where splash lubrication method is used.

(iv) किन्ही दो श्यानता–सूचकांक वर्णन मिश्रकों के नाम बताईये।
Give the names of any two viscocity-index improver additives.

(v) किसी द्रवीय परिपथ में पम्प द्वारा दाब उत्पन्न न होने के क्या–क्या कारण हो सकते हैं?

What are the possible reasons, if pump is not developing pressure in a hydraulic circuit?

2. (i) चित्र की सहायता से एक अक्षीय पिस्टन पम्प (सीधी अक्ष) की बनावट एवं कार्यविधि समझाइये। इस पम्प में निर्गत द्रव की दिशा किस प्रकार परिवर्तित की जाती है?

Explain the construction and working of an Axial piston pump (Straight axis). How the direction of fluid disch-arge can be reversed in this pump?

(ii) हाइड्रॉलिक तेल के लिए आवश्यक द्रवीय गुणों को समझाइये।
Discuss various fluid properties required in a hydraulic oil.

3. (i) द्रवीय शक्ति परिपथों में काम आन वाले टेलिस्कोपिक सिलिन्डर का वर्णन कीजिये। इसके क्या उपयोग है?

Describe a telescopic cylinder used in fluid power circuits. What are its applications?

(ii) ट्यूब की अपसारी तथा अपसारहीन फिटिंग्स पर टिप्पणी लिखिये।
Write a short note on flared and flare less tube fittings.

4. (i) स्लाइडिंग स्पूल प्रकार 4/3 दिशा नियंत्रण कपाट का चित्र बनाकर इसकी बनावट व कार्यप्रणाली समझाइये।

Describe the construction and working of a 4/3 direction control valve of sliding spool type, with a neat sketch.

(ii) सॉलनाइड संचालित कपाट तथा पायलट संचालित कपाटों में क्या अन्तर है?

What is the difference between a solenoid operated valve and a pilot operated valve?

5. (i) शेपर मशीन में काम आने वाले द्रवीय परिपथ को आरेख बनाकर समझाइये।

Draw and explain a hydraulic circuit used in shaper machine.

(ii) द्रवीय शक्ति परिपथों में तीव्रक का क्या उपयोग है? इसका सिद्धान्त समझाइये।

What is the working principle and use of Intensifier in fluid power circuitss?

6. (i) घनात्मक भरण स्नेहन विधि का चित्र बनाकर वर्णन कीजिये।

Describe positive feed lubrication system with a neat sketch.

(ii) ग्रीसों पर एक टिप्पणी लिखिये।

Write a hort note on grease.

7. (i) चित्र की सहायता से रैडवुड श्यानतामापी यंत्र को समझाइये।

Descibe a Redwood viscometer with a neat sketch.

(ii) श्यानता से आप क्या समझते है? यह कितनी प्रकार की होती है तथा श्यानता सूचकांक का क्या महत्व है?

What do you understand by viscosity? What are various types of viscosity and what is the significance of viscosity index?

8 निम्न में से किन्हीं तीन पर टिप्पणीयाँ लिखिये–

(i) जर्नल बीयरिंग का स्नेहन

Lubrication of Journal Bearings

(ii) लेथ मशीन का स्नेहन

Lubrication of Lathe Machine

(iii) इंजिन तेल तथा कर्तन द्रव

Engine oils and cutting fluids.

(iv) बाउन्ड्री स्नेहन

Boundary Lubrication

May 2003
FLUID POWER AND TRIBOLOGY

Time : 3 Hours | Maximum Marks: 70

1. (i) सिलेन्डर गद्दी से आप क्या समझते है?
   What do you mean by cylinder cushioning?
   (ii) द्रवीय परिपथों में सदैव वियोजन वाल्व क्यों उपयोग में लाये जाते है।
   Why relief valves are always used in hydraulic circuits?
   (iii) ग्रीस के ड्रॉप बिन्दु से क्या अभिप्राय है।
   What is the meaning of Drop point for Greases?
   (iv) वायर रोप को स्नेहन किया जाना क्यों आवश्यक है?
   Why wire rope should be properly lubricated?

2 (i) द्रवीय परिपथों में काम आने वाले प्रेशर लाइन फिल्टर को चित्र की सहायता से वर्णन कीजिये।
   Described a pressure line filter used in hydraulic circuit with the help of a neat sketch.
   (ii) उदाहरण की सहायता से द्रवीय शक्ति में काम आने वाले विभिन्न पम्पों का वर्गीकरण कीजिये।
   Classify various types of pumps used in fluid power with the help of examples.

3 (i) निम्न हाइड्रालिक अवयवों के चिन्ह बताइये –
   Show the hydraulic symbols of following hydraulic components.
   (a) परिवर्तनीय क्षमता वाली द्विदिशी हाइड्रॉलिक मोटर।
   Variable capacity bidirectional hydraulic motor.
   (b) गैस चार्जड संचायक।
   Gas charged Accumulator.
   (c) 3/2 लीवर संचालित दिशा निर्धारण वाल्व।
   3/2 Lever operatred Direction control valve.
   (d) फिल्टर। Filter.
   (ii) फ्लूइड पॉवर में संचायकों के क्या उपयोग हैं?
   What are the uses of hydraulic Accumulators in Fluid Power.

4 (i) पायलैट संचालित चैक वाल्व की प्रणाली को स्वच्छ चित्र बनाकर समझाइये?

Explain the working of a pilot operated check valve with the help of a neat sketch.

(ii) त्रिमार्गी और चारमार्गी कपाटों में मुख्य अन्तर क्या हैं? तथा उन्हें कहाँ–कहाँ उपयोग में लिया जाता है?

What are the differences between a three way and a four way valve and where are they used?

5 (i) एक गति नियंत्रण परिपथ बनाकर उसकी कार्यप्रणाली समझाइये।

Draw and Explain a speed control circuit.

(ii) डायफ्रॉम प्रकार की सील का वर्णन कीजिये।

Describe a diaphragm type seal.

6. (i) स्ट्राइबैक ग्राफ की सहायता से बाउन्ड्री तथा हाइड्रो–डायनामिक स्नेहन को समझाइये।

Explain Boundary and Hydrodynamic lubrication with the help of stribeck curve.

(ii) स्नेहक तेलों के SAE वर्गीकरण पर एक लघु टिप्पणी लिखिये।

Write a short note on SAE classification of lubricating oils.

7. (i) स्नेहकों के स्फुरांक बिन्दु तथा ज्वलन बिन्दु से आप क्या समझते है? प्रयोगशाला में उपरोक्त ताप बिन्दु किस प्रकार ज्ञात किये जाते हैं? उपकरण का चित्र बनाकर समझाइये।

Descibe a Redwood viscometer with a neat sketch.

(ii) स्नेहकों के चार गेंद परीक्षण से आप क्या समझते हैं ? यह किस प्रकार किया जाता है?

What do you mean by four ball test of lubricants? How this is carried out?

8 (i) चित्र बनाकर दाब परिसंचारी स्नेहन (शुष्क नम्प प्रकार) विधि को समझाइये।

Describe a presure circulating lubrication (Dry sump type) system with a neat sketch.

(ii) स्नेहकों में मिश्रकों का उपयोग क्यों किया जाता है? चरम दाब मिश्रक तथा इमसलीफॉयर मिश्रकों के क्या कार्य है?

Why additives are used in lubricants? Explain the function of Extreme pressure additives and Emulsifiers.

May 2004
FLUID POWER AND TRIBOLOGY

Time : 3 Hours

Maximum Marks: 70

1 (i) प्रज्वलन बिन्दु तथा अग्नि बिन्दु में अन्तर लिखिये।
Write difference between flash point and fire point.

(ii) दाब अपचायक वाल्व तथा दाब मोचन वाल्व में अन्तर लिखिए।
Write difference between pressure reducing valve and pressure relief valve.

(iii) द्रवीय निकाय के संदर्भ में संचायक का क्या कार्य होता है?
What is the function of accumulator with reference to hydraulic system.

(iv) यूनियन का कार्य लिखिये।
Write functon of union.

(v) धुंध बिन्दु तथा बहाव बिन्दु में अन्तर कीजिए।
Differentiate between cloud point and pour point.

2 (i) द्रवीय शक्ति के लाभ तथा अनुप्रयोग लिखिये –
Write advantages and applications of fluid power.

(ii) सरल वेन पम्प का सचित्र वर्णन कीजिये।
Described vane pump with figure.

3 (i) दाब अपचायक वाल्व का सचित्र वर्णन कीजिये।
Describe pressure reducing valve with figure.

(ii) सिलिण्डर प्रशमन तथा सिलिण्डर आरोपिकाओं को समझाइये।
Explain cylinder cushioning and cylinder mountings

4 (i) गैस प्रचालित संचायकों का वर्णन कीजिए।
Describe gas operatred accumulators.

(ii) प्रत्यागामी परिपथ को समझाइये।
Explain reciprocating circuit.

5. (i) विभिन्न प्रकार की घूर्णी सीलों का वर्णन कीजिये।
Describe different types of rotary seasl.

(ii) विभिन्न प्रकार की ट्यूब फिटिंग्स का वर्णन कीजिये।
Describe different types of tube fittings.

6. (i) एक वायु फिल्टर का सचित्र वर्णन कीजिए।
Describe an air filter with figure.

(ii) स्नेहन की आवश्यकता बताइये। शुष्क स्नेहन के समझाइये।
Describe the necessity of lubrication. Explain dry lubrication.

7 (i) श्यानता को परिभाषित कीजिये तथा श्यानता पर दाब तथा ताप के प्रभाव को समझाइये।
Define viscosity and explain the effect of pressure and temperature on viscosity.

(ii) निम्नलिखित के लिए स्नेहकों के कार्य तथा स्नेहन की विधि का वर्णन कीजिये –
Describe function of lubricant and method of lubrication for the following -

(a) गियर
Gear

(b) चेन ड्राइव
Chain drive

8 (i) लेथ मशीन के स्नेहन का वर्णन कीजिए।
Describe lubrication of lathe machine.

(ii) निम्नलिखित को समझाइये – Explain the following -

(a) रिंग, चेन और कॉलर का स्नेहन
Lubrication of ring, chain and collar

(b) स्प्लैश स्नेहन
Splash lubrication.

May 2005
FLUID POWER AND TRIBOLOGY

Time : 3 Hours Maximum Marks: 7

1 (i) द्रवीय परिपथ चित्र का प्रयोजन क्या है?
What is the purpose of hydraulic circuit diagram?
(ii) द्रवीय परिपथ में उपयोग आने वाले अवयवों के नाम लिखिए।
Name the components used in hydraulic circuit.
(iii) किन्हीं दो ठोस एवं दो द्रवीय स्नेहकों के नाम लिखिये।
Name any two solid and two liquid lubricants.
(iv) तीव्रकारित्र का कार्य क्या है?
What is the function of intensifier?
(v) दिशा निर्धारण वाल्व का कार्य क्या है?
What is the function of direction control valve?

2 (i) निम्न का द्रवीय संकेत बनाइये –
Draw the hydraulic symbol of following -
(a) प्रवाह नियन्त्रण वाल्व
Flow control valve
(b) द्विदिशिय पम्प
Bi-directional pump
(c) ड्रेन लाइन
Drain line
(d) दाब मोचन वाल्व
Pressure relief valve
(ii) एक वेन पम्प की संरचना एवं कार्यप्रणाली चित्र की सहायता से समझाइये
Explain the construction and working of a vane pump with the help of sketch.

3 (i) द्रवीय शक्ति प्रणाली में काम आने वाले खोल एवं ट्यूब प्रकार के उष्म विनिमयक का चित्र बनाकर वर्णन कीजिए।
Describe with diagram a shell and tube type heat exchanger used in fluid power system.
(ii) आरेख की सहायता से दाब नियमन परिपथ को समझाइये।
Explain pressure regulating circuit with the help of diagram.

4 (i) द्रवीय शक्ति तन्त्र में काम आने वाले द्रव के लिए आवश्यक गुणों का वर्णन कीजिये।

Describe various properties required in a fluid to be used in fluid power system.

(ii) एक पायलट चालित दाब मुक्त वाल्व का चित्र की सहायता से वर्णन कीजिये।

Describe a pilot operated pressure relief valve with the help of sketch.

5 (i) वायवीय प्रणाली के मुख्य अवयवों एवं उनके कार्यों का वर्णन संक्षेप में कीजिये।

Describe main components of pneumatic system and their functions in brief.

(ii) एक डबल एक्टिंग हाइड्रोलिक सिलेण्डर की संरचना चित्र सहित समझाइये। द्रव शक्ति प्रणाली में काम आने वाले गति प्रदायकों का वर्गीकरण कीजिये।

Explain the construction of a double acting hydraulic cylinder with sketch. Classify various types of actuators used in fluid power system.

6 निम्न में से किन्हीं तीन को समझाइये –

Explain any THREE of the following :-

(i) स्प्लेश स्नेहन प्रणाली

Splash lubrication system

(ii) द्रव का इमल्सीकरण

Emulsification of fluid

(iii) स्नेहन की आवश्यकता

Necessity of lubrication

(iv) हाइड्रोलिक कपलिंग

Hydraulic coupling.

7 श्यानता एवं श्यानता सूचकांक से आप क्या समझते हैं? प्रयोगशाला में तेल की श्यानता किस प्रकार ज्ञात करेंगे? सचित्र समझाइये।

What do you understand by viscosity and viscosity index? How would you determine the viscosity of an oil in laboratory? Explain with sketch.

8 निम्न पर संक्षिप्त टिप्पणी कीजिये –

Write short notes on the following -

(i) स्नेहकों का चयन

Selection of lubricants

(ii) सीलों के कार्य एवं पदार्थ

Function of seals and materials

(iii) पाइपों को काटने एवं मोड़ने के विभिन्न औजार

Tools and equipments used in pipe cutting and bending.

May 2006
FLUID POWER AND TRIBOLOGY

Time : 3 Hours | Maximum Marks: 70

1 (i) पंप क्षमता को परिभाषित कीजिये।
Define pump capacity.

(ii) द्रवीय सिलिण्डर का कार्य लिखिये।
Write function of hydraulic cylinder.

(iii) द्रवीय तीव्रक का कार्य लिखिये।
Write function of hydraulic intensifier.

(iv) वायु फिल्टर किन पदार्थों का बना होता है?
From what materials air filter is made?

(v) अपकेन्द्रीय वायु सम्पीडित्र का स्नेहन कैसे किया जाता है?
How lubrication of centrifugal air compressor is done?

2 (i) द्रवीय तरल के विशिष्ट गुणों का वर्णन कीजिये।
Described characteristic properties of hydraulic fluid.

(ii) धूर्णक तेल पम्प का सचित्र वर्णन कीजिये।
Describe rotary oil pump with figure.

3. (i) प्रवाह नियंत्रक वाल्व की कार्य प्रणाली चित्र बनाकर सम्झाइये।
Explain working of flow control valve by drawing a figure.

(ii) द्रवीय मोटर परिपथ को आरेख खींचकर समझाइये तथा द्रवीय मोटर के सरल विद्युत मोटर की अपेक्षा क्या लाभ हैं?
Explain hydraulic motor circuit by drawing a sketch and what are the advantages of hydraulic motor in comparison to simple electric motor?

4 (i) कोश एवं नलिका प्रकार के उष्मा विनिमयक को समझाइये।
Explain shell and tube type heat exchange.

(ii) द्रवीय कपलिंग का वर्णन कीजिये।
Describe hydraulic coupling.

5. (i) द्रवीय अवयवों में सामान्यतया कौन से सीलिंग पदार्थों का उपयोग किया जाता है? समझाइये।
Which sealing materials are commonly used for hydraulic components? Explain.

(ii) ट्यूब तथा पाईप को मोड़ने तथा काटने की विधि समझाइये।

Explain how bending and cutting of tube and pipe is done.

6. (i) प्रत्यागामी द्रवीय प्रवर्तक का वर्णन कीजिये।

Describe reciprocating hydraulic actuator.

(ii) बाउण्ड्री स्नेहन तथा हाइड्रोडायनेमिक स्नेहन को समझाइये।

Explain boundary lubrication and hydrodynamic lubrication.

7 (i) स्नेहन तेल के निम्नलिखित गुणधर्मों का वर्णन कीजिये।

Describe following properties of lubricating oil.

(a) तैलीयता

Oiliness

(b) पायसीकरण

Emulsification

(c) वाष्पशीलता

Volatility

(d) कार्बन अवशेष

Carbon residual

(ii) स्नेहक तेलों के भौतिक एवं रासायनिक परीक्षणों को समझाइये।

Explain physical & chemical testing of lubricating oils.

8 (i) ऑटोमोबाईल इंजन के स्नेहन का वर्णन कीजिये।

Describe lubrication of automobile engine.

(ii) दाब परिचालित स्नेहक निकाय का वर्णन कीजिये।

Explain pressure operating lubrication system.

May 2007
FLUID POWER AND TRIBOLOGY

Time : 3 Hours — Maximum Marks: 70

1 (i) द्रव के क्लाउड एवं पोर बिन्दु को समझाइए।
Explain cloud and pour point of a fluid.

(ii) प्रवाह नियन्त्रण वाल्व का कार्य क्या है?
What is the function of flow control valve?

(iii) वायवीय प्रणाली में नमी विच्छेदक का क्या प्रयोजन होता है?
What is the purpose of moisture separator in pneumatic system?

(iv) धातु कार्य एवं सील में स्नेहक का क्या कार्य है?
What is the function of lubricant in seal and metal working?

(v) ग्रीस का विशिष्ट विवरण कैसे दिया जाता है?
How do you specify Grease?

2 (i) निम्न के द्रवीय संकेत बनाइए।
Draw the hydraulic symbols of the following :-

(a) पायलट लाइन
Pilot line

(b) द्विदिशिय मोटर
Bi-directional motor

(c) चेक वाल्व
Check valve

(d) सोलेनाइड वाल्व
Solenoid valve

(ii) एक अक्षीय पिस्टन पम्प की संरचना एवं कार्यप्रणाली चित्र की सहायता से समझाइए।
Describe construction and working of an axial piston pump with the help of sketch.

3. (i) द्रवीय प्रणाली में उपयोग के साथ गति नियंत्रण परिपथ को समझाइए।
Explain a speed control circuit with its use in hydraulic system.

(ii) एक स्प्रिंग भारीय संचायक की संरचना एवं कार्यप्रणाली को चित्र की सहायता से समझाइए।

Explain the construction and working of a spring loaded accumulator with the help of sketch.

4. (i) टेलिस्कोपिक सिलेण्डर की संरचना एवं कार्यप्रणाली को चित्र की सहायता से समझाइए।

Explain the construction and working of a Telescopic cylinder with the help of sketch.

(ii) चित्र की सहायता से वायवीय परिपथ में काम आने वाले फिल्टर की कार्यप्रणाली समझाइए।

Explain the working of an air filter used in pneumatic circuit with the help of sketch.

5. (i) द्रवीय परिपथ के दोषों का निदान, स्थान निर्धारण, निवारण एवं सावधानियों को समझाइए।

Explain fault diagnosis, location, rectification and precautions of hydraulic circuit.

(ii) रिंग स्नेहन विधि का चित्र सहित वर्णन करिये।

Describe Ring lubrication system with sketch.

6 स्नेहक के स्फुरांक एवं ज्वलन बिन्दु से आप क्या समझते हैं? प्रयोगशाला में आप इन बिन्दुओं को कैसे ज्ञात करेंगे? चित्र सहित समझाइए।

What do you understand by flash and fire point of a lubricant? How do you determine these points in laboratory? Explain with sketch.

7 निम्न को समझाइए :–

Explain the followings :-

(i) मशीन टूल्स का स्नेहन

Lubrication of machine tools

(ii) हाइड्रोलिक स्नेहन

Hydrodynamic lubrication

(iii) द्रवीय प्रणाली में काम आने वाले विभिन्न प्रकार के पाइप एवं पाइप फिटिंग

Various types of pipe and pine fitting used in hydraulic system.

(iv) सील के प्रकार एवं उनके कार्य

Types of seal and their function

8 निम्न पर संक्षिप्त टिप्पणी दीजिए :–

Write short notes on the following :-

(i) बहाव नियंत्रण वाल्व

Flow control valve

(ii) सिलेण्डर गद्दी

Cylinder cushioning

(iii) स्नेहनों का संधारण एवं रखरखाव

Handling and storage of lubricants.

May 2008
FLUID POWER AND TRIBOLOGY

Time : 3 Hours | Maximum Marks: 70

1 (i) द्रवीय शक्ति के उपयोग बताइये।
Give applications of fluid power.
(ii) द्रवीय संचायकों के कार्य लिखिये।
Write down functions of hydraulic accumulators.
(iii) शक्ति चालित क्लैम्पिंग युक्तियों का वर्णन कीजिए।
Describe power operated clamping devices.
(iv) श्यानता सूचकांक को परिभाषित कीजिये।
Define viscosity index.
(v) स्नेहन की क्या आवश्यकता है?
What is the necessity of lubrication?

2 (i) चित्र बनाकर वेन पम्प की संरचना एवं कार्यप्रणाली को समझाइये।
Explain construction and working of a vane pump with the help of a neat sketch.
(ii) विशिष्ट उद्देश्य वाल्व से आप क्या समझते हैं? इनके नाम लिखिये। किसी एक का चित्र सहित वर्णन कीजिये।
What do you mean by special purpose valves? Name them and describe any one of them with figure.

3. (i) द्रवीय सिलेण्डरों में सिलेण्डर गद्दी का क्या कार्य है?
What is the function of cushioning in hydraulic cylinders?
(ii) विभिन्न प्रकार की सिलेण्डर माउन्टिंग्स को चित्र सहित समझाइये।
Explain different types of cylinder mountings with sketches.

4 (i) सीलों के मूल कार्य क्या हैं? द्रवीय शक्ति तंत्रों में प्रयुक्त होने वाली सील के पदार्थों का वर्णन कीजिये।
What is the basic function of seals? Describe various types of sealing material commonly used in hydraulic power system.
(ii) पाइप के विभिन्न जोड़ कौन–कौन से हैं? चित्र बनाकर संक्षेप में वर्णन कीजिए।
What are various joints for pipes? Describe with figure in brief.

5 (i) किसी भी वायुवीय प्रणाली में वायु छनित्र की क्या उपयोगिता है? एक वायुछनित्र का चित्र बनाकर वर्णन कीजिए।

What is the utility of Air-filter in pneumatic system? Describe one of the air-filter with figure.

(ii) वायवीय प्रणाली में प्रयुक्त होने वाले प्रत्यागामी गति प्रदायक का वर्णन कीजिए।

Describe Reciprocating actuator used in pneumatic system.

6. (i) साधारणतया प्रयुक्त होने वाले ठोस स्नेहकों का वर्णन कीजिए।

Describe commonly used solid lubricants.

(ii) हाइड्रो–डॉयनेमिक स्नेहन के सिद्धान्त का वर्णन कीजिये।

Describe the principle of Hydro-dynamic lubrication.

7 (i) स्नेहन तेल की श्यानता कैसे ज्ञात की जाती है?

How do you determine viscosity of lubricating oils?

(ii) आस्फाल स्नेहन तंत्र का चित्र बनाकर वर्णन कीजिये तथा इस विधि का उपयोग कहाँ किया जाता है?

Describe splash lubrication system with sketch and where is this method used?

8 निम्नलिखित पर लघु टिप्पणियाँ लिखिए :–

Write short notes on the followings -

(i) द्रवीय शक्ति पम्प का कार्यकारी सिद्धान्त एवं पम्प क्षमता

Working principle of hydraulic pumps and pump capacity.

(ii) ऊष्मा विनिमयक

Heat exchanger

(iii) तेल बत्ती स्नेहन एवं गुरुत्व भरण पद्धति

Wick feed oiler and drop feed system.

May 2009
FLUID POWER AND TRIBOLOGY

Time : 3 Hours

Maximum Marks: 70

1 (i) द्रव शक्ति मशीनों के अन्य प्रकार मशीनों की तुलना में क्या–क्या लाभ है?
What are the various advantages of fluid power devices in comparison to conventional power devices?

(ii) द्रवीय सिलेन्डरों में सिलेन्डर गद्दी से क्या अभिप्राय है?
What is the function of cushioning in hydraulic cylinders?

(iii) द्रवीय शक्ति परिपथों में संचायक क्यों लगाये जाते हैं?
Why accumulator is used in fluid power circuits?

(iv) निरपेक्ष श्यानता एवं गतिज श्यानता में अन्तर स्पष्ट कीजिए।
Differentiate between absolute viscosity and kinematic viscosity.

(v) विद्युत मोटर का स्नेहन कैसे किया जाता है?
How lubrication of Electric motor is done?

2. (i) एक गियर पम्प का स्वच्छ चित्र बनाकर उसका वर्णन कीजिये। गियर पम्प के वेन पम्प की अपेक्षा लाभ व हानियाँ बताइये।
Describe a gear pump with neat sketch. What are the advantages and disadvantages of gear pump in comparison to vane pump?

(ii) द्रवीय शक्ति मशीनों में प्रयुक्त होने वाले टेलिस्कॉपिक सिलेन्डर का चित्र सहित वर्णन कीजिए।
Describe telescopic cylinder used in fluid power devices with figure.

3. (i) प्रेशर रिलीफ वाल्व का चित्र बनाकर वर्णन कीजिए।
Describe pressure relief valve with the help of a sketch.

(ii) एक स्प्रिंग भारित संचायक का वर्णन कीजिये। इसके लाभ एवं सीमाएँ भी बताइए।
Explain a spring loaded accumulator. What are its merits and limitations.

4. (i) विभिन्न प्रकार के पैकिंग सीलों की उपयोगिताएँ क्या–क्या हैं?
What are the uses of different types of packing seals?

(ii) वायुवीय प्रणाली में प्रयुक्त होने वाले अवयवें को चित्र द्वारा समझाइए।
Explain the components of pneumatic system with neat sketches.

5. (i) वायुवीय तथा द्रवीय प्रणाली की तुलना कीजिये।
Compare Pneumatic and Hydraulic systems.

(ii) वायुचालित ड्रिल का वर्णन कीजिये।
Describe pneumatic drill.

6. (i) विभिन्न प्रकार के कृत्रिम तेल कौन–कौन से हैं जिन्हें स्नेहक के रूप में उपयोग किया जाता है?
What are the different types of synthetic oils which are used as lubricating oil?

(ii) एक साधारण ग्रीस गन का चित्र बनाकर वर्णन कीजिये।
Describe a simple grease gun with sketch.

7. (i) स्नेहन तेलों का घनत्व व उनकी श्यानता कैसे ज्ञात की जाती है?
How do you determine density and viscosity of lubricating oils?

(ii) स्नेहकों के भण्डारण एवं हस्तन में क्या सावधानियाँ रखनी चाहिए?
What precautions should be taken in storage and handling of lubricants?

8 निम्नलिखित पर संक्षिप्त टिप्पणी लिखिए :
Write short notes on following:

(i) द्रवीय मोटर
Hydraulic motor

(ii) पाइप फिटिंग्स
Pipe fittings

(iii) स्नेहक संयोज्य
Lubricant additives.

Other Books

Mechanical Engineering

Dr. R.K. Purohit

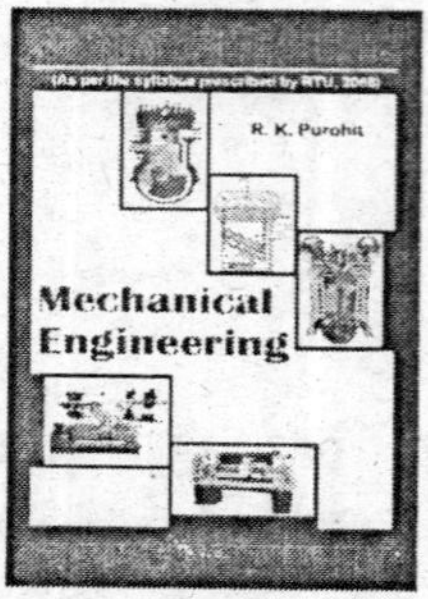

Mechanical Engineering is a core subject having close relation with all branches of Engineering.

Needless to emphasise, this book has been designed as a self learning capsule. With this aim in view, the material has been organised in a logical order and line diagrams have been incorporated to enable to students to thoroughly master the subject.

The contents of the book have relevance with the subject matter prescribed by Rajasthan Technical University (RTU), 2008.

ISBN: 978-81-7233-536-6, 2008, 520 pp., Rs. 275

Engineering Thermodynamics

Dr. R.K. Purohit

This book an Engineering Thermodynamics presents the principles and applications of the subject and covers the entire syllabus prescribed by various universities for undergraduate students.

Needless to emphasise, this new book has been designed as a self learning capsule. With this aim the material has been organised in a logical order with lots of illustrative examples to enable students to thoroughly master the subject.

ISBN: 978-81-7233-522-9, 2008, 762 pages, Rs. 290

Material Science and Processes

Dr. R.K. Purohit

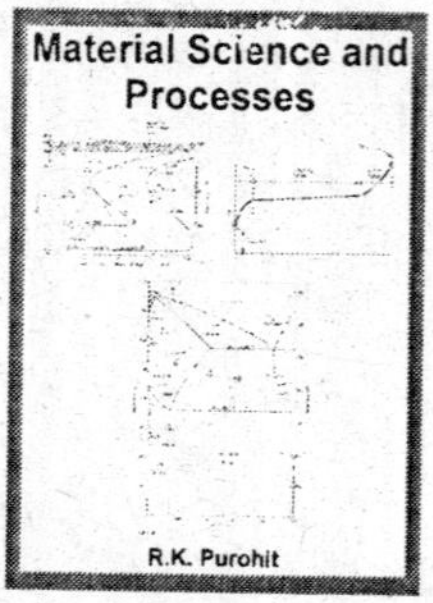

Material Science and Processes is a core subject having close relation with all branches of Engineering.

Needless to emphasise, this new book has been designed a self learning capsule. With this aim in view, the material has been organised in a logical order and line diagrams have been incorporated to enable to students to thoroughly master the subject.

ISBN: 81-7233-413-3, 2005, 203 pages Rs. 120

SCIENTIFIC
PUBLISHERS (INDIA)
www.scientificpub.com